国家社科基金项目结项成果(项目编号：14BSH044)

河南省高等学校哲学社会科学创新团队支持计划"习近平新时代中国特色社会主义思想的哲学基础研究"成果（项目号：2019-CXTD-07）

华北水利水电大学哲学社会科学创新团队立项建设项目成果（华水政【2020】82号）

新型城镇化进程中
生态文明建设机制研究

XINXING CHENGZHENHUA JINCHENG ZHONG
SHENGTAI WENMING JIANSHE JIZHI YANJIU

王艳成　杨建坡◎著

人民出版社

责任编辑：王怡石

图书在版编目（CIP）数据

新型城镇化进程中生态文明建设机制研究／王艳成，杨建坡 著 . —北京：
人民出版社，2021.11
ISBN 978－7－01－023911－8

I.①新… II.①王… ②杨… III.①生态环境建设－研究－中国
IV.① X321.2

中国版本图书馆 CIP 数据核字（2021）第 219950 号

新型城镇化进程中生态文明建设机制研究
XINXING CHENGZHENHUA JINCHENG ZHONG SHENGTAI WENMING
JIANSHE JIZHI YANJIU

王艳成 杨建坡 著

人民出版社 出版发行
（100706 北京市东城区隆福寺街 99 号）

北京汇林印务有限公司印刷 新华书店经销

2021 年 11 月第 1 版 2021 年 11 月北京第 1 次印刷
开本：710 毫米 ×1000 毫米 1/16 印张：22.25
字数：350 千字

ISBN 978－7－01－023911－8 定价：89.00 元

邮购地址 100706 北京市东城区隆福寺街 99 号
人民东方图书销售中心 电话：（010）65250042 65289539

目　录

导论 新型城镇化与生态文明建设的研究现状和重要意义

    2021年3月5日，在第十三届全国人民代表大会第四次会议上，国务院总理李克强指出："全面推进乡村振兴，完善新型城镇化战略。"随着全球城镇化速度的加快发展，生态问题逐渐突出并引起重视。将生态文明建设融入新型城镇化建设是新时代城市高质量发展的题中应有之义。但由于城镇化进程加速和相应的体制机制改革未及时跟进，引发的生态问题不容乐观，经济与发展及资源与生态等问题彼此重叠、相互交织，已经成为社会焦点、民生热点。以习近平新时代中国特色社会主义思想为指引，贯彻党的十九大、十九届四中全会、十九届五中全会精神，落实新发展理念，特别是绿色发展理念，建设美丽中国、贯彻乡村振兴战略，满足人民群众对美好生活的需求，要求我们必须重新审视新型城镇化建设中的生态融入问题及其机制建设，重新研究两者融合发展、协同推进的策略和模式，真正转变传统城镇化发展的路子。

一、问题提出

（一）我国城镇化进程正在加速推进

一般而言，城镇化是指农村户籍人口向城市转移居住与就业的综合性过程。从历史发展逻辑看，城镇化体现为生产力水平的提高及生产方式层面上所产生的深层次变革，也可以说，城镇化是工业化或工业文明发展的必然过程。随着高科技与网络化的发展，城市的中心聚集作用更为突出。城市的规模大小、层级结构与外部形态也随着城市人口组成结构、科技水平、生产方式、社会组织方式等的发展变化而发生根本的变革。随着社会、经济、文化以及生态文明等各方面的发展，人类文明与城市发展之间的相互制约关系也日益增强。据世界银行预测，到21世纪中叶，占世界50%以上的人口将生活在城市之中。因此，城市在区域政治、经济、文化发展及生态文明建设中的地位将更加突出。立足国际国内大局，围绕强国战略，党和国家顺势而为推出一系列战略举措，积极推进新型城镇化发展。2000年10月，十五届五中全会《关于制定国民经济和社会发展第十个五年计划的建议》中，首用"城镇化"一词。2014年国务院发布《国家新型城镇化规划》，提出2020年实现常住人口城镇化率达到60%。李克强总理在2018年政府工作报告中指出，五年来，我国城镇化率从52.6%提高到58.5%。国家统计局官方数据显示，自2012年到2016年，我国的城镇化率由52.57%上升到了57.35%，年均城镇化率提高了1.2个百分点，城镇常住人口数量也在以每年2000万人的速度增长。同时，随着户籍制度改革的逐步深入，加速推进解决"三个一亿人"的城镇化战略，通过落户城镇、办理居住证等政策越来越多的农业转移人口享受了城镇居民待遇。统计显示，2016年，我国户籍人口城镇化率为41.2%，与常住人口城镇化率差了16.15个百分点，比2012年缩小了1.1个百分点。李克强总理在2020年政府工作报告中指出：要优先稳就业保民生，坚决打赢脱贫攻坚战，努力实现全面建成小康社会的目标任务；城镇新增就业900万人以上，城镇调查失业率6%，城镇登记失业率5.5%。① 根据国家统计局2020年数据，2019年我国城镇常住人口84843万人，城镇化率达到60.60%。城镇化率首次突破60%大关，实际上提前一年实现了《国家新型城镇化规划》提出的目标。李克强总理在2021年政府工作报告中指出，2021年发展的主要预期目标是：国内生产总值增长6%以上；城镇新增就业1100万人以上，城镇调查失业率5.5%。② 这充分表明，我国新型城镇化的推进虽然快速，但是出现了结构问题，却也显示了政府强劲的推动力和政策配套力度。

由此可见，衡量一个地区及社会发展水平的重要标志就是城镇建设与发展水平，它亦是实现区域现代化的必经之路和必然要求。

表0-1 2002—2020年全国人口分布统计

全国总人口					
序号	统计时间	年末人口（万人）	城镇人口（万人）	乡村人口（万人）	城镇人口占总人口比重（%）
1	2002	128453	50212	78241	39.1
2	2003	129227	52376	76851	40.5
3	2004	129988	54283	75705	41.8
4	2005	130756	56212	74544	43.0
5	2006	131448	58288	73160	44.3
6	2007	132129	60633	71496	45.9
7	2008	132802	62403	70399	47.0
8	2009	133450	64512	68938	48.3
9	2010	134091	66978	67113	50.0

① 李克强：《政府工作报告——2020年5月22日在第十三届全国人民代表大会第三次会议上》，《人民日报》2020年5月30日。

② 李克强：《政府工作报告——2021年3月5日在第十三届全国人民代表大会第四次会议上》，《人民日报》2021年3月31日。

续表

		全国总人口			
序号	统计时间	年末人口 （万人）	城镇人口 （万人）	乡村人口 （万人）	城镇人口占总人口比重 （％）
10	2011	134735	69079	65656	51.3
11	2012	135404	71182	64222	52.6
12	2013	136072	73111	62961	53.7
13	2014	136782	74916	61866	54.8
14	2015	137462	77116	60346	56.1
15	2016	139232	81924	57308	58.8
16	2017	140011	84343	55668	60.2
17	2018	140541	86433	54108	61.5
18	2019	141008	88426	52582	62.7
19	2020	141178	90199	50979	63.9

数据来源：统计局。

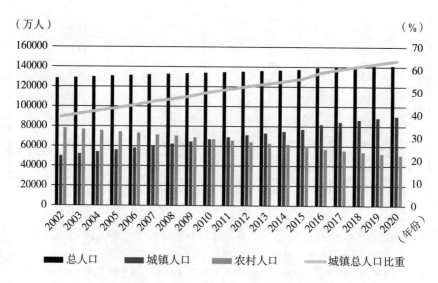

图 0-1　2002—2020 年全国城镇人口统计

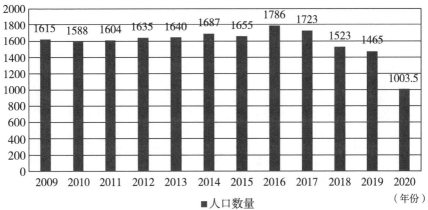

（万人）

图0-2　2009—2019年中国大陆出生人口数

表0-2　2014—2018年全国各地区（不含港澳台）年末城镇人口
比重数据统计

地区 ＼ 年份	2014	2015	2016	2017	2018
全国	54.77	56.10	57.35	58.52	59.58
北京	86.35	86.50	86.50	86.50	86.50
天津	82.27	82.64	82.93	82.93	83.15
河北	49.33	51.33	53.32	55.01	56.43
山西	53.79	55.03	56.21	57.34	58.41
内蒙古	59.51	60.30	61.19	62.02	62.71
辽宁	67.05	67.35	67.37	67.49	68.10
吉林	54.81	55.31	55.97	56.65	57.53
黑龙江	58.01	58.80	59.20	59.40	60.10
上海	89.60	87.60	87.90	87.70	88.10
江苏	65.21	66.52	67.72	68.76	69.61
浙江	64.87	65.80	67.00	68.00	68.90
安徽	49.15	50.50	51.99	53.49	54.69

续表

年份\地区	2014	2015	2016	2017	2018
福建	61.80	62.60	63.60	64.80	65.82
江西	50.22	51.62	53.10	54.60	56.02
山东	55.01	57.01	59.02	60.58	61.18
河南	45.20	46.85	48.50	50.16	51.71
湖北	55.67	56.85	58.10	59.30	60.30
湖南	49.28	50.89	52.75	54.62	56.02
广东	68.00	68.71	69.20	69.85	70.70
广西	46.01	47.06	48.08	49.21	50.22
海南	53.76	55.12	56.78	58.04	59.06
重庆	59.60	60.94	62.60	64.08	65.50
四川	46.30	47.69	49.21	50.79	52.29
贵州	40.01	42.01	44.15	46.02	47.52
云南	41.73	43.33	45.03	46.69	47.81
西藏	25.75	27.74	29.56	30.89	31.14
陕西	52.57	53.92	55.34	56.79	58.13
甘肃	41.68	43.19	44.69	46.39	47.69
青海	49.78	50.30	51.63	53.07	54.47
宁夏	53.61	55.23	56.29	57.98	58.88
新疆	46.07	47.23	48.35	49.38	50.91

数据来源：国家统计局（SYL）。

（二）城镇化产生环境和生态问题

城镇化是生产力水平发展到一定阶段的必然结果，是体现科学技术与社会经济发展的显著标志，是一个国家经济发展水平特别是工业化发展水平的衡量标准。但是，随着世界城市的快速发展和人口的逐渐集中，生态环境问题和危机也日益严峻。全球环境事件以世界八大公害事件为代表，造成问题的根源几乎都可以归结到人类自身。1987年，据联合国环境与发展委员会调查显示，土地沙漠化的不断扩大、不平衡的人口增长、大面积土壤流失与退化、大气污染日益严重、森林面积锐减、水体污染加剧、居民健康状况恶化等，是人类目前面临的十六种环境危机①。这十六个方面的问题是分类梳理出来的生态问题，但要系统化看待，则是整体性的生态问题，毫无疑问，环境问题说到底是人的问题，是人类盲目追求经济发展而违背自然生态规律所产生的恶果。对此，恩格斯早就警告："我们不要过分陶醉于我们对自然界的胜利，对于每一次这样的胜利，自然界都报复了我们。"②在一定程度上讲，环境危机的全球化是城市问题全球化的一个结果或者效应。从城市在整个地球环境中的特殊地位的角度进行深刻的认识和考量，在有效解决城市环境问题的过程中，就要求我们必须立足于全球视角来考量它们对整个地球的影响。

　　当前，我国经济总量稳居世界第二，在世界上仅次于美国，为适应经济发展要求，我国着力实施了推进新型城镇化的战略举措。然而，在推进城镇化进程的同时，随之而来的是严重的生态及社会问题，城镇建设无序蔓延、产业结构不合理、城镇功能不健全、环境污染严重、城市管理水平落后、城乡差距扩大、"三农"问题等，这些是较为突出的问题。伴随城镇化而来的环境问题不但对生态系统造成了直接破坏，而且污染物的积累及不当处置也很可能导致衍生出多种环境问题，当然这类问题更具隐蔽性和危害性。同时，各种问题也逐渐显露，如人口持续增

---

① 参见杨小波等：《城市生态学》，科学出版社2000年版，第121—122页。
② 《马克思恩格斯全集》第1卷，人民出版社2001年版，第135页。

长、水资源短缺、耕地资源锐减、生物多样性遭受严重威胁等。这些日益严重的环境和生态问题，是与建设美丽中国、实现中华民族伟大复兴中国梦、建设社会主义强国的奋斗目标相违背的。李克强总理在2021年政府工作报告中指出：加强污染防治和生态建设，持续改善环境质量。深入实施可持续发展战略，巩固蓝天、碧水、净土保卫战成果，促进生产生活方式绿色转型。① 因此，树立"绿水青山就是金山银山"的理念，坚持绿色发展，将生态文明建设融入新型城镇化进程对我国新型城镇化发展和生态文明建设具有十分重要的理论意义和实践价值。

（三）生态城市建设成为世界趋势

随着我国工业化城镇化迅猛发展，在经济发展的过程中，资源相对匮乏及环境承载力较差等现象日益凸显，且逐渐成为制约我国经济发展的重要因素。以绿色发展理念为指引，全球各国民众对人类在地球生物圈中的地位与作用以及人与自然之间的关系都在重新进行反思，面对生态环境持续恶化的趋势，也都在积极采取各种措施遏制，在为解决生态环境问题寻求应对之策上，已达成共识。城市已经成为承载人类社会运行发展的主要组成部分，显然，城市的可持续发展是社会可持续发展的关键所在。城市是人口聚集的主要区域，它的发展模式对人类社会的前进方向有着直接的决定作用。当前，对于我国来说，大部分城镇的生态系统仍然较为脆弱，甚至遭到了不同程度的破坏，在城镇管理和社会文化方面尚未建立稳定的生态支撑体系。城镇人口的急剧膨胀加重了城镇

---

① 李克强：《政府工作报告——2021年3月5日在第十三届全国人民代表大会第四次会议上》，《人民日报》2021年3月31日。

问题，城镇并不是人们想象中的理想居住地，相反，它是人与自然之间矛盾尤其突出之处，甚至越来越多地演变成为城市病。因此，随着问题的凸显，生态城镇建设成为我国政策研究和科学探索的热点问题与焦点问题。将人们对绝对物理空间的需求转移到满足人类对美好生活的需求上来，以及把人类遭遇生态破坏的威胁转移到人类对环境健康及心理健康的需求上来，是新型城镇化建设的目标，它坚持"以人为本"，并将生态文明建设融入新型城镇化建设进程之中。

（四）我国城镇化发展概况

城镇化问题的本质是"三农问题"。城镇的根基在农村，在经济上依赖于乡镇工业的发展和农村的现代化。根据中华人民共和国 2019 年国民经济和社会发展统计公报，2019 年末，大陆总人口 140005 万人，比上年末增加 467 万人，其中城镇常住人口 84843 万人，占总人口的比重（常住人口城镇化率）为 60.60%，比上年末提高 1.02 个百分点。户籍人口城镇化率为 44.38%，比上年末提高 1.01 个百分点。城镇化率突破 60%，意味着我国城镇化进入"下半场"，即"二次城镇化"阶段，"人"将被放到更加突出的位置。全球现代化进程表明，"人"是现代化的灵魂。在推进以人为核心的新型城镇化中，主要的要素目标有：农业人口市民化，实现包括国民教育、医疗卫生和城市福利在内的公共服务均等化，劳动力和人才的合理流动，形成支撑性、有特色、可持续的城乡融合产业体系，等等。城市，作为县市与乡村的沟通桥梁与联结体，既是区域发展的基本单元，亦是剖析生态问题及城镇化问题的最基本单位。如何发挥资源禀赋与区位优势，有效发挥现有资源，突出本区域文化特质，协调推进经济、环境与资源有序发展，根本在于贯彻绿色发展理念，坚持"以人为本"，形成相应机制将生态文明融入新型城镇化全过

9

程和各方面。也就是说，要从制度入手形成生态化和城镇化融合发展、协同推进，积极探索出一条绿色发展、循环发展及低碳发展的新型城镇化道路和生态文明建设模式。

二、研究意义

（一）拓展生态文明的研究领域

本书以新型城镇化为背景，以生态文明建设为研究内容，以工作机制为核心问题，重新审视城镇化进程，深入研究生态城镇的推进机制和协作模式。立足于城市发展和资源环境之间的相互关系，依据城市发展阶段性规律，借鉴生态城镇发展"六化"模式（人口城镇化、经济城镇化、空间城镇化、社会城镇化、环境城镇化、乡村城镇化），对将生态文明建设融入新型城镇化的推进机制进行深入的理论探索。并运用系统理论、协同理论和动力模型，在传统城镇化发展模式的基础上，着重探讨生态城镇化的内在推进机理和动力机制构建，从而为生态城镇发展研究提供一种理论参考和方法论意义。

（二）提高全民的生态文明意识

改革开放40多年来，我国经济建设取得了举世公认的历史性成就和根本性变革，但却以牺牲生态环境为代价。生态环境的承载力是有限的，其有限性对以往发展模式的非持续性起着直接的决定作用。因此，我们应汲取教训，以构建生态文明的新的发展模式，及适合资源节约和生态环境保护的产业结构、增长方式和消费模式，来代替传统的旧的工业文明发展模式。对此，党的十九大尤其强调并明确指出要构建城乡一体的生态文明体系。本书将通过对理论实际数据的研究和分析，促使民众深刻认识到生态破坏所产生的严重影响，继而塑造适应新时代的生态文明理念，引导他们自觉地参与到保护生态环境的行动中去。

（三）为美丽中国建设提供理论支撑

美丽乡村建设是美丽中国建设的重要组成部分。新型城镇化是我国乡村建设的重大战略，将美丽乡村建设融入新型城镇化建设是推进我国新型城镇化建设的题中应有之义，更是基本要求和现实必然。探索生态文明建设融入新型城镇化进程的体制机制改革问题，研究保障落实的制度设计和路径探索，本身就是丰富美丽乡村建设的具体实践，还能为推进美丽中国建设的伟大战略提供意见、建议、参考，开拓视野，丰富方案。

（四）探索新型城镇化发展新路子

城镇化的发展模式有很多，本书以系统论为研究视角，提出构建区域生态城镇系统；同时，认为区域发展既有一定区域的城市的发展，也包含此范围内的城镇、乡村的协同发展，更是整体发展和系统发展。在区域城镇空间布局上，强调整体性、组团式、网络化、协作性，从而为城乡一体化和城镇建设、生态文明建设与规划提供模型参考。

（五）构建新型城镇化进程中生态文明建设机制

本书在已有成果的基础上，深入分析了传统城镇化发展中存在的动力不足、协作不强、规划不够、整体性差、系统性弱等问题，着眼于工作机制的改进，着力构建"一体两翼"为总体架构、十大机制为基本架构的，全方位、多层次的新型城镇化进程中的生态文明建设机制，为国家和地方推进新型城镇化和生态文明建设提供一个工作机制方面的探讨。

三、研究现状

(一) 国外研究进展

1. 城镇化或城市化研究

美国学者刘易斯·芒福德 (Lewis Mumford, 1895—1990) 将城市的起源追溯到史前时代，诞生在美索不达米亚。[①] 八千五百年前，现代意义上的城市就已经在古埃及出现了，在人类历史上它是最早的城市。此后，农业文明继续发展，很多具有 100 万人口规模的城市随之崛起。例如，在鼎盛时期，古罗马人口曾达 100 万。但是从规模上来说，这个时期的城市人口规模依然不大，比如 1400 年前的法国巴黎，其人口规模只有 27.5 万人，英国伦敦和意大利罗马等城市的人口规模亦是如此，仅为 4 到 5 万人，而土耳其的最大港口城市伊斯坦布尔的人口规模则高达 70 万人。工业革命完成之后，城镇化得益于工业化生产而蔓延全球，此时的城市人口规模迅速发展壮大并持续增长。

在城市的划分上有多种标准：其一是把辐射半径和影响力作为依据，从小到大将城市划分为：区域性城市、全国性城市和国际性城市；其二是把规模大小作为标准，将城市从小到大分为：小城市、中等城市、大城市和特大城市。2014 年 10 月 29 日，国务院出台的《关于调查城市规模划分标准的通知》(国发 [2014] 51 号)，将城市划分为五类七档。而在《2013年中国中小城市绿皮书》中，截至 2012 年底，我国中小城市直接辐射的区域不断扩大，其行政区面积已经高达 881 万平方公里，占我国国土总

---

① 参见刘易斯·芒福德：《城市发展史》，中国建筑工业出版社 2005 年版，第 2—10 页。

面积的 91.7%，涉及总人口高达 10.18 亿人，占全国总人口的 75.2%。

国际上，一般采用"Urbanization"（即城镇化）这一概念表达城镇化，但是我国政府部门和学术界对"城镇化"或"城市化"概念的用法却持有不同的观点。不过，"城镇化"概念在现实中更多地被政府部门和实践工作者所使用，并日渐为大众所接受，而且"城镇化"多被城乡建设部门用来表现城镇整体格局的演变过程。基于区域城镇发展目标的新型城镇化发展模型，本书研究的区域生态城镇化模式更适合使用"城镇化"概念。

城镇化概念最早是由西班牙工程师赛达（A.Serda）在 19 世纪提出的。在《城镇化的基本理论》一书中，赛达用"Urbanization"一词来表达城镇化。城镇地区（Urban Place）指的是除农村（Rural）居民点之外的城镇等各级居民点。2010 年美国学者布莱恩·贝利（Brain J.L.Barry），通过对世界不同国家及地区城镇化过程的差异性分析研究后发现，全球各地区城镇化的发展道路是共性基础上的个性发展的进程，主要原因在于各地不同的文化背景和发展阶段的差异①。

2. 生态城市研究

关于城镇化过程中融入生态文明建设的研究在国外主要集中于生态城市理论的提出和不断深化理论。按照生态城市理论的发展过程，可总结出四个特征。

生态城市概念的提出（20 世纪 60—70 年代）：随着新技术的大量研发和广泛应用，经济获得迅猛发展，大气污染加剧、人口结构性失衡、水土流失严重、资源能源过度开发等问题在全球范围内出现，并呈现不断加剧之势，因此，面对日益加剧的环境危机，西方国家开始转换

---

① 参见布莱恩·贝尔：《比较城市化：20 世纪多元化道路》，商务印书馆 2010 年版，第 21—25 页。

思路，将关注的焦点从单纯追求经济迅速发展转移到生态环境上，在城市建设与发展方面，催生了生态城市理论研究的发展。此阶段的研究成果大部分集中在对人类发展前途及未来命运的探索方面，他们致力于以改变人类传统观念的方式来实现人类发展和生态环境之间的和谐共生。以蕾切尔·卡逊夫人（Rachel Carson, 1907—1964）的《寂静的春天》、罗伊·W. 福莱斯特的《世界原动力》、德内拉·梅多斯（Donella Meadows）等人合著的《增长的极限》和艾伦·杜宁（Alan Durning）的《多少算够——消费社会与地球的未来》等为代表的一批著作是这一阶段的代表性成果。1969 年，伊恩·伦诺克斯·麦克哈格（Ian Lennox McHarg, 1920—2001）出版《设计结合自然》一书，论述了如何在城市建设中有效地利用自然资源，将自然环境维护与人的发展进行双向考虑，实现人居环境和自然环境的有机结合，为城市规划和城市建设方面的研究开辟了道路。美籍意大利建筑师保罗·索拉里（Paolo Soleri）出版的《生态建筑学》，则从微观视角探讨了这个问题，且把"生态学"与"建筑学"两词合并，开创性提出"生态建筑学"这一全新理念。

生态城市系统研究阶段（20 世纪 70—80 年代中期）：为推进将生态学的理念和方法用于生活，1971 年，联合国教科文组织相继发布《人与生物圈计划》（MAB）、发表了《人类环境宣言》，要求全球采用综合生态方法探究城市生态系统及其相关问题，将生态学的观念和方法贯彻其中，全面促进将生态理论运用于城市规划和建设实践之中，这些推动措施，使城市生态系统研究与建设方法理论研究进入了实际探索新阶段。一些学者全面反思以往城市发展经验，总结相关问题，深入研究了城市建设与发展的内在运行机制，深入探索了生态城市建设的标准与模式，取得了初步成果。苏联欧杨诺斯基和美国理查德·瑞杰斯特（Richard Register）等学者是这一阶段的主要代表人物。自 20 世纪 80

年代伊始，生态城市理论就成了他们研究的中心，提出了"生态城"的概念，它是一种这样的理想城市发展模式：城市紧凑但充满活力，生产要素高效利用，生态环境和物质循环实现良性发展，以人与自然和谐发展的实现为终极目标。20 世纪 90 年代，理查德·瑞杰斯特（Richard Register）提出 10 项生态城市建设计划，倡导"生态结构革命"，体现了这一时期西方国家生态城市建设的思路、鲜明特征和关注重点，这一城市发展思想产生了较为广泛的影响。作为这些思想的深化，这一时期世界各地出现了相当规模的生态群众运动。如由英国环境学家詹姆斯·拉乌洛克（James Lovelock）出版的《盖娅：地球生命的新视点》，引发了著名的"盖娅运动"，核心观点为：地球上各种生命体和各个生态系统与地球生物圈具有相同的生命特征，具有同等的生命权利，无高低优劣之分，人类只是构成生物圈的有机分子，而绝非是它们的统治者。为防止人类对自然环境的污染，拉乌洛克提倡利用洁净可再生能源及绿色建材来沿袭建筑文脉。以此为开端，引发了世界各地开展生态城市建设实践活动的热潮，如瑞典的"生态循环城"计划等。

生态城市理论的不断丰富（20 世纪 80 年代中期—90 年代初）：1987年，世界环境与发展委员会在《我们共同的未来》一文中，首次提出可持续发展的观念，很快这一思想就风靡全球。随后，联合国环境与发展大会将可持续发展理念写进了会议文件，并发表《21 世纪议程》来贯彻新的发展观念，这一思想很快获得世界范围的赞同和支持，这一方面充分说明生态问题的紧迫性；另一方面表明可持续发展理念为新的发展思想找到最大公约数，达成了国际共识。《21 世纪议程》行动计划的实施，开启了全面建设生态城市的"世界范围内可持续发展行动计划"的历史进程。在这一理念的推动下，有关生态城市研究的理论成果大量出现。其中，具有代表性的学者及著作有：美国学者鲍勃·沃尔特的《可持续发展的城市》以及西姆·范德瑞恩的《可持续发展的社会》、1991 年英国学者布兰达·威尔（Brenda）和罗伯特·威尔夫妇（Robert Vale）合著的《绿色建筑——为可持续发展而设计》、1993 年 6 月通过的《芝加哥宣言》、1994 年美国学者彼德·盖兹（Peter Katz）的《新城市主义》、1995 年美国学者 S. 考沃（Stuart Cowan）和西姆·范德瑞恩（Sim Van der Ryn）合著的《生态设计》、1996 年 3 月 R. 罗杰斯、R. 皮阿诺和赫尔佐格合著的《在建筑和城市规划中应用太阳能的欧洲宪章》。这些著作从各个角度，诸如生态标准、人在建筑环境中的地位和作用、人与自然的关系、项目管理等，为生态城市建设构建了基本的理论框架。

生态城市建设实践阶段（20 世纪 90 年代至今）：将前期理论运用于城市建设实践，发展出了诸多建设模式，出现了不少在城市规划和发展领域具有深远影响的重要事件，如获得 1994 年度"国际生态城市奖"的新西兰 Waitakere 生态城市建设项目、1996 年澳大利亚怀阿拉（Whyalla）城市建设计划、1997 年丹麦哥本哈根生态城市项目等。一方面，这些项目针对生态城市进行了很多试验和实践；另一方面，也从经济、社会、文化等各个角度进行了探索。

（二）国内研究进展

我国城镇化建设研究起步较晚。把我国的城镇化建设与生态文明建设紧密联系起来并成为重大的研究课题，是新时期我国经济社会发展的重大战略方针。党的十六大报告指出："发展小城镇要以现有的县城和有条件的建制镇为基础，科学规划，合理布局。"[①] 党的十七大进一步要求：

---

① 江泽民：《全面建设小康社会 开创中国特色社会主义事业新局面——中国共产党第十六次全国代表大会报告》，人民出版社 2002 年版，第 23 页。

"统筹城乡、布局合理、节约土地、功能完善、以大带小的原则，促进大中小城市和小城镇协调发展"①，开辟具有中国特色的新型城镇化道路。党的十八大明确提出："优化国土空间开发格局""加快实施主体功能区战略，推动各地区严格按照主体功能定位发展，构建科学合理的城市化格局。"②2013 年，中央经济工作会议要求"把生态文明理念和原则全面融入城镇化全过程，走集约、智能、绿色、低碳的新型城镇化道路"。党的十八届三中全会通过的《中共中央关于全面深化改革若干重大问题的决议》要求："紧紧围绕建设美丽中国深化生态文明体制改革，加快建立生态文明制度，健全国土空间开发、资源节约利用、生态环境保护的体制机制，推动形成人与自然和谐发展的现代化建设新格局"③，2014 年国务院出台的《国家新型城镇化规划》对新型城镇化发展进行了具体定位："以人为本、四化同步、优化布局、生态文明、文化传承的中国特色新型城镇化道路。"党的十九大报告再次强调："坚持新发展理念"，"以城市群为主体构建大中小城市和小城镇协调发展的城镇格局，加快农业转移人口市民化"，"推动新型工业化、信息化、城镇化、农业现代化同步发展"④。党的十九届四中全会通过的《中共中央关于坚持和完善中国特色社会主义制度　推进国家治理体系和治理能力现代化若干重大问题的决定》明确指出，要"健全城乡融合发展体制机制""坚持和完善统筹

---

① 胡锦涛：《高举中国特色社会主义伟大旗帜　为夺取全面建设小康社会新胜利而奋斗——在中国共产党第十七次全国代表大会上的报告》，人民出版社 2007 年版，第 25 页。

② 胡锦涛：《坚定不移沿着中国特色社会主义道路前进　为全面建成小康社会而奋斗——在中国共产党第十八次全国代表大会上的报告》，人民出版社 2012 年版，第 39—40 页。

③ 《中共中央关于全面深化改革若干重大问题的决议》，人民出版社 2013 年版。

④ 习近平：《决胜全面建成小康社会　夺取新时代中国特色社会主义伟大胜利——中国共产党第十九次全国代表大会报告》，人民出版社 2017 年版，第 33、21—22 页。

城乡的民生保障制度""推动城乡义务教育一体化发展""健全统筹城乡、可持续的基本养老保险制度、基本医疗保险制度",该《决定》同时使用了"统筹城乡"、城乡"一体化发展""城乡融合发展"等概念。2019年4月发布的《中共中央 国务院关于建立健全城乡融合发展体制机制和政策体系的意见》,就同时使用了这三个概念,并把统筹城乡发展和城乡一体化方面的具体举措放到城乡融合发展的框架之中。党的十九届四中全会通过的《决定》继承和深化了这一思想。从"统筹城乡发展"到"城乡发展一体化"再到"城乡融合发展",既反映了中央政策的一脉相承,又充分体现了对城乡关系认识的不断深化。第十九届五中全会进一步提出,优化国土空间布局,推进区域协调发展和新型城镇化。坚持实施区域重大战略、区域协调发展战略、主体功能区战略,健全区域协调发展体制机制,完善新型城镇化战略,构建高质量发展的国土空间布局和支撑体系。要构建国土空间开发保护新格局,推动区域协调发展,推进以人为核心的新型城镇化。从理论角度讲,现代意义上的城镇化进程中生态文明建设的研究始于20世纪80年代中期。1984年,著名生态环境学家马世骏提出以人类与环境关系为主导的"社会—经济—自然"复合生态系统理论,为城市建设与生态协同发展奠定了理论与方法基础。王如松研究了城镇生态的调控原则与方法,黄光宇制定了城镇生态建设的衡量标准,钱学森提出了具有中国特色的"山水城市"设想,王如松、欧阳志提出了城镇生态建设的控制论原理和原则,董宪军系统地论述了生态城镇的理论体系,梁鹤年提出了生态主义城镇的中心思想是可持续发展的等。党的十七大提出"建设生态文明"以来,学术界对城镇化进程中生态文明建设的研究进一步加强,如张坤民等提出生态城镇的评估模型和指标体系,黄光宇、陈勇提出生态城镇的规划设计方法,杨志峰等着重强调了遥感及信息集成技术在城镇生态规划方面的应用等。

（三）研究现状述评

历时性地看，国外学者更早开展了对于生态问题与城市化（城镇化）问题的研究，其研究成果也更为丰富。而国内学者针对城市化问题展开的研究则相对较晚，近年来，才关注并展开对生态问题及其对城镇化发展的影响及作用的研究，目前仍处于起步阶段。国外学者有关生态与城镇化问题的研究成果为我国城镇化进程中的生态文明建设提供了可供参考的成果，然而因为研究背景存在差异，其成果并非完全适合中国生态文明建设道路。

关于城镇化进程中生态文明建设的研究仍然存在一些不足。一是绝大多数研究成果都是侧重于对城镇化进程中生态环境问题的具体表现、形成原因、改进措施进行分析，对城镇化进程中生态文明建设机制的研究严重短缺；二是关于城镇化和生态文明建设的研究没有能够与规划、工程、环保和其他学科横向联合，已有的研究成果没能对城镇化的可持续发展和生态文明建设产生应发挥的作用和积极影响；三是城镇化与工业化、农业化、信息化、绿色化"五化"协调的研究相对薄弱，成果不多；四是最重要的一个环节，也即推进新型城镇化进程中生态文明建设的机制问题长期未得到深入研究，未形成系统化、体系化的研究成果，这为我们今后进一步深入探索留下了研究任务和研究目标。

四、研究路径

（一）研究思路

关于生态文明建设滞后于新型城镇化发展速度与水平的问题，本书制定了将生态文明建设融入新型城镇化进程的"一体两翼、三大系统、十大机制"架构。基本思路为：贯彻党的十九届四中、五中全会精神，坚持走中国特色新型城镇化道路，推进以人为核心的城镇化。深刻领会我国新型城镇化的重大意义，准确把握新型城镇化的丰富内涵和基本要求，特别是要全面领会生态文明建设与新型城镇化之间的逻辑关系，深入研究当前我国在大力推进新型城镇化过程中的生态文明问题，系统分析各方面问题产生的根源，依照生态文明建设各个要素间的逻辑层次制定一套综合性、系统化的协同合力机制，把生态文明理念与原则全面融进城镇化的全过程，走集约、智能、绿色、低碳的新型城镇化道路，建设美丽中国，实现绿色发展。

（二）研究方法

1. 规范研究与实证分析相结合

从理论与实践环节两个方面开展工作。在理论环节方面，课题组围绕新型城镇化与生态文明建设的若干重要问题进行专题研究，形成论文、调查报告等形式的阶段性成果。在实践环节方面，课题组计划在基层政府和有关单位的支持配合下，开展城镇生态问题的追踪调查，分析现状、找出问题、提出对策、形成调查报告，以丰富完善相关理论内容。

2. 定性研究与定量分析相结合

综合运用管理学、区域经济学、生态经济学、人文地理学和系统工程理论和方法，结合经济理论及当前新型城镇化发展的实际，在定性分析的基础上利用统计方法进行定量检验和分析。

3. 调研分析与对比研究相结合

本书重视对调研资料的分析及搜集生态文明建设方面资料。通过多角度、多方面对城镇化的生态化和城镇化的融合发展进行全面分析，深入结合实际，找准各影响因子或要素，明确各要素之间的层级关系，完善新型城镇化与生态文明建设的协同合力机制建设。

（三）研究内容

一是全面总结我国新型城镇化进程中的生态文明建设现状，充分论证二者之间的融合关系，证明在推进新型城镇化进程中加强生态文明建设的重大意义和现实要求，深入分析当前城镇化进程中生态文明建设滞后或生态问题产生的制度性、机制性问题。

二是按照"一体两翼"架构的驱动机制、导引机制和保障机制三大机制，建立产业发展机制、科技创新机制、文化机制、考核评价机制、长效机制、政府治理机制、协同联动机制、生态补偿机制、公众参与机制、信息反馈机制十大机制体系。

三是根据各个机制发挥的作用范围和要素构成，按照系统科学构建设计每一机制的要素关系和运行模型，并制定相应配套措施，保障机制的运行和作用发挥。

（四）创新之处

第一，系统分析我国新型城镇化战略和生态文明建设的内涵，把握二者相互融合的内在逻辑和现实要求，为推进新型城镇化进程中的生态文明建设提供理论依据和实践路径。

第二，将我国推进新型城镇化和生态文明建设进行融合分析，厘清二者之间的内在契合点和结合面，利用系统论观点，构建"一体两翼"、三大系统的融合机制体系。

第三，通过架构"一体两翼"的新型城镇化进程中的生态文明建设综合机制，系统分析其动力机制、导引机制和保障机制的建设思路和具体方法路径。

第四，综合利用政治学、社会学、管理学、经济学、生态学、人文地理学等多学科方法共同研究新型城镇化的生态文明建设机制问题，建立了其动力机制、导引机制和保障机制下层的十大机制，并着重设计了机制模型图，提出了具体的十大机制建构实现途径，讨论了相关影响因素，提出了相应的对策建议。

第一章 新型城镇化是实现现代化的
重大战略选择

诺贝尔经济学奖得主、美国学者约瑟夫·斯蒂格利茨（Joseph Eugene Stiglitz，1943— ）曾断言，21世纪对世界影响重大的有两件事：一是美国的高科技产业；二是中国的城镇化。推进新型城镇化是我国社会主义现代化建设的必由之路和重大战略选择。截至2016年年底，中国城市数量达到657个，城市化率已经达到57.35%。城镇化进程加速推进，由此带来的巨大活力和经济增长潜力不可估量，但也带来一些问题，特别是对生态环境造成了很大的压力，产生新问题、带来新挑战、提出新命题。

第一节 新型城镇化的内涵与特征

迈入新时代，我国经济发展与社会转型皆达至飞跃式发展的要求，推动了我国从低速发展的传统城镇化向高水平新型城镇化转变。研究新型城镇化，必须从内涵探讨、理论梳理、实践推进等几个方面进行系统总结和深入剖析。

一、新型城镇化的内涵

对城镇化概念进行系统化准确的界定与把握，是本书遇到的第一个需要澄清的基本概念。针对城镇化概念，学者们立足于各种研究视角提出了不同的观点。我们认为，要准确界定城镇化概念，首先要弄清"乡村""城市""城镇"等一些概念的内涵。

（一）乡村、城市和城镇

1. 农村—乡村

农村既是一个社会学概念、政治学概念，也可理解为一个经济学概念，是经济社会发展到一定程度后必然出现的一种社会组织形式或生产组织形式。劳动者大量聚集定居得益于农业种植的发展，在集体耕种与居住的过程中，人们逐渐修建并完善农业生产区域和居民居住区域的防御与生活设施，由此产生了农村。关于农村的界定，世界大多数国家都将人口密度作为界定的单位，只是界定的标准有所不同而已。按照每平方英里人口密度，美国与欧元区分别把密度在 1500 和 2000 以下的区域界定为农村。而我国则没有对农村进行直接界定，仅按照户籍登记将人口区分为"城镇人口"和"乡村人口"。其中将国家设立的"市"和"镇"以外的人口，在户籍登记中都列为了"乡村人口"。

较之于城镇，农村具有五个方面的显著特征：（1）人口密度小，农业生产区与村民生活区之间的界限模糊；（2）家族聚居；（3）工、商、文、卫发展程度低，生活生产单一；（4）地域性风俗习惯浓郁；（5）道路交通发展严重滞后，多为简陋的乡间道路。当然，21 世纪以来，随着经济的进一步发展，农村的硬件建设和基础设施等已有很大改观。

2.城市的定义及特征

有关城市的形成，存在着两种不同的观点。一种观点认为城市的形成是从"市"发展为"城"，随着商品在"市"进行交易的次数越来越高，交易的物品种类越来越多，"市"逐渐成为固定的交易场所，参与交易的人们也逐渐选择在交易场所周边定居，而"城"开始日益形成；另一种观点则认为先有"城"，它作为某个区域范围内的政治中心出现，当这个区域的政治中心渐渐发展起来以后，此区域的经济开始发展，商品交易也逐渐频繁，其中包括"农产品、工业商品和第三产业产品"的交易，于是，供人们交易的"市"便在"城"内出现了。

对于城市的界定，大部分学者认为城市（city）是由住宅区、商业区和工业区组成的行政建制区域，由一定规模的从事非农生产的非农业人口聚居形成，并为居民提供诸如公园、广场、学校、医院等基础公共设施。在当代社会，城市不但体现了现代文明，而且也是衡量一个国家综合国力的重要指标，更是一定区域范围内的政治、经济和文化中心。

按照在经济、政治、文化等方面对外界的影响力和辐射半径，可将城市分为五类城市体系：国际性大都市、全国性中心城市、区域性中心城市、地方小城市和中心小城镇。其中，国际性大都市对世界其他国家和地区的城市具有较大的辐射效益和影响作用，是国际经济、政治、金融、人才等流通交易的重心。在全世界，纽约、巴黎、中国香港、伦敦等城市都是较为著名的国际性大都市。

全国性中心城市，一般指的是国家范围内在政治、经济、文化方面能够跨越行政区划范围，对其他城市和地区具有引领与辐射功能的中心城市。在我国，北京、上海、广州等都属于全国性中心城市。

较之于全国性中心城市，区域性中心城市辐射和影响的区域范围更小，一般指的是在一个经济圈范围内于经济方面对周边区域产生辐射和带动效应的中心城市。如武汉、青岛、西安、郑州等就属于此类区域性中心城市。

地方小城市和中心小城镇已经丧失了中心城市的辐射与带动功能，它们更多的是作为所在区域内的行政、商业和文化中心，为本区域内的城市、城镇居民和农村居民提供服务与就业，同时为周边区域性中心城市的发展提供配套服务。

相比乡村，城市具有以下特点：（1）人口规模大，聚居密度高；（2）生产部门主要是工业和服务业等二、三产业；（3）更具有包容性和约束性。城市能够包容不同职业、不同宗教、不同价值观念的人们，同样城市居民也会受到城市制度和城市社会组织的约束；（4）从资源分配上看，城市资源集中，不但人口资源丰富，而且社会资源、政治资源和文化资源集中，可以满足人们对各种物质和精神方面的需求。

3.城镇的定义和特点

在我国，城镇包括城市和集镇。根据《村庄和集镇规划建设管理条例》的界定标准，集镇的人口规模一般在0.6—5万人。集镇规模介于城乡之间，是我国城镇化建设中的一个重要存在。其特点如下：（1）产业结构二分：集镇以工业、服务业为主，乡村以农业为主；（2）人口密度差异大：集镇人口密度比乡村人口密度大；（3）空间布局差异大：集镇建筑规划整齐，乡村建筑规划凌乱，集镇建筑密度比农村建筑密度大；（4）基础公共设施差异大：集镇基础设施齐全，乡村基础设施亟待改善；（5）功能差异大：集镇具有一定区域的行政、经济和文化功能，而农村作为农产品种植地，在行政、经济和文化方面的功能相对较弱。

（二）城市化和城镇化

1.概念厘定

"城市化"与"城镇化"，是源于不同学者根据自身的研究视角对"Urbanization"这一英文词汇的不同翻译。1867年，西班牙学者 A.Serda 在《城镇化的基本理论》一书中最早提出"Urbanization"一词。根据对城市和城镇概念认识的差异，一些学者将"Urbanization"一词翻译为"城市化"，他们认为只有当农村人口转移为城市人口时，城市化才算完成。但是大部分学者提出，应该将西文"Urbanization"一词汉译为"城镇化"，他们认为较之于"城市化"，"城镇化"是更大的概念，它不但包括"城市"而且也包括"城镇"。特别是与我国城镇化发展实践进行结合，中国的城镇化道路即从乡村直接转变为现代城市社会并非一蹴即至的，大多数乡村都是先从发展为城镇之后才逐渐由城镇发展为城市的，因此，将"Urbanization"翻译为"城镇化"更能够体现中国城镇化历程的全貌。基于现有城乡二元社会结构，"城镇化"概念的引入，使得人们除了城市与乡村二元结构以外，又认识了城镇这个社会单元。作为城市与乡村之间的过渡形式，城镇与城市和乡村三者共同构成了中国城镇化的三维结构。因此，我国的规范性文件和大多数学者都选用"城镇化"这个概念。

现代意义上的城镇化，一般指的是由工业化迅猛发展而引起的劳动人口从农村向城市转移居住和就业。各个学科对城镇化的理解也存在着差异。以人口城镇化为视角，人口学认为城镇化是通过扩张城市规模和数量，将农村城市化，及将农村人口转变为城市人口，从而增加城市人口数量这两种途径来完成的。立足于空间扩张的角度，地理学将城镇化阐释为扩张城市生产生活空间，压缩农村生产生活空间。经济学以产业构成为视角，认为城镇化就是通过持续推动第二、第三产业规模的发展，促使农村从事第一产业（农业）的人口向城镇转移就业，使城镇人口规模和产业规模不断扩大。社会学认为，人类社会在发展前进过程中，新的观念和技术促使人们逐渐向城市转移，并逐渐融入城市的生活方式和社会组织中。

本书认为，城镇化是生产生活方式变迁的社会化过程，它主要表现为：以农业为主向以工业和服务业等第二、第三产业为主转变，由传统农耕文明向现代城市文明转变，从家族式合作劳动向社会化合作劳动转变。

2. 主要特点

上文已经明确提出，在产业结构与就业结构发生调整与变动的过程中，逐渐形成发展城镇的过程和结果，并逐渐带动人们的生活生产方式发生转变，这就是城镇化的实质所在，人口居住地的转移、户籍的变化只是表面形式上的变化。因此，我们所说的城镇化，就是指通过产业结构调整、发展方式转变而进行人口结构调整、生活方式转变，逐渐实现城乡融合、城乡一体融合发展的历史进程。这一进程的主要体现包括：

第一，人口迁移。城镇化是人口市民化的过程。农村剩余劳动力涌进城市，通过在城市就业和生活，逐渐转变为以第二、第三产业为生的城市人口，进而在城市中定居与生活，最终实现农村人口市民化。

第二，产业调整。城镇化会促使农村产业结构调整。在国民经济结构中，第一产业（农业）的占比下降，而第二、第三产业（工业与服务业）在国民经济结构中的比重越来越大，特别是以第三产业为主的城镇发展更为迅猛。

第三，就业转型。城镇化是农业劳动力转移。准确地说是农村剩余劳动力实现非农就业转移。就是说，农业技术的应用与农业现代化的发展，促使农村劳动力出现剩余并向非农就业部门转移的现象，此种现象也是人类经济社会发展的必然趋势。

第四，城乡一体。城镇化是逐渐消除城乡差异的过程。基本破除城乡二元经济社会制度割裂的结构，逐步推行均等化的现代社会管理模式与社会结构，实现城乡差距逐渐缩小以至最终消除的城乡公共服务均等化局面。

3. 衡量标准

对于城镇化（或城市化）水平的衡量，国际国内评价标准尚未达成一致，统计口径也各有侧重①。我国国家统计局、住房和城乡建设部等在统计公报中，关于城镇化水平的衡量标准，一般按照城市人口比重、城乡人口比、城市化规模、人口集中程度等几个指标进行衡量。

第一，以人口占比作为衡量标准。这种方法，主要通过人口的转移数量来说明城镇化的进程。在一定时期内，城镇人口占比越高，表示该地区的城镇化水平就越高。从国家统计局年度统计公报来看，我国主要以城镇常住人口与常住总人口的比率来表示城镇化率，各地也是这样来统一标准的。党的十九大报告也是采用这种数据统计结果。数据显示，中国的城镇化率在 1978 年是 17.9%，2017 年达至 58.52%。也就是说，改革开放 40 年，中国的城镇化率提高了 40.62 个百分点，年均增长 1 个百分点以上。2017 年，尽管中国实际城镇化率已达 58.52%，但由于户籍制度改革相对滞后，真正具有城镇户籍的城镇常住人口占总人口的比重尚未突破 36%，远低于 58.52%。这是户籍城镇化率，仅具有户籍

---

① 参见丁修达：《国内外关于城镇化水平的衡量标准》，《北京农业职业学院学报》2012 年第 1 期。

意义，对于城镇来讲，实际意义并不大①。

第二，以城镇土地利用比重为衡量依据。此类方法按照土地利用面积的比值来衡量城镇化水平，即以一定范围内的城镇土地与农业土地的面积比值来表示这个区域或国家的城镇化水平，或者以城镇面积占全国总面积的比值来衡量一个区域的城镇化水平。

第三，以非农就业结构占比为统计标准。用城镇非农业人口（或非农就业人口）占城镇人口总量（就业总人口）的比重来表示城镇化水平。这种衡量标准是一种较为间接的方法，需要进一步推定。例如2016年，据国家统计局，全国就业人口77603万人，其中城镇就业人口41428万人，非农就业人口占比53.38%。

第四，以人口总量或人口密度为推定依据。这种方法较为直接，是根据国情和人口结构及区域分布直接设定的。关于一个城市的单元人口密度，世界各国达成的标准极不一致。英国、新西兰、加拿大、法国、墨西哥、澳大利亚、伊朗对于城市居民点的最低要求分别为：3000人以上、1000人以上、1000人以上、2000人以上、2500人以上、1000人以上、5000人以上。其中，加拿大和澳大利亚还分别固定了城市人口密度的标准，如加拿大规定人口密度不低于400人/平方公里。

第五，以行政建制作为区分标准。以国家的行政建制来划分和界定城市与农村。规定一个行政区域内的行政机关、商贸中心或居民区等为城市。目前全球主要以拉美地区为代表的国家按照此类标准对城市和农村进行界定。

通过以上五种形式的介绍，可见我国在表现城镇化进程的统计方法

---

① 参见易鹏：《中国城镇化之艰——当下难靠工业化全托中国城镇化》，2013年8月19日，https://www.docin.com/p—1578101426.html。

选择上，基本上是以城镇化率为主的，也综合运用了其他方式。目前，我国采用人口比重指标法的方式来统计城镇化率。这种方法，是以城镇常住人口和总人口的比值为结果。由于我国农村人口基数较大，近年来的农村人口大量涌入城市务工，但户籍制度尚未配套改革到位，致使常住人口城镇化率和户籍人口城市化率有较大差异。例如，据国家统计局数据，截至 2016 年底，我国城镇数量达到 657 个，城镇化率已经达到 57.35%，城镇人口达 7.71 亿人，但户籍人口城镇化率仅为 41.2%，相差较大，且增幅也小得多。但就世界范围看，从城市发展的本质看，户籍城镇化率受我国的国情所限，城镇化毕竟是以改变人的生活方式为目的的。

（三）新型城镇化

新型城镇化，是结合我国自身经济社会发展特点与独特发展道路实际，而提出的具有中国特色的城镇化概念，它既与西方关于城镇化概念的定义不同，又异质于传统的城镇化概念，是一个注重协调性、统筹性和"以人为本"的新的城镇化发展理念。

1. 新型城镇化概念的提出

城镇化概念是中国特色的，这基于我国是农业大国、城市多起于村镇的历史背景，因此，在时间上城镇化概念要晚于城市化，而以城镇化概念为基础形成的新型城镇化概念更是在后继实践中提出的。可以说，城镇化与新型城镇化概念都是中国经济社会发展过程中形成的词语。辜胜阻早在 1991 年，就曾在《非农化与城镇化研究》中使用了"城镇化"概念，之后，此概念被很多学者采用，并固定下来。之后，不管是国家领导人还是国家文件，都在很多地方提出过城镇化和新型城镇化的概念。迈进新时代，我国城镇化发展的历史轨迹以及中央重要文件决议中关于城镇化的主要精神，也都反映出我国新型城镇化的内涵是立足于我国国情和我国的社会主义性质的，其内涵和外延已然非常明确，所指也极其准确。

在 2007 年 3 月发表的《走高效生态的新型农业现代化道路》一文中，时任浙江省委书记的习近平最早提出新型城镇化概念。2012 年底的中央经济工作会议，在中央正式文件中首次使用"新型城镇化"一词并对其进行了界定。于此，新型城镇化成了一个具有中国特色的新概念。集约、智能、绿色、低碳成为国家对新型城镇化定义的核心词。

后来，新型城镇化概念正式获得权威定义，迅速成为各级党和政府正式文件中全面使用的专用术语。但各级政府和社会对新型城镇化概念中的"新"的内涵，意见不统一，认识不到位，把握不准确。为此，习近平、李克强等国家领导人也通过不同方式对这一概念进行了阐释。在党和政府以及国家领导人的大力推进下，新型城镇化概念学术层面的讨论也广泛深入展开，成为学术热点。

由上可知，具有中国特色的"新型城镇化"概念的形成与发展，突出表明城镇化在我国经济社会发展中重要性的提升，也更是对此概念现实基础及其内涵的细化解读。

2. 新型城镇化概念的本质

毫无疑问，当前我国推进的新型城镇化，是一个由乡村社会向现代城市社会转变、由农业为主转向工业、服务业为主的发展过程。这一过程不仅使更多的人到城市里居住，而且也是一个包括经济社会结构、生活生产方式综合改变的历史过程。与西方城市化不同，新型城镇化与传统城镇化是新时代中国特有的发展模式，也是一种全新的发展理念与模式。

传统城镇化模式，其主要特征是：以追求经济发展为目标，通过推进工业化来实现，主要靠地方政府主导，实现土地及人口城镇化。"摊大饼"式扩张，以外部需求为动力，资源成本高、成果收效低等。这种"低效益高成本"的传统城镇化模式带来了很多问题，主要包括：要素结构失衡、空间失衡、产业结构失衡和"城市病"等资源和生态问题。西方城市化是工业化的直接后果。18世纪爆发的第一次工业革命，促进了机械化与生产的规模化以及大机器、大工业的发展与引入，也推动了资本与人口的快速集中和城市的形成与发展。国家的工业城市的发展，如英、法、德、美等基本上都是遵循小城市、中等城市、大城市、城市圈的发展轨迹而来。以生产力与生产关系为视角，西方城市化是资本主义发展到一定时期的必然产物，是资本通过对农民与工人的剥削压榨而扩张的结果。西方城市化是一个漫长的演进过程，其过程并非短期内形成，对人的剥削与压榨贯穿于全过程。当然，也会出现污染、资源浪费等生态问题，他们也经历了先污染后治理的漫长过程，如曾经的伦敦经过生态文明的重建和城市发展的规划，城市化才形成相对成熟稳定的局面。

通过对比传统城镇化和西方城市化发展道路和基本特征，我国对新型城镇化的基本界定是："以中国国情为基础，以经济社会发展为目的，以人民根本利益为出发点，在尊重城镇化一般规律和吸取国内外城镇化经验教训的前提下，走出一条具有中国特色的新型城镇化发展道路，以实现我国新型城镇化进程又好又快的发展。"①

新形势下，我国新型城镇化的目标设定、模式选择和路线图制定，将决定我国新一轮城镇化建设的成败，也会对我国的现代化进程产生巨

---

① 熊辉、李志超：《论新时期中国特色城镇化思想》，《马克思主义与现实》2013年第5期。

大影响。中国推行的新型城镇化道路具有显著的特点，"新"在有别于资本主义国家的发展道路的社会主义道路与社会主义性质，也"新"在实现目标与实现过程。它对我国城镇化道路的发展具有重要的指引意义，是源于中国国情的理论创新和实践创新。也即，我国新型城镇化是在党的领导下，坚持马克思主义系列理论，特别是以习近平新时代中国特色社会主义思想为指导，坚持社会主义制度和道路实现，"以人为本"的具有中国特色的新型城镇化模式。

新型城镇化之"新"，一方面体现为大、中、小城市和小城镇整体推进；另一方面体现为城乡之间、人与生态之间、大中小城市之间的互动、促进与发展。可将其"新"概括为四个方面的内容：（1）以工业化、信息化、农业现代化与城镇化协调发展为前提，重点推进城镇化；（2）形成政府与市场联动助推的城镇化机制；（3）实现集约、绿色、可持续的集约型城镇化进程，促进人与资源、环境的和谐发展；（4）重视政治、经济、社会、文化、生态"五位一体"的总体建设布局。将绿色发展理念贯穿于城镇化的各个环节与全过程中，能够使广大城乡居民真正体会并享受到新时代中国特色社会主义的优越与实惠。

二、新型城镇化的特征

实现农村人口的市民化是新型城镇化建设的核心要点，即把农村人口转移到城镇，或者将农村发展为城镇，变农民为城镇居民。但是，与发达国家和拉美部分发展中国家的城镇化和我国传统的城镇化道路都不相同，我国推进的新型城镇化是将我国经济社会实践和国家性质相结合，是具有鲜明中国特色的城镇化。

第一，以人为核心。传统城镇化发展模式存在着问题，表现为对土地城镇化开发利用过度，土地财政带来的高额利润吸引着政府过度开发农村土地以及盲目扩张城市规模。但是，与之适应的配套设施建设却滞后，如户籍制度、社会保障制度、教育制度、福利保障等配套制度均不能及时跟进，从而导致人口城镇化发展受限，土地城镇化与人口城镇化发展失衡。

第二，推动产业结构协调发展。通过征地将农村土地转变为城市建设用地是传统城镇化的最主要表现，土地低价征收与高价出让产生的巨大差额利润，使地方政府更加倾向于扩展城镇建设用地，势必造成城市建设用地面积激增与农村土地面积减少，也必然导致大量失地、少地农民涌进城市就业。但是，城市产业发展步伐与土地城镇化未能实现同步，城市就业体系尚不能满足农民向城市转移就业的需要。而新型城镇化更加注重产城互动，即注重产业结构调整与农村劳动力转移就业之间的互动适应，将新型城镇化的推进建立在经济发展与产业结构调整之上。

第三，促进城市体系综合发展。传统城镇化以发展大城市和打造超级城市为主要目标，因此对中小城市和城镇发展缺乏考虑。较之于传统城镇化，新型城镇化更加注重大中小型城市和城镇的综合发展，构建重视小城镇、推动中小城市、关注大城市的城市综合发展体系，最终实现大中小城市和城镇之间的产业结构互补与促进。

第四，注重生态绿色发展。在发展过程中，传统城镇化自身具有发展粗放、资源浪费、农民收入增加不明显、环境代价大等一系列问题。但新型城镇化将会对这些问题进行分析和解决，更加倾向于"集约、智能、绿色与低碳"的重质量型的发展道路，同时发展经济不再以牺牲环境为代价，而未来经济发展的方向将会是绿色经济。因此，坚持"以人为本"，以绿色生态为发展方向，将是新型城镇化推进的战略重点。

第二节　新型城镇化具有重大战略意义

当前，我国进入全面建设社会主义现代化国家、向第二个百年奋斗目标进军的新发展阶段，加快推进以人为核心的新型城镇化意义重大。到 2035 年基本实现新型工业化、信息化、城镇化、农业现代化，建成现代化经济体系，要求新型城镇化提供人力资源支撑和空间载体保障；实现国家治理体系和治理能力现代化，人民平等参与、平等发展权利得到充分保障，要求新型城镇化坚持以人为核心，更好地结合有效市场和有为政府，破除制约城乡要素自由流动和高效配置的体制机制障碍，把城市建设成为高品质生活的空间载体，促进社会公平；实现城乡区域发展差距和居民生活水平差距显著缩小，要求以满足人民日益增长的美好生活需要为根本目的，加快农业转移人口市民化，推动新型城镇化和乡村振兴相互促进、城乡融合发展。新型城镇化是我国实现现代化和强国战略的关键举措，是全面深化改革和全面促进社会发展的重要举措，是解决"三农"问题和实现城乡融合发展的重要途径，是决胜全面建成小康社会，实现中华民族伟大复兴中国梦的题中应有之义，是新时代中国发展的必然选择。

一、新型城镇化是实现现代化的关键之举

18 世纪工业革命以来，西方社会机械化大工业生产推动了资本主义经济的发展，也促进了城市化的迅速发展。目前，城镇化率在西方发达国家已经达至 80% 以上，世界平均城市化率也已超过 50%。世界城市化水平的提高是现代工业化社会发展的结果，也将会影响世界的经济

结构和行业结构。随着城镇化的不断向前推进，工业和服务业在城市发展繁荣，因此对劳动力的需求，便吸引着周边地区的从业人口向城市聚集，城市规模越来越大，需求劳动力的数量相应逐渐增多。

城市化水平是衡量一个国家现代化程度的重要标准。社会学家往往用城市化率来衡量一个国家的现代化进程。历史证明，城镇化必然会引起工业、商业和服务业的加快发展，继而引发人口向城市迁移，相应地，人口的汇聚又推动了城市规模化的市场发展，这是历史的发展逻辑。城市中人口、生产与各种社会资源相对集中，促进了交易成本的降低和生产效率的提高。由此可知，城镇化能够推动产业结构进行优化调整，反之，产业结构的持续调整也能够促进城镇化的继续发展。西方资本主义发达国家之所以能够保持经济持续增长的优势，很大程度上与其城市化发展水平日臻成熟有着密切关系。社会分工细化、集约化效应、规模经济效应与产业集聚，也得益于西方城市化的不断发展而产生并快速形成，这些都促进了整个社会体系的变革，包括资本主义制度和生产方式。

从 20 世纪 80 年代实行改革开放以来，在近 40 年时间里，我国经济社会所取得的发展与成就举世瞩目。但是，经济迅猛发展，不仅推动了我国社会结构的变革，也出现了制约经济发展的现象，转型期所面临的社会结构与经济发展不匹配的情况要求我们将社会结构作为突破口进行新一轮的改革。首先就是要破除社会领域的二元结构，激活经济发展潜能。而要变革社会结构，推进新型城镇化是一条根本途径。进入新时代，开启新征程，坚定不移地推进新型城镇化具有重大战略意义。

首先，城镇化是优化资源要素整合与调配的重要手段。我国经济发展所面临的突出问题是劳动力、土地、资本等资源要素配置低效，而通过改变农民的就业方向与土地的利用方式，城镇化的发展能够促进农村土地资源与人口资源的整合。同时，借助产业结构调整和优化升级，也将会不断提高居民的收入水平与消费水平。除此之外，大量农村人口涌进城市就业和居住，也会引起对城市基础设施的需求，对公共服务设施的需求及对房地产的刚需。因此，通过产业的规模集约化发展，城镇化能够有效地优化资源调配，增强社会在资源、经济、环境等各方面的承载力。

其次，城镇化是促进经济升级发展的重要途径。通过推动产业结构升级，城镇化可促进区域经济的升级发展。调整产业结构、增加第三产业比重，可将过剩产能转化为产业结构升级的推动力。农村人口向城镇人口转变，其户籍和居民身份不但发生转变，生产方式、生活方式、就业渠道、收入水平等也会发生变化。通过向城市转移，更多农村居民能够与城镇居民一样平等地享有由现代化和城镇化带来的发展福利。另外，通过利用土地资源的规模化和农业现代技术与设备，留守在农村的居民可促进农业生产方式的改进，从而提高农业的劳动生产水平，巩固农业的基础地位，推动农业经济的升级发展。

最后，城镇化是拓展中国未来红利空间的重要基础。改革开放以来的40年，是中国人口红利的释放过程。据有关方面观测，到2009年，我国的人口红利已出现拐点，随着改革的继续推进和经济改革的逐步深化，并且随着老龄化社会的到来，人口红利将消失，甚至走向反面，会出现人力资源短缺问题。关于中国未来红利空间的拓展，斯蒂·格利茨曾说："城镇化和美国的高科技是未来世界经济增长的主要红利。"①

---

① 辜胜阻：《新型城镇化是未来20年经济增长新引擎新动力》，《财经》2013年4月27日。

现今，较之西方发达国家，我国正处在城镇化加速发展阶段，未来仍有将近 30 个百分点的增长空间。由此可见，我国全面建成小康社会和中华民族的伟大复兴的重要基础，必将是城镇化。

二、新型城镇化是全面深化改革的必然之路

新型城镇化是促进我国经济社会的各个领域进一步深化改革的重要战略。新型城镇化不仅表现为城市人口和城市土地占比增加，而且表现为产业结构调整升级优化、生产生活方式改进、人居环境更加美丽、社会保障强劲有力等全面系统的社会生产生活等方式的转变。以增长为导向的模式将逐步被新型城镇化改变，城镇化也会合理推进人口转移及就业体系、公共服务、社会保障、教育医疗等配套措施的发展。坚持绿色发展理念，统筹解决城镇化进程中所面临的就业、基础设施、产业发展、城乡协同等许多问题，综合考虑、协调推进、系统解决。因此，决定我国城镇化顺利推进的关键和必要条件，就是从经济、社会、文化等各个方面进行全方位改革。

我国新型城镇化的战略目标和意图需要政策与机制的配套才可实现。目前，我国城乡二元体制是推进新型城镇化较为深层的制度障碍。因此，必须大胆先行先试，创新思维和方法，敢于碰硬与挑战，为新型城镇化扫除阻碍，为其提供制度保障。应从制度、机制、职能三个方面推进改革：（1）实行土地制度改革。推动农地产权改革，将市场机制引入农地资源调配中；（2）改革城镇管理体制。为新型城镇化发展提供配套政策和体制机制保障；（3）实现政府职能转变。将政府工作的重心与职能从"指挥与主导"转变为"服务与辅助"，摒弃传统模式、创新理念，转变思路走"政府调控"与"市场机制"相结

合的新型城镇化之路。

三、新型城镇化是解决"三农"问题的根本路径

"三农"问题是党和国家高度重视的问题,但由于历史原因和国情实际,当前"三农问题"仍然面临如下问题:(1)农业经济发展结构失衡。农业经营效益总体不高,产业结构与农产品生产结构失衡,农产品产能不足与产能过剩共存,农业的基础地位未得到充分重视;(2)农村剩余劳动力闲置。大量剩余劳动力闲置,就业渠道狭窄;(3)农村资源利用不合理。农村人均占有土地资源数量偏低,土地资源整合困难,农民开展规模生产和现代农业生产条件受限,城乡收入差距大。解决"三农"问题,必须突破"就农业论农业""就农村论农村"的藩篱,打破城乡二分的社会经济结构,为城乡之间、产业之间创造良性活动的条件。而新型城镇化必将引起包括农业在内的产业结构调整,推进城乡二元结构的消解,产生深远的社会影响和生活方式变革效应。因此,走中国特色的新型城镇化道路,统筹城乡经济社会协调发展,就成了解决"三农"问题的根本路径。

在我国这样一个农业大国,推进新型城镇化的战略目标就是通过农业人口转移,实现劳动力的结构性调整,从根本上解决农村劳动力闲置和城市用工短缺问题。据《中国农村统计年鉴》显示,1978—2015 年,我国农村人口对总人口的占比已经由 82.1%降至 45.25%,这表明每年我国从农村地区向城镇转移的人口占到农村总人口的 1%。另据中国科学院中国现代化研究中心预测,到 2050 年,我国农业劳动力占社会劳动力总数的比例将下降 37%,农业劳动力总数也将减少 2.79 亿左右,留在农村从事农业的劳动力仅有 0.31 亿左右。这表明,"我国农业劳动

力将面临大量向非农部门转移和剩余劳动力持续增加的悖论"①。大量农村剩余劳动力缺乏就业途径，以及我国农村人均占有耕地面积较少的问题，致使在农业生产中现代化的农业技术和农业机械得不到普遍利用，农业劳动率不高，不能够体现规模生产效用和现代农业效用，农产品市场化程度较低，以上存在的诸多现象都对我国农村的现代化进程和农村经济社会发展的速度与效应产生了严重影响。统计显示，我国农村人均占有耕地面积仅有3.2亩，现代化的大型农业机械之所以未能在农业生产中普遍应用，就是因为细碎化的土地占有情况。若土地连片的规模化生产得到实现，那么在农业生产中就能够应用大型农业机械，如此人均农业生产能力将会提升至30亩。我国规定要确保18亿亩耕地红线，如果以此来计算就可以从农业生产中解放出约5亿劳动力投入到其他产业生产中去。因此，新型城镇化将会成为最大的"蓄水池"以吸纳农村剩余劳动力。

保证农民平等享有改革红利，缩小城乡差距，新型城镇化是关键。将部分农村居民转移到城市居住和就业，使其转变为市民，能够减少农村人口数量，增加农村人均耕地面积，推动农业生产规模化与现代化的普及，帮助农民在现代化规模生产中获得更高收益。此外，新型城镇化也是农业产业升级的重要推动因素。在一定程度上，大中小城市和城镇与农村之间的产业互动与支撑依赖于城镇化的发展，城镇对农村的辐射功能使其在三者之间形成产业链。在产业链中，农村为工业生产与经济发展提供基础支撑作用，对农村人口、产业、市场与城镇接轨具有极大的促进作用，进而推动农村产业升级，改善农村经济社会结构和环境。

---

① 许永钦：《农业劳动力转移对农业生产的影响研究综述》，《黑龙江农业科学》2017年第3期。

四、新型城镇化是全面建成小康社会的强力支撑

党的十九大主题十分明显：决胜全面建成小康社会，夺取新时代中国特色社会主义伟大胜利。新型城镇化是全面建成小康社会的重要途径与前进推力，也是重要的目标任务，而国民经济实现结构优化升级则是推进新型城镇化发展的关键一环。当前，我国经济发展依赖外资与出口的现象已发生变化，而城乡发展差距扩大，特别是乡村发展不充分、社会小康水平不均衡等情况，使我国经济发展陷入出口与内需不足的双重困境。同时，产业结构发展失衡，农业生产现代化程度不高，经济发展与生态保护矛盾重重等一系列问题的解决，都有赖于新型城镇化的科学推进。

衡量一个国家经济发展水平的重要标准，是城镇化发展水平和质量。根据不同发展阶段城市化率与人均 GDP 的关系（见图 1-1），以及观测散点分布情况与统计分析的特征可知，在高峰阶段，城市化率与人

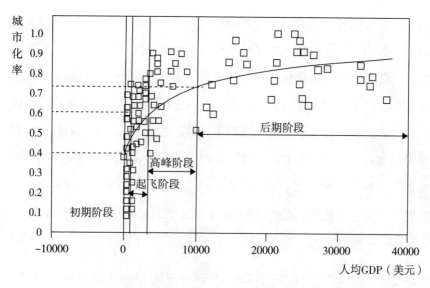

图 1-1　不同发展阶段城市化率与人均 GDP 的关系散点分布

均 GDP 高度相关，城市经济在国民经济中发挥主导性的作用，如 2017 年，中国的人均 GDP 达到 8582.94 美元，表明我国当前正向高峰阶段迈进。

建设全面均衡发展的高水平小康社会，把农业和农村问题解决好是关键点之一。因此，必须将其放在重要的地位，注重农村经济社会的改革与发展问题，推动农村经济社会的改革与发展，推进城镇化是最直接和最根本的途径。因此，当前激发我国发展潜力和扩大内需的主要方式就在于新型城镇化，它既是实现城乡社会均衡发展和社会繁荣稳定的重要途径，也是促进小康社会顺利建成与经济持续增长的根本出路，更是避免拉美模式和中等收入陷阱的必然选择。

五、新型城镇化是建设美丽中国的重要内容

党的十八大报告第一次提出建设"美丽中国"的任务。农村在我国占据了大部分的国土面积，在全国总人口数量中农村的人口数量也占有绝大多数。因此，"美丽中国"的任务要实现，就必须推进建设农村的生产生活以及居住环境与社会配套服务设施，这就是美丽乡村建设。美丽乡村具有四个特征：（1）环境美丽。村落整体规划美观，布局安排方便合理，生态环境宜居秀美。（2）经济社会结构合理。农村社会经济结构合理发展得到实现，为农民提供更多的就业岗位和机会，通过劳动使农民致富，同时增强农村社会服务功能，为村民的幸福生活提供基础保障。（3）发展乡村文化。继承优秀传统文化，积极接纳现代文明，建设充满文化魅力的新农村。（4）打造民主管理。大力支持村民自治，积极鼓励农村创新创造新的管理模式，充分调动村民民主治理的积极性。建设"美丽乡村"具有重要意义，诸如推进城乡融合、缩小城乡差距、盘

活农村资源要素等。

新型城镇化和建设美丽乡村相辅相成。城镇化是新农村建设的延续，实现"美丽乡村"建设所追求的目标是生态发展、生活富裕、乡村文明、村容整洁、管理民主，以及农民整体生活水平的提高。近年来，我国城镇化率持续增长，推动农村人口涌向城市，农村居住人口和农业从业人员大幅下降。中国城市化率从 1990 年的 26.44% 持续上升到 2019 年的 60.60%，虽然与发达国家还有一定距离，但远超印度同期水平。未来几年中国城镇化率将持续增长，城镇化的速度将继续平稳下降，预计到 2035 年，中国城镇化比例将达到 70% 以上。2019 年我国城镇常住人口 84843 万人，比上年末增加 1706 万人；乡村常住人口 55162 万人，减少 1239 万人。随着经济的发展和科技水平的提高，必将会有更多的农民离开土地，走入城镇，这一部分群体的问题就需要通过城镇化来解决。留下来的另一半农民要继续生活在乡村，这就需要通过美丽乡村建设来解决他们所面临的问题。城镇化过程也是农村发展建设的过程。通过促进城乡协同发展，调整农村产业结构和改善生产条件，提高农民的收入水平与生活质量，从根本上解决"三农"问题而非放弃农村建设，是加快发展城镇化的根本目的。长远来看，开展"美丽乡村"建设是延伸文明城市建设的战略举措，为文明城市建设提供一个新的平台和长效机制。

新型城镇化与建设美丽乡村相互支撑。实现城镇化的一个明显特征是人、财、物等相关要素聚集于城镇。新型城镇化是城乡产业相互促进、城乡经济互补、公共资源均等化分配的城镇化。因此，必须要破除二元社会结构，实现城乡一体化发展，这才是新型城镇化的基本内涵。推进"美丽乡村"建设是解决"三农"问题的最佳途径，关系到国民素质、经济发展、社会稳定、国家富强。在中央高度重视下，各级政府多措并举，各级改革举措稳步推进，近年来，我国"三农"问题得到高度重视和有效解决，然而依然不适应城市的迅猛发展。因此，我国如果要实现全面腾飞目标就必须使城市和农村同步发展、齐头并进，不能城市像欧洲，农村像非洲。

因此，新型城镇化与美丽乡村建设互为条件。一方面，应设计制定配套就业与保障措施，为农村人口向城市转移就业与居住提供条件，抓住农村"三权分置"改革主线，探索农村土地资源合理流动机制，为农民转变为城镇居民提供更加充足的政策保障；另一方面，应加快推进农村人口聚居建设，将"中心村"培育作为突破点，规划配套基础设施和配备公共服务，为农村居民平等地享有现代文明成果创造条件。

六、新型城镇化为构建新发展格局增添"硬核"

《中共中央关于制定国民经济和社会发展第十四个五年规划和二〇三五年远景目标的建议》（以下简称《建议》）对如何构建新发展格局作出阐释，其中强调，要"依托强大国内市场，贯通生产、分配、流通、消费各个环节，打破行业垄断和地方保护，形成国民经济良性循环"。城市化进程是各类经济要素和社会活动从分散走向集聚的过程，新型城镇化以人为核心、以城市群为主要的空间载体，是联通需求和供给循环的枢纽，可以对"形成需求牵引供给、供给创造需求的更高水平动态平衡"产生积极作用，对加快形成以国内大循环为主体、国内国际双循环相互促进的新发展格局意义重大。

第一，以新型城镇化为抓手，有助于进一步激发内需潜能。虽然我国城市化正处于快速进程中，但城市化仍有巨大空间，推进"以人为本"的城镇化有助于进一步扩大内需，加快构建新发展格局。《建议》明确提出，"十四五"期间要"坚持扩大内需这个战略基点，加快培育完整内需体系"。城市化对内需的拉动效果明显，要加快出台相关政策，实现基本公共服务普惠均等一体化发展，鼓励技能熟练的劳动大军、高等院校毕业生落户城市，让农业转移人口、在城市常住的外地户籍人口及其家庭成员幼有所学、劳有所得、病有所医、老有所养，加速这些群体融入城市化的进程。新型城镇化所提供的公共服务可以积聚公众消费能力，有力拉动内需市场。要积极推进人的城镇化，提升劳动者素质，拓展城市服务业发展的广度和深度，创新教育、医疗、养老、生态等领域的服务业态，大力挖掘新型城镇化所释放的结构性潜能。

人口向城市群集聚，创造消费新增长点。《建议》明确指出，"十四五"期间要"培育新型消费""鼓励消费新模式新业态发展"。我国最主要的人口流向正在从城乡流动转为向城市群集聚流动，已经进入以核心大城市扩张为主要形态的城市群阶段。随着交通网络化发展，城市群的功能进一步扩展，为居民提供低成本、高品质的居住选择，推动住房消费健康发展。城市群较低的置业成本对大量年轻人口极具吸引力，有望拉动本地的服务业蓬勃发展，进一步优化经济和产业结构。

新型智慧绿色城市建设成为新趋势，引领新型基础设施投资。《建议》提出，"十四五"时期我国要"构建系统完备、高效实用、智能绿色、安全可靠的现代化基础设施体系"。当前，5G通信、物联网、云计算、大数据、人工智能等现代技术迅猛发展，新型智慧城市建设深刻改变着社会生产、消费、交通等形态，也深刻影响着人们的生活和思维方式。随着人民群众对优质生态环境诉求的日益增强，绿色、生态、低碳、循环的发展理念将深刻融入新一轮城镇化建设中。从城市规划到各类产业发展，绿色发展的理念、技术、材料、设备、方法等将有广阔的发展空间。要以县城城镇化补短板、强弱项为切入点，结合新型基础设施建设，实现城镇环境美好和居住品质的跨越式发展。

第二，以新型城镇化建设为引擎，有助于推动供给体系高质量发展。优化生产力空间布局，实现城市群产业联动发展。当前，我国城市群内部的产业趋同程度较高、关联程度较低、产业分工体系不够完备。"十四五"期间，需明确城市特色主导产业发展方向，引导中小城市融入中心城市产业布局，深化区域间产业协作分工，探索城市群共同开发、利益共享的产业协作机制，建设高效联通的综合交通网络，形成优势互补、高质量发展的区域经济布局。《建议》特别提出，要"优化区域产业链布局"。受新冠肺炎疫情冲击，产业链、供应链的区域化、本土化已成新趋势，城市群产业联动发展要以畅通产业链、供应链为抓手，形成分工合理、竞争力强的区域产业一体化布局。

发挥核心城市集聚创新要素的优势，推动经济高质量发展。当前，新一轮科技革命和产业变革加速演变，提高我国科技创新能力尤为重要。城市群核心城市扮演着集聚国内国际创新资源的重要角色，是创新的重要前沿阵地。《建议》明确指出，"十四五"时期我国要"布局建设综合性国家科学中心和区域性创新高地，支持北京、上海、粤港澳大湾区形成国际科技创新中心"。城市群提供超大规模市场和完备产业体系，具备有利于高新技术快速大规模应用和孵化的独特优势，推动科技成果从潜在生产力向现实生产力加速转化。核心大城市要全面完善引进全球高端人力资本的政策和服务，通过各种创新载体吸引人才，同时大力完善创新相关配套条件，打通阻碍创新的堵点，让创新源泉充分涌流。

第三，新型城镇化有利于实现人口、公共服务与发展空间优化配置。有序推进户籍制度改革。目前我国已全面放开城区 500 万人口以下城市的落户限制和门槛，"十四五"期间，应进一步深化户籍政策调整，重点推进 500 万以上的大城市的户籍制度改革，逐步放宽对流动人口享受本地公共服务的限制，加快长期稳定居住和就业人群的落户进程。应以城市群为公共服务改革的突破点，探索实行城市群内户口通迁、居住证互认制度，以社会保障卡为载体建立居民服务"一卡通"。建立城镇教育、就业创业、医疗卫生等基本公共服务与常住人口挂钩机制，推动公共资源按常住人口规模进行配置。

全面深化农村改革。在县域内探索扩大农村土地使用权流转范围，吸引城市要素进入乡村。依法依规推进农村建设用地平等入市，引导使用权有序退出，拓宽城市高生产力的产业发展空间，增强城乡区域发展后劲。完善城镇新增建设用地规模与农业转移人口市民化一体化配套政策。为农业转移人口提供就业培训、职业发展辅导，从而壮大城市人口群体。

积极推进完善城乡区域空间治理。《建议》要求发挥中心城市和城市群带动作用，建设现代化都市圈。为此，国土空间规划要将用地指标和发展空间向人口流入区域倾斜，尽早实现土地指标和发展空间"跟人走"。对于人口净流入发展较快的城市，尤其是大都市应适当增加土地指标配置；人口较快增长的地方，应增加建设用地、增加房地产供应。要以城市群为主体进行区域性国土空间规划，协调大城市和中小城市发展定位、发展空间的配置，激发大中小城市政府的发展积极性，优化行政区划设置，推动各类要素加快形成新一轮合理配置。总之，新型城镇化在推动城乡要素平等交换、双向流动、公共服务与发展空间动态匹配等方面具有重要作用，内需潜力巨大。加快内需扩容提质是构建强大内需市场的底气。推动新型城镇化高质量发展是构建新发展格局的应有之义，只有这样，才能更好地推动中国经济巨轮在惊涛骇浪中行稳致远。

加快构建新发展格局，是重塑我国国际合作和竞争新优势的战略抉择。党的十九届五中全会对构建新发展格局作出了战略部署。加快推进以人为核心的新型城镇化，既能创造巨大国内需求，又能联通国内国际两个市场、两种资源，对于构建新发展格局具有重要推动作用。一方面，中心城市、都市圈和城市群是集聚要素、承载人口和经济活动的主要空间，不同区域、不同城市基于各自主体功能定位形成的优势互补的分工关系，能够带动商品和要素的集聚与扩散，引导商品和要素在不同城市、都市圈和城市群之间流动，促进国内大循环的形成；另一方面，在我国经济深度融入世界经济的今天，中心城市、都市圈和城市群还能通过促进企业"走出去"和"引进来"，积极参与国际分工合作，吸引全球高端要素向这些区域集聚，成为推动国内国际双循环相互促进的枢纽，提升我国在全球产业链、价值链中的地位。

推进以人为核心的新型城镇化，必须把新发展理念贯穿新型城镇化发展全过程和各领域。坚持把创新作为引领发展的第一动力，以科技创新提升城乡经济发展水平，以管理创新提升城乡社会活力和韧性，以制度创新提升城乡要素配置效率；以协调为内生特点，增强中心城市和城市群等经济发展优势区域的经济活力和人口承载能力，推动形成主体功能明显、优势互补、高质量发展的区域经济布局；以绿色为普遍形态，统筹生产、生活、生态三大空间布局，统筹城市布局的经济需要、生活需要、生态需要、安全需要，加快建设人与自然和谐相处、共生共荣的宜居城市；以开放为必由之路，进一步扩大资源要素配置范围，用好国内国际两个市场两种资源，形成全球资源要素的强大引力场，重塑我国参与国际合作和竞争新优势；以共享为根本目的，着力解决人民群众最关心、最直接、最现实的利益问题，不断提高基本公共服务均等化、优质化水平，持续提高城乡居民生活品质，走全体人民共同富裕的现代化之路。2021 年，李克强在政府工作报告中指出，要进一步实施生物多样性保护重大工程，持续开展大规模国土绿化行动，推进生态系统保护和修复，让我们生活的家园拥有更多碧水蓝天。

第三节　我国城镇化发展状况分析

城市是人类文明的成果和发展水平的体现。城市化是一个历史过程，既有内在规律性，也有各国的特点和特色；既有相同特征，又有不同道路和不同进程。虽然我国的城镇化也是一个渐进的历史进程，但不管是时间维度上的阶段性进展，还是空间纬度上的分散特征，都存在很大差异，正是这些差异形成了我国城镇化进程中不同阶段的特有模式。

一、中国城镇化的发展历程

城镇化，实际上是在生产力发展推动下的社会经济的深刻变革过程，它将引起人们的生活方式、就业选择和居住环境等方面发生变化并促其发展。作为四大文明古国之一，中国的城市发展在世界文明中也曾经占据着一定的位置。按照法国地理学家简·戈特曼（Jean Gottmann）于 1976 年在《城市和区域规划学》杂志上发表的《全球大都市带体系》一文的划分标准，世界上有六大城市群，具体见表 1-1 [1]。

表 1-1　世界六大城市群一览

城市群名称	所包含城市
美国东北部大西洋沿岸城市群	波士顿、纽约、费城、巴尔的摩、华盛顿等
北美五大湖城市群	芝加哥、底特律、克利夫兰、匹兹堡、加拿大的多伦多和蒙特利尔
日本太平洋沿岸城市群	千叶、东京、横滨、静冈、名古屋、京都、大阪、神户

---

[1]　参见刘士林：《城市群理论半个世纪的风雨历程》，《光明日报》2010 年 7 月 21 日。

续表

城市群名称	所包含城市
欧洲西北部城市群	大巴黎地区城市群、莱茵—鲁尔城市群、荷兰—比利时城市群
英国以伦敦为核心的城市群	伦敦地区、伯明翰、谢菲尔德、利物浦、曼彻斯特等
长江三角洲城市群	苏州、无锡、常州、扬州、南京、南通、镇江、杭州、嘉兴、宁波、绍兴、舟山、湖州、上海

根据城镇化的发展时间，可将中国城镇化的发展时间轴划分为四个阶段：新中国成立前、新中国成立后、改革开放前、改革开放后。从表1-1可知，我国只有长江三角洲城市群跻身世界六大城市群。单从六大城市群的名称可知，大城市群的发展与海洋密不可分。《中国城市发展报告（2002—2003）》分别把中国的珠江三角洲地区、长江三角洲地区、环渤海地区视为大城市群。表明我国城市群的发展也有突出的沿海特点，也就是说，城市的发展和海洋航运有密切关系。但我国是农业大国，农业文明发达程度远胜于海洋文明，如果说西方城市的发展始终伴随着工业化进程而与海洋航运骨肉相连，那么我国的城市化是脱胎于农耕文化，始终带有农耕文明的印记，与工业文明的联结或与海洋航运的联结则是较近期的事情。

1. 先秦时期的城市发展

考古证明，我国古代城市的发源可追溯至公元前三千年到两千年之间，文献和考古发掘表明，"城市"概念的使用是较晚时期出现的，先"市"后"城"，再后连接使用。《周易》称："旧中为市，致天下之民，聚天下之货，交易而退，各得其所"（《周易·系辞下》）。是说，原始社会时期（大概是神农氏时期），人们中午相聚，交换货物，完毕后自行退去。交易聚集的地方成为城市发展的基础，在城中设立部分市，于是专供交易的市在城内出现，在语言指称方面就进行了连接，约定俗成，形成"城市"称谓。后来，由于功能的不断扩展，"城"又与"池""乡"联结使用，称"城池""城乡"。

公元前21世纪夏建立，我国跨入文明社会门槛。夏城市遗址的发现较少，较为明显的仅是斟郡遗址（在今河南巩义市、堰师市附近的稍柴村）。而"商代城市面貌较为清晰。现在发掘的商城有五座：河南堰师商城、郑州商城、安阳殷墟、湖北龙城和四川三星堆等"①。周朝分封制与礼的规范功能则在一定程度上改变了国家组织形式，增强了各诸侯、各地区与周王室之间的联系，对城市的发展也具有一定的影响。西周还营建了重要城市洛邑（今河南洛阳）。春秋战国时期，百家争鸣，思想大发展，大兴改革之风，社会大发展。随着技术进步，特别是铁制工具在农业和手工业领域的使用，改变了生产方式，提高了生产效率，促进了生产力发展，繁荣了社会经济，当然也就促进了城市的空前大发展。当时城市的发展已经到了一个很高的水平，成为一个国家和地区经济、文化和艺术中心。

2. 秦汉时期的城镇体系

随着生产力的发展，周朝晚期，分封制逐步分崩离析，在社会内部孕育出了新的生产关系。公元前221年，秦统一六国，建立中央集权的郡县制，就要求中央和各级政府建立首都、郡府、县城三级封建城市体系，城市的发展服务政治统治，加强了中央集权政治制度。周朝的分封制被汉朝承续，同时它也延续了秦朝的郡县制，推行郡县制与封国并存的城市体系。西汉末年，汉代的城市数量达至顶峰，当时全国共有1587座城市。

---

① 傅崇兰等：《中国城市发展史》，社会科学文献出版社2009年版，第39—40页。

3. 隋唐时期的城镇发展

隋代，隋文帝与隋炀帝先后在长安和洛阳定都，当时，全国的政治经济中心在北方，但却主要依靠南方江淮等地供应粮食尤其是军需所用的粮食。为满足北方粮食需求及便于运输粮食，在隋炀帝时期修建了京杭大运河，便利了粮食运输，加强了南北交通，同时，也加快促进了南北经济交流和联系。因此，城市群逐渐沿运河周边形成。资料显示，超过 10 万人口的城市有十多个。此外，也有很多人口不超过 10 万人的城市。唐代，构建了"道、州、县"三级行政区划和城市体系，标志着城市体系出现重要转折。现今，我国的省、市、县行政区划和城市体系，基本上承袭了唐代关于行政区划和城市体系的设置。关于城镇发展规模，隋代，中等规模的城镇在逐渐发展壮大，城镇等级规模体系也逐渐完善。

4. 宋、元、明、清时期的城镇化进程

宋代，经济、文化、教育水平各方面空前发展，此外，农业、印刷业、造纸业、丝织业、制瓷业都有很大发展，得益于繁荣的商业，世界上最早的纸币——交子出现，它作为官方法定货币进入流通领域。商业的繁荣更促进了宋代城镇的飞速发展，使其在规模上与数量上都有所扩大。如北宋时期的都城开封就是一个大城市，人口近百万。南宋时期的江浙一带，是商业发展最繁荣的地区，当时的城镇总数处于世界前列。草市是宋代紧临州、县城发展起来的新的商业市区，它本来是乡村的定期集市，其中一部分后来发展成了居民点，而另一部分则发展成了商业市区。商业市区包括七种类型：环城市镇、农业市镇、手工业市镇、商品转运市镇、沿海港口市镇、消费型市镇、乡村墟市。其中，环城市镇是城市向外扩张发展的一种模式，它是城市体系重要的组成部分。农业市镇是当时非常重要的经济中心。手工业市镇随着各地区手工业的持续发展而逐渐兴起，它具有专业化特征。典型的具有专业特点的手工业市

镇,例如盐业市镇、造纸业市镇、纺织业市镇等。商业运转市镇主要发挥着物品运输的功能,一般处在水路陆路交通沿线,当时著名的水路商业运转市镇,如芜湖采石镇。而绍兴的夏店、何店则是陆路商业运转市镇。除此之外,还有沿海港口市镇和服务军民消费的消费型市镇以开展海上贸易为主。

还有大量兼具多种类型市镇功能于一身的市镇,这表明当时已经出现复合型市镇,并且其城市功能也已逐渐呈现复合化与多样化的特征。

至元、明、清,是国家"大一统"时期,经济与城市的发展都呈现出前朝绝无仅有的态势。特别是明朝中期,出现了资本主义萌芽,更是加快了商业的发展及城镇的扩展。例如明清两代长江三角洲地区的"城镇化",就是伴随着以商业交换为主的农业与手工业的发展而兴盛起来的。作为当时重要的交通运输渠道,沿江和沿河等水路交通发展较快,那些沿河或沿江的城市也因此得以迅速发展。

5.新中国成立前的城市化特征

这一时期,百废待兴,但城市仍然获得了一定程度的发展,主要特征为:国际贸易发展加快,沿江沿海城市发展速度态势优于内陆城市,工商业城市发展优于工业城市,新型资源城市兴起加快。从城市的形成布局与等级规模来看,这一阶段城镇化发展的特征主要表现为:

第一,从城市的形成来看,最主要的形成因素是经济的发展。人口的空间分布和生产生活方式受到了产业结构变化的影响,比如人类历史上两次大的社会分工:第一次社会分工促使畜牧业和农业相分离,从事农业生产的传统的游牧迁徙的生活方式开始被定居方式所取代。第二次社会分工将手工业从农业中分离出来,手工业的发展推动了商业的发展,贸易活动逐渐增多。此外,定居、产业分离与商业兴起,诸多因素促使部分人口进行聚集，于是城市便开始形成。

第二，从城市布局来看，城市发展主要集中在商品经济较为发达的黄河流域、长江三角洲、珠江三角洲等地带。

第三，从城市等级规模来看，大城市与小城镇城市发展体系已经初步形成，一批具有不同产业和功能特色的小城镇也在同一时期出现。

6.改革开放前的城镇化探索

新中国成立后，虽然我国的城镇化经历了很长时期的缓慢甚至停滞发展，但城市规模依然有很大程度的扩展，城市结构与框架也在逐渐拉开，城市成了国民经济发展的主要阵地。新中国成立初期，受长期战争的影响，我国的生产力极为低下，经济发展也十分落后，工业、商业、农业等都面临着百废待兴的局面，城镇化水平在当时基本处于世界落后地位。1949—1978 年间，实施优先发展重工业的国家战略，建立城乡二元体制，加之三年自然灾害的影响，致使在相当长的一段时间内我国不但没有提高城镇化水平，反而使城镇化率出现了负增长。城镇化在这一时期的发展，基本上可分为四个阶段：

（1）以项目带动城镇发展（1949—1957 年）。新中国成立初期，我国工业基础非常薄弱。据此，我国第一个五年计划制定了以发展工业化为主，优先发展重工业的措施。"一五"期间，国家在凝聚全国的资源和力量，并在苏联的资金支持、技术援助和项目援助的情况下，启动了以"156"重点项目为核心的工业建设，我国工业得到逐步发展，工业化体系逐步建立。随着诸多工业项目的建设，一批工矿城市开始兴建并发展起来。

（2）"大跃进"时期的城镇快速发展（1958—1960 年）。1958 年 5 月，中央开展了赶英超美的"大跃进"。虽然此运动的目的是加速改变工业与经济落后的面貌，但是由于忽视客观经济规律及人为的运动式发展，因此造成了盲目追求高指标现象的出现。尽管这种盲目的赶超目标不切实际，也与客观经济规律不相符合，当时却在某种程度上提高了城市基本建设的发展速度。在这个时期，我国的城市数量和城镇人口数量得到大幅度提高，城镇人口增加了 3124 万人。

（3）经济困境下的城镇逆向发展（1961—1965 年）。1961—1965 年间，我国的城镇化发展缓滞，呈现逆向发展的情况，原因主要包括两个方面：一是客观方面的原因，具体表现为三年自然灾害的严重影响与当时的经济政策不合理；二是主观方面的原因，就是当时我国在经济政策决策方面的偏差致使经济发展严重失衡。由于上述两个方面的原因导致我国在经济方面出现了严重的困难，比如粮食短缺、经济比例失衡、市场供应不足、基本生活供应无法保障等问题。

（4）"文化大革命"时期的城镇化发展停滞（1966—1978 年）。1966 年到 1976 年的 10 年是新中国成立之后经济发展的特殊时期，在此期间，由于政治运动对国民经济产生深重影响，全国大量企业停工停产，城镇化进程基本停滞。

7. 改革开放以来城镇化快速发展

（1）乡镇经济推动城镇快速发展（1979—1987 年）。"文化大革命"结束后，党的十一届三中全会将国家的工作重心转移到以经济建设为中心上来。由于新的经济政策与改革开放政策的推动，国民经济逐渐恢复，乡镇企业也开始蓬勃发展。自 1979 年到 1986 年，乡镇企业数量已增加到 1515 万个，全国乡镇企业从业人员上升到 7945 万人，极大地提高了农民收入水平，促进了小城镇的发展。乡镇经济的发展及户籍政策的放松推动了我国小城镇的发展，城市数量大幅度增加。1987 年底，全国城市总数达 381 个，比 1977 年增加 98 个，城镇化率也从 17.92%提高到 25.22%，城镇化也开始逐渐释放出生机和活力。

（2）以小城镇建设为重点的城镇化稳步发展（1988—1995年）。在1985年公布的"七五"计划中，更加明确地提出了"重点发展小城市和小城镇"的政策目标。之后，户籍放松限制，于是大量农村人口涌入城市，中国城镇数量特别是小城镇数量开始迅速增加。自1987年到1995年，我国的城镇数量由381个增加到640多个，其中以中小城市和小城镇为主。

（3）以开发区和新农村建设带动城镇化高速发展（1996—2007年）。1980年，我国设立了四个经济开发区，即深圳、珠海、厦门、汕头。通过整体搬迁与就地安置就业，开发区在当地快速实现了城镇化。之后，我国开始在全国各地兴建开发区，很多开发区都具有较大规模，有些开发区的规模甚至可以与中等城市和大城市相媲美。

与此同时，新农村建设也在快速跟进。1997年，我国调整了农村户籍管理制度，促进了农村户口向城镇户口的转变，也为农村人口向城镇转移就业居住消除了户籍障碍。1998年，十五届三中全会明确了小城镇发展战略。2000年7月，中央发布《关于促进小城镇健康发展的若干意见》，由此我国农村一项长期的重要任务就确立为引导小城镇健康有序发展。2001年，国务院批准了公安部《关于推进小城镇户籍管理制度改革的意见》，以便积极稳妥推进城镇化发展进程。

（4）以统筹城乡推进新型城镇化协调发展（2008年至今）。"十一五"规划指出，要坚持大、中、小城市和小城镇协调发展，积极稳妥地推进城镇化，提高城镇综合承载能力，逐步改变城乡二元结构。

8.新中国成立以来城镇化的特点

这一时期，由于社会各方面发展产生了结构性和系统性的变化，特点比较突出。

第一，开放性和世界参与性增强。经济全球化趋势的发展推动了国际分工的发展，我国新型城镇化的必然选择就成了参与全球性的产业分工，融入世界城市体系。

第二，城市群成为主体发展形态。现代城市发展的趋势是多中心城市格局，我国长三角、珠三角等城市群的发展极大地提高了我国城市参与国际经济合作的竞争实力，成了拉动经济增长的主要动力。

第三，网络化特征日益显著。现代发达的交通网络和通信技术，为城镇体系由传统城镇化模式下纵向联系的等级型城市框架结构，转向纵横交错的复合型网络化城市框架发展提供了有利条件。

二、当前我国城镇化发展现状

党和国家历来重视新型城镇化建设，在党和国家的一系列战略举措的推动下，我国的城镇化建设取得了巨大成就。

1. 主要成就

（1）城镇化水平获得大幅提高。国家官方统计数据显示，中国城市化率从 1990 年的 26.44% 持续上升到 2019 年的 60.60%，城镇人口和城市数量持续增多，多中心城市群迅速发展。我国将小城镇与大中小型城市紧密相连，大中小城市与小城镇协调发展的城镇体系初步形成。

（2）城镇化与工业化协同发展。我国长期以来一直重视优先发展工业化，从而导致城镇化发展相对滞后。近年来，我国在城市中开始加强工业园区建设，实现了工业化与城镇化的协同发展，城镇化发展速度逐渐加快，逐渐缩小了两者之间的差距。

（3）人口流动的推动作用增强。改革开放以来，户籍制度控制减弱，人口流动，特别是从农村向城市的人口流动开始逐渐增多，农村外出打工人员成为人口流动的主力军，在向城市迁徙就业并逐渐定居的过程中，他们不但推动了城市经济的发展，同时也促进了城镇化的快速发展。

（4）城镇基础设施显著提升。随着农村向城市转移的人口数量的增加，城镇人口数量也在逐渐扩大。大量人口涌入城市并在城市汇集，给城市交通、住房、环境、通信、医疗、教育等社会基本设施造成了巨大压力。近年来，随着我国城镇化不断发展，城市交通、住房、水电暖供应、环境生态等基础设施逐渐完善，城市公共服务能力显著增强，城镇化的质量与水平较之先前皆有大幅度提高。

2. 存在的问题

目前，我国城镇化正处于快速发展的关键时期，城镇化建设取得了历史性成就。在回顾我国城镇化历史的基础上，有必要对历史的经验进行总结，特别是对存在的问题要进行深入的分析，以资借鉴。

（1）区域发展失衡，城市可持续发展问题突出。虽然，我国城镇化发展水平已经超过60%，但是，不同区域的城镇化发展水平仍然存在着严重失衡的现象：东部地区城镇化发展水平较高，中西部地区尤其是西部地区城镇化发展水平相对较低，区域城镇化发展水平差距明显。

城市可持续发展也面临诸多突出问题。如资源承载能力失衡，由于资源短缺，部分城市在持续城镇化过程中面临各种困境。针对区域性资源短缺问题，国家采取措施积极应对，如南水北调和西气东输工程。"城市病"问题在城镇化的发展过程中出现，如大城市空间稀缺、交通拥堵、房价飞涨、贫富差距拉大等问题凸显，成了城镇化过程中亟待解决的问题。

（2）城市空间布局与发展规模不合理，层级发展不协调。中国不同层次城市或城镇之间的空间分布及发展规模欠缺合理。有些地区的城镇化发育较好，但资源、人口、土地、生态环境之间的矛盾却错综复杂，如长三角、京津冀等城市群；有些地区资源承载力较强，但整体发展质量较低，如中原城市群和长江中下游城市群。总之，在产业集聚和人口集聚方面，大部分小城市和小城镇能力较弱，且与大中型城市的产业不够融合。

由于我国城镇发展多起步于村镇，发展进程表现为很大的不平衡性，不同规模和层级的城市发展不协调性特征比较突出，"城市病"问题较为普遍。一些城市群，如环渤海、长三角、珠江三角洲等，经济实力虽然较强，但跟北京、上海、广州、深圳等一线城市相比，这些城市群中的中小城市在吸纳人口方面的能力仍显不足，有很大的发展空间。

（3）发展方式粗放、不节约，资源浪费突出。土地资源粗放利用是城镇化发展过程中面临的突出问题。实际上，我国城市人均建设用地为133平方米，早已超出80—120平方米的人均规定标准。农村也存在着同样的问题，21世纪以来，大量农村人口向城市转移，但农村建设用地面积不降反而升高了0.3亿亩。同时，资源浪费现象也比较突出，很多城市建设的新区、工业区、开发区和房地产项目等都未实现充分利用，空置、闲置、荒废现象严重。这种人为的造城运动，不但造成了资源的浪费，而且也对国家的可持续发展构成一定的威胁。

（4）城镇化、工业化与产业发展失衡。从我国城镇化的总体发展情况来看，城镇化总体水平低于工业化发展水平，虽然部分地区城镇化发展速度比较快，但与工业发展不同步，服务业等第三产业发展也没有同时跟进，导致三者之间不能够相互促进、协同发展，严重影响了人口城镇化的速度与质量。当前，我国服务业增加值比重仅有43%，就业比重仅有36%，而发达国家的服务业产值和就业比重大部分在70%—80%以上。因此，急需挖掘服务业的发展潜力及其对城镇化的支撑作用。尤其是对于大城市来说，提升城市发展质量与层次，推动服务业在更多领域的多层次发展是关键所在。

（5）二元分割体制激化城乡矛盾。城镇化发展过程中有诸多矛盾存在，其中征地拆迁、补偿安置等方面是最突出的矛盾，特别是由农村征地问题及补偿安置问题所引发的矛盾更为显著。在很大程度上，这些矛盾是由于城乡二元分割的体制，对农民的权益保护不够，损害了农民的切身利益，甚至对农民的基本生活需求也产生了一定的影响。被征地农民得不到妥善安置，被迫转移到城市居住和就业，相应的技术、技能的缺乏，加之城市部分用工单位对户籍的限制，导致农民就业困难，缺乏生活来源保障，这些都给社会安全稳定造成了严重的隐患，城乡矛盾也因此愈加凸显。

（6）体制僵化约束城镇化发展。目前，我国城镇化发展过程中面临的种种障碍和束缚，很大程度上源于体制问题。比如，城乡差异化的社保制度、户籍制度、就业制度等，都会在实际工作中造成很多问题，影响甚至束缚城镇化的顺利推进。而且，这些问题的存在也会不断加剧城乡矛盾，导致农村居民与城镇居民享受到的福利政策与制度保障之间的差别拉大。另外，土地制度问题的存在也导致了土地财政下的土地资源粗放开发与浪费，致使农民的土地利益得不到合理保障，这些都对国民经济产生了深远的影响。

三、新型城镇化必须坚持绿色发展理念

2020年，中央经济工作会议指出，2020年是新中国历史上极不平凡的一年。面对严峻复杂的国际形势、艰巨繁重的国内改革发展稳定任务特别是新冠肺炎疫情的严重冲击，统筹推进疫情防控和经济社会发展

工作，经过全党和全国人民的艰苦努力、攻克时艰，我们交出了一份人民满意、世界瞩目、可以载入史册的答卷。我国成为全球唯一实现经济正增长的主要经济体，三大攻坚战取得决定性成就，科技创新取得重大进展，改革开放实现重要突破，民生得到有力保障；推进新型城镇化，要坚持"以人为本"，走"集约、智能、绿色、低碳的新型城镇化"的道路。

1. 生态文明建设是破解城镇化过程中的难题的关键

虽然城镇化的快速发展对国家经济的发展功不可没，同时也提高了人民的生活质量，但是，在城镇化加速发展的过程中，也出现了一些负面效应，其中环境问题是最为严重的问题。如近年来较为明显的雾霾问题，就是生态环境恶化的突出表现。此外，还有热岛效应、水华效应等也是突出的环境问题。在城镇化发展过程中，一些地方追求快速显著的形象工程，或者基于追求效益而忽视环境保护问题，从而导致这些环境问题的产生。

新型城镇化之"新"主要指的是城镇化发展模式的更新，其中就包括不能以牺牲环境为代价来发展经济。因此新型城镇化建设应将生态文明建设融入其中。

2. 绿色发展道路是新型城镇化的方向

新型城镇化的发展道路，必须坚持绿色发展，其核心要义就是必须走集约、智能、绿色和低碳发展的路子。

首先，从观念、行为、体制方面进行转变。在眼前效益与长期目标、局部利益与整体布局、效率与公平等生态关系方面，对取舍得失关系要处理好，加强生态管理；在生态占用、生态绩效方面要完善好审核、监督、补偿、问责等管理环节，并进一步对生态治理与保护的相关政策法规予以完善。

其次，推进产业全面绿色转型。城镇化发展的核心，是要促进产业升级，为城市转移人口提供更多的就业机会，使农民真正融入城市成为产业工人。这就要求以城带乡，以工业促农业，以生态促生态，使经济效益为主与经济效益和生态效益具有同等重要位置，将传统招商引资模式转变为绿色共赢发展模式。

最后，重视生态设施和生态工程建设。推进生态基础设施建设与生态工程建设的核心，是采用集约、智能、绿色、低碳的生态方法与生态技术推动城镇化建设，主要方法包括三个方面：（1）资源集约。采取集约经营管理模式开发利用土地、水、生物资源等生态资源，促进人与资源、环境的和谐共生与可持续发展的实现。城市规模应适度，城市人口密度要控制在每公顷 100 人左右。（2）智慧生态。在城市发展进程中，将智慧与技术融入生态管理与规划建设中，实现智慧生态模式。（3）低碳循环。发展清洁、高效的可循环利用的能源，促进资源循环再生，实现生产生活的低碳利用与绿色发展。

3. 体制机制建设是生态城市建设的基础

当前，世界城市建设方面的研究热点已经是建设生态城市。生态城市有四个方面的特点，突出表现在：（1）生态服务功能健全。包括地表渗水透绿功能、屋顶绿化、湿地给排水功能、生态服务面积比例等都有相应的要求。（2）代谢环境健康。要求生态卫生设施齐备，为居民创造良好的生活环境与出行环境，降低环境污染指数，科学处理城市污水与生活垃圾，确保空气、饮水等生活能源的清洁安全。（3）生态布局合理。要求区域划分功能明确、交通管网基本实现 80% 的人口覆盖。（4）能源高效低耗利用。如果条件允许，城市尽量依靠地热、太阳能等生态能源或工业余热等再利用能源来满足城市建筑供热和供电；实现绝大多数垃圾在社区内资源化处理；居民的出行方式应以公共交通和绿色交通方式为主；城市生态标识齐备，社区关系和睦，治安良好。

　　在生态城市建设过程中，虽然我们一直在努力，但仍旧遇到很多困难与问题。比如，生态保护与建设相关的法律法规建设尚处于起步阶段；国家对基层政府的政绩考核缺乏系统的生态考核指标；生态基础设施投入不够，缺乏系统管理；生态信息利用不足，生态补偿机制匮乏等一系列问题都亟须我们持续关注和解决。当今，生态基础设施的疲软与缺失也是城市建设面临的一个重大挑战。

第二章 生态文明是推进新型
城镇化的内在要求

　　新型城镇化是推进现代化建设、实现社会主义现代化强国战略的必经之路和必然选择，而我国的新型城镇化建设是生态文明的城镇化，是和美丽中国建设互为支撑、本质一体的，可以说生态宜居是我国现代化建设的目标和基本特征。那么，我们应当如何理解生态文明？古今中外的历史上有哪些思想资源可以为我们当今的生态文明建设提供借鉴？新型城镇化与生态文明之间是怎样的关系？在推进新型城镇化过程中如何建设生态文明，以更好地实现我国的社会主义现代化建设？这些都是本章需要阐释和解答的问题。

第一节　生态文明的理论基础

　　对概念的深入、认识和研究可以帮助我们更准确地把握对象的本质，同时理解概念的丰富内涵。列宁认为，"概念（认识）在存在中（在直接的现象中）揭露本质（因果、同一、差别等规律）"①。因此，本节

---

① 《列宁全集》第 55 卷，人民出版社 1999 年版，第 289 页。

将主要对"生态文明"进行基本的概念界定，进而深化我们对生态文明的基本内涵和内在本质的理解和把握。

一、生态文明的基本内涵

生态文明或生态观念源远流长，内涵于人类的文化发展长河中，更隐伏在人类思想的深处，只是目前生态问题的日益严峻和突出才引起普遍的关注，成为学术研究的热点。可以说，生态思想是随着人类文明的发展而不断产生与逐步发展的，也时刻隐含于人对自身、对自然之间关系的认识之中，当然，伴随着人与自然的长期斗争，这也是一个实践课题。

（一）"生态文明"的内涵考察

黑格尔说，本质是过去了的存在。意指要认识一个事物的本质，就必须回到它的来处，考察它的前世今生。对生态概念的认识，也要进行一个追根溯源的梳理，方可揭示其本来面目。

1. 生态

"生态"一词源于希腊语，原意为"我们的环境"。首次在现代意义上使用"生态"概念是 1865 年的德国动物学家恩斯特·海克尔，他所使用的生态概念是从学科角度出发的，概念的外延较小，主要研究生物个体特征，所以生态就仅限于动物与外部环境之间所产生的某种特定关系。随着生态学的发展，"生态"概念的内涵也越来越丰富，它不仅涉及动物，还涉及植物和微生物。现代意义上的生态概念无论是内涵还是外延，都与之前不可同日而语，不仅指生物的生理特性和生活习性，也涵盖生物在一定自然环境下生存和发展的整体状态。

"生态系统"是与"生态"密切相关的概念。所谓生态系统，是指生物之间以及生物与环境之间所形成的整体。生态系统内部包含着复杂的要素，这些要素共同构成生态系统，它们是相互联系的、不可分割的整体，而非割裂的个体和独立的元素。就整个生态系统而言，按照链状的生态结构看，围绕生产者、消费者和分解者等生物要素，外围形成有机环境、无机环境和星际环境等，这是一个整体性的复杂结构。这个生态系统是长期的自然选择，从达尔文的进化论观点看，它的整体结构和内部要素都经历了优胜劣汰的自然选择，并处于不断的发展变化之中，但每一个阶段对这个系统而言都是生物、环境等诸要素相互制约、互相作用而形成的最优生态组合。人类作为自然界进化的高级阶段，其生存和发展都离不开生态系统。

2. 文明

在中国，"文明"一词最早可追溯至《尚书》和《周易》。《易经·乾·文言》讲："见龙在天，天下文明"，说的是：文采光明、文德辉耀。《尚书·舜典》记载："浚哲文明"，其义为：立规矩、摆脱黑暗。唐代孔颖达认为："天下文明者，阳气在田，始生万物，故天下有文章而光明也。"清代李渔在《闲情偶寄》中说"辟草昧而致文明"。近代以来，梁启超、孙中山等人面临西方文明发展的强大压力，都从中西文明的对比交流中对文明的内涵进行了思考，如孙中山认为："实际则物质文明与心性文明相待，而后能进步。中国近代物质文明不进步，因之心性文明之进步亦为之稽迟。"① （《建国方略》）从"文明"含义的演变中，我们可以看到，中国传统语境中的"文明"逐渐从客观世界的自然文明转向对人类为满足自身的发展需要而进行的物质创造和精神创造。

在西方，"文明"的词源是拉丁语"Civits"，它一开始就和公民、

---

① 虞崇胜：《政治文明论》，武汉大学出版社 2003 年版，第 8 页。

社会生活不可分割，主要是指公民的道德品质和社会生活规则，当然在西方早期文明中，公民和道德还远非现代意义的意指。18世纪50年代，"文明"一词首次出现在杜尔阁的著作中。十余年后，亚当·弗格森出版专著进行专题研究，系统探讨了古代文明的社会和政治问题。19世纪70年代初，泰勒通过对原始文化的研究，将文明作为人类和动物的分界线，认为文明是社会发展的一种高级状态和高级阶段，是人类独有的高级属性。后来，摩尔根对古代社会进行研究、对文明概念进行了细分，进而从历史的角度出发将人类社会划分为蒙昧—野蛮—文明三个发展阶段，对泰勒的文明概念进行运用和拓展。

综合中西方对"文明"的不同阐释和这一概念的历史发展，可以判定："文明"是人类特有的、与"野蛮""落后"相对立的，依据一定社会经济发展，呈现一定发展阶段的人类精神形态，它是人类社会发展过程中的一系列综合性表征，是人类社会所处的一种进步、合理的状态。

3. 生态文明

20世纪80年代后期，国内关于生态文明的探讨呈现勃兴之势。随着生态问题的日益凸显，"生态文明"被广泛使用，但可能"日用而不知"，对什么是"生态文明"还远未达成共识。但有一点是肯定的：生态文明是继原始文明、农业文明和工业文明之后，人们基于人与自然之间关系、可持续发展问题的深刻认识，而对之前文明进行反思形成的一种人类文明形态。根据目前对生态文明的理解，大致有三个方面的基本含义：人与自然的和解，即强调人与自然和谐相处；人类发展问题，即实现可持续发展；人、自然、社会新型关系的确立，即构建全方位的和谐关系，是人类社会发展的新阶段。生态文明是一种人处理自身与外部关系的文化模式和伦理形态，是人与自然关系的复归与深化，是一种人类发展理论。

（二）生态文明的基本特征

人类的文明形态一般分为物质文明和精神文明，而生态文明是相对农业文明和工业文明而言的，既是对前两种特别是工业文明的发展，也是对上一层次文明存在问题的克服，因此生态文明是一种新的文明形态。它与前者不是割裂的关系，而是农业文明和工业文明的深化和发展，是更高阶段的文明形态，因此，更加强调伦理性、可持续性与和谐性。

1.伦理性是生态文明的价值内核

生态文明的伦理性指的是价值问题，即生态文明体现了人对自然价值的尊重，突出了人、自然、社会发展之间的新的价值关系的确立，蕴含着丰富的道德关怀。生态文明要求重新思考康德的"人是目的"的命题，将人、自然都确立为主体，赋予同样的主体地位和价值设定，实现了从传统单一的人与人之间建立于自然关系之上的伦理结构转向了人与人、人与自然的双向社会性伦理关系，将自然视为人的无机的身体，把人当做自然界发展的一个高层次的环节，这就要求建立一种新型的人与自然的伦理关系。按照生态文明的伦理性要求，我们首先应当转变伦理价值观，其次要转变社会发展方式，最后要转变生活方式，摒弃过去的传统消费模式，追求一种在满足自身发展的同时不损害环境还考虑后代人发展的可持续发展方式。

2.和谐性是生态文明的内在要求

生态文明的和谐性，是指将人、自然、社会视为相互联系的整体，深刻理解人是自然发展的产物、自然是人的无机的身体、社会发展要实现可持续性等本质关系，这是生态文明的内在规定性。马克思指出："人本身是自然界的产物，是在自己所处的环境中并且和这个环境一起发展起来的"①。随着生态问题、环境问题的日益突出，人们必须要重新审视人与自然之间的关系，深刻认识人与自然的关系和社会发展的本质，达成人与自然的和解。生态文明是人与自然、社会及人自身和谐共生的文化伦理形态，是人类遵循三者和谐发展的客观规律而取得的物质和精神成果。生态文明的和谐性要求我们大力倡导尊重自然、善待自然的观念，自觉维护自然界的平衡与协调，其实这也是尊重和善待人类自己。

3. 可持续性是生态文明的目标

实现生态文明的可持续性，前提在于经济增长的可持续性，在于依托于自然资源的现代产业的可持续性。可持续性的提出是历史发展的必然和对发展方式的反思。近代以来的工业文明，是以人类通过技术革新取代传统经济发展模式——"大量生产、大量消耗和大量废弃"而建立的现代机器化大生产的发展方式进而形成的文明形态，这种高增长、大开发、资源型的工业文明，加速了自然资源的衰竭，加剧了自然环境的破坏，导致了当前全球性生态、资源和环境问题。很显然，这种工业文明的发展方式是以掠夺式开发自然资源为前提的，是不可持续的，很多自然资源是不可再生的，必将导致"油尽灯枯"。可持续性正是基于上述问题提出的，目的就是要实现经济增长方式的转变达到经济增长和自然保护的和谐统一，也就是说要实现发展的可持续性和自然资源的可持续性的统一。因此，生态文明的可持续性就是以当代人与后代人对自然资源利用和自身发展需要的持续满足为目标，为子孙后代留后路、谋发展、谋幸福。此外，生态文明的可持续性还强调同一代人在良好生活环境要求和自然资源利用方面皆享有平等的权利，不论国别、性别、种族、文化差异、经济水平高低。推而广之，

---

① 《马克思恩格斯选集》第 3 卷，人民出版社 1995 年版，第 374—375 页。

生态文明的可持续性要求具有全球意义和世界眼光，将世界看做一体，任何国家和地区都应遵守可持续发展原则，都具有发展的权利，但也都有保护环境的义务。

因此，生态文明一方面肯定自然的内在价值，尊重自然规律；另一方面将经济社会的资源与机会进行公平分配，以实现所有人的合理发展和自然环境的持续发展。

二、中国传统文化中的生态文明思想

中华文化源远流长、底蕴深厚，特别是"天人合一"的终极追求有着极其深刻的生态文明思想，它们不但是中国传统文化传承延续和发展的哲学理念，也为我国现代生态思想发展提供了丰富的文化资源。在中国传统文化中，儒家、道家、佛家为思想主流，具有主导性地位。因此，中国传统文化中丰富的生态文明思想也主要体现在传统的儒家、道家和佛家的思想当中。

（一）儒家思想中的生态思想

儒家的生态思想可以在其经典著作里关于人与自然关系的论述中进行总结梳理。首先，儒家认为人对自然界具有"参赞化育"的作用，人应该尊重自然、爱护自然、促进自然万物的发育生长。《中庸》："唯天下之诚，为能尽其性；能尽其性，则能尽人之性；能尽人之性，则能尽物之性；能尽物之性，则可以参天地之化育；可以参天地之化育，则可以与天地参矣。"① 是说，心存至诚，行至至诚，便可扩充发挥人之

① 杜宏博、高鸿：《〈四书〉译注》，辽宁民族出版社1996年版，第3页。

纯良品性，继而辅助万物发挥其生长与发展之本性，并最终参与天地化育万物。因此，"诚"就是处理人与万物关系的根本态度，强调以诚待物，尊重、同情、爱护和理解万物，不能将自然万物视为无生命之物，而肆意采用、支配，甚至破坏。孟子也将"诚"作为重要的道德范畴，阐释人与自然之间的关系。孟子认为："诚身有道，不明乎善，不诚其身矣。是故诚者，天之道也；思诚者，人之道也。"①是说，"诚"是"天人合一"的价值追求。儒家思想的重心在于处理人与人之间的伦理关系，是一种实践哲学，但这种哲学思想却是以"天人合一"为基础或本体论的，重视处理人与人之间的关系不是不要追求天道、不要追求至大无外的"天"，而恰恰告诉我们"未知生，焉知死"，要先把握我们生活在其中的人类社会，按照人伦修身，而这样做就是遵循了"道"的原则，符合人的天性，也就符合了自然的规律，达到"天人合一"。

（二）道家文化中的生态思想

较之于儒家，道家文化中包含着更加丰富的生态思想。"在伟大的诸传统中，道家提供了最深刻并且是最完美的生态智慧，它强调在自然的循环过程中，个人和社会的一切现象和潜在两者的基本一致。"②道家深刻地论述了人与自然的关系，即天人关系，其生态文明思想的精髓在"道法自然"中得到了深刻的体现。

在道家那里，"道"作为宇宙万物的本源，它是所有存在物的根源，同时又是考察天地万物的根本立足点。"道生一，一生二，二生三，三生万

---

① 杜宏博、高鸿：《〈四书〉译注》，辽宁民族出版社 1996 年版，第 385 页。

② 王泽应：《自然与道德——道家伦理道德精粹》，湖南大学出版社 1999 年版，第 257 页。

物"①；"天下万物生于'有'，'有'生于'无'"②。道就是无，而非空无与虚无之意，相反它是世界万物之本原。其中，"一"是宇宙万物统一性的体现，它与万物是"一"与"多"的关系，"多"中包含着"一"，而"一"是"多"的统一。进而言之，作为万物存在本源的"一"，它是"自然"的代表，需要指出的是，"自然"是自然界的整体，而万物是自然界的组成因素，人亦是自然界不可分割的一部分。

　　有研究认为，"自然"范畴是道家始祖老子首先提出的，同时又阐释了人与自然之间的种种关系。"人法地，地法天，天法道，道法自然。"③"自然"是大道所行，如日月经天，江河行地，自然而然，不饰强求，不做要求，不修文字，不具概念，具体来讲，"道"是万物所产生的根源，因此，人要遵循"道"之法则。自然万物、人类，依道家的眼光看，都是自然而然、自在自为地存在，任何事物都不是自然的主宰。人是自然的一部分，天、地、自然万物皆有本性，且遵照其本性和规律生成与发展。因此，作为自然界中最具灵性的人类，其行为应顺应自然、尊重自然万物本性、遵循自然万物规律。道家认为，遵照自然万物的规律行事是明智的选择，反之，就会招致祸患。正如道家所言："知常曰明，不知常，妄作，凶。"④ 因此，作为与自然万物同出于"道"的人，有义务遵照并执行天地运行的法则，以敬畏生命的姿态对待宇宙万物，以无为之心辅助万物之发展，在道家看来，无为而无不为就是"道法自然"在人间的直接或间接体现。需要指出的是，道家所提倡的"无为"，是顺其自然，是尊重本性，而非不作为、刻意妄为和肆意强

---

① 陆元炽：《老子浅释》，北京古籍出版社1987年版，第94页。
② 陆元炽：《老子浅释》，北京古籍出版社1987年版，第90页。
③ 陆元炽：《老子浅释》，北京古籍出版社1987年版，第54页。
④ 陆元炽：《老子浅释》，北京古籍出版社1987年版，第37页。

为。因此，道家思想中的"无为"，是以"无为"之心，"无为"之行而为之，而最终在自然界和社会中达至"无不为"与"无不治"的理想。

（三）佛家思想中的生态思想

佛教自印度传入中国后，经历了中国化阶段，逐步与儒家、道家思想融合，形成中国的佛教思想——禅。这里着重讲述中国所理解和发展的佛家思想。佛家思想中的生态思想也很丰富：第一，人与自然万物具有平等地位。这具体表现为佛教的"众生平等"观念。佛教的"众生"，是将自然万物视为两种：一种为有情感，有生命。如人类和动物，被佛教看作是"有情众生"；一种是没有情感，没有生命，如草、木、瓦、石、山、河、天、地、日、月等，被佛教看作为"无情众生"。佛教文化中的"平等"思想，涉及众生与佛之间的平等、人与人之间的平等、人与动物之间的平等、有情与无情之间的平等四个层次上的意义。换句话说，在佛教看来，宇宙中的一切事物，佛、人、动物、植物、无机物，它们都是平等的。第二，人与自然万物相互依存、相互影响。在佛教中，众生皆有佛性。不但有情有生命的众生有佛性，包括无情的低等事物也有佛性。吉藏在《大乘玄论》卷三中说："依正不二，以依正不二故，众生有佛性，则草木有佛性，以此义故，不但众生有佛性，草木亦有佛性也。……以此义故，若众生成佛时，一切草木亦得成佛"（《大乘玄论》）。众生皆有佛性，意味着世界中的所有事物都是相互依存、相互影响的，都是自然界的有机组成部分。所谓"青青翠竹，尽是法身；郁郁黄花，无非般若"。花鸟虫鱼、江河日月，万物俱存佛性，它们构成一个生命共同体与和谐共生的环境。众生皆有佛性，也是众生平等的一个重要体现。第三，人应尊重生命，爱护万物，与万物和谐共处。在佛教文化中，生命至高无上，不仅对人类，而且对无语言、无情感的动植物来说，生命都是尤其珍贵的。人类虽然具有超高的思维能力且有情感有语言，能够成为自然界的灵长者，但是佛教认为众生平等，人类没有权力剥夺他物的生命和存在的权利，而是作为宇宙中的一分子，和一切生物共处于同一个自然界之中。此外，佛教提出的"一切众生皆有佛性"，就是说任何事物都有达至最高境界的可能以参悟佛性。佛教对万物生命的终极关怀，集中体现在慈悲的普度众生方面，而慈悲就是佛之道的根本所在，"一切佛法中，慈悲为大"（《大智度论》）。"与乐"即"慈"，"拔苦"为"悲"，它劝导人们慈悲为怀对待宇宙万物生命。"大慈与一切众生乐，大悲拔一切众生苦。"（《大智度论》）"大慈"是就给予一切生命以快乐而言，而"大悲"则是要拔除一切生命所背负的痛苦。

（四）"天人合一"是中国传统生态思想的核心

季羡林先生指出："'天人合一'是中国哲学史上一个非常重要的命题，是对东方思想的普遍而又基本的表述。这个代表中国古代哲学主要基调的思想，是一个非常伟大的、含义异常深远的思想，非常值得发扬光大，它关系到人类的前途。"① 就中国传统思想的基础来看，集中体现为对"天人合一"至高理想的追求。"天人合一"思想是中国传统文化根本精神和至高境界的集中体现，所蕴含的生态智慧是中国传统文化中生态理念的精髓与根本理念。"天人合一"是中国哲学区别于西方哲学的关键概念，也是中国哲学的基本出发点。对"天"的理解，要立足于人与自然的原初关系和不断生成的关系层面，但这里我们主要从人效法自然、效法天道的角度阐发其生态思想，以为借鉴。"天"指向的是整个自然界，但这个自然不是纯粹的自在自然而是与人同在的自然，是人

---

① 沈邦仪：《人才生态论》，蓝天出版社 2005 年版，第 55 页。

的世界之内的自然，也就是说，里面蕴含了道德因素，体现了人的精神追求，在先哲们看来这个"天"是"最高原理"和"最高主宰"。"人"的概念也要从其与自然之间的关系来理解，人来自自然而与自然同在，共同生成，本就一体，从未分开，人就在自然之中，人是跟自然一体的、未做概念抽象分离的原初的整体，因此，人视自然为"大我"而敬之爱之，自然关照人、眷顾人而播撒阳光雨露，焕然一体，物我不分。这种思想作为中国传统思想的基本内核得到传承，一般而言，老庄立足人而追求"天"，儒家则自足天道而关乎"人"。孔子作《易传》有云："昔者圣人之作易也，将以顺性命之理。是以，立天之道，曰阴阳；立地之道，曰柔刚；立人之道，曰仁义"（《说卦传》）。孟子深入人的心性之中，提出"尽心、知性、知天"。董仲舒认为："事各顺于名，名各顺于天。天人之际，合而为一"（《春秋繁露·深察名号》）。至张载始明确提出"天人合一"的命题："儒者则因明至诚，因诚至明，故天人合一。"（《易说·系辞上》）《道德经》五千言的主旨："人法地，地法天，天法道，道法自然。"守静笃，致虚极。教人追求"天"的自在自为。庄子进一步发挥："无受天损易，无受人益难。无始而非卒也，人与天一也。"[1]无论道家如何地追求天道的至大无外、大道无形的"天"，"人"都是不能脱离的，都是人的追求，人和天是合一的，道无非是人将自身与自然的原初关系再度深化、不要分离的谆谆告诫。

因此，"天人合一"思想表达了人与自然和谐统一的生态观。相比较而言，道家侧重于"自然"，而儒家更看重其"人文"层面，但追求人与自然内在统一是它们共同的根本理念。历经漫长的发展历程，"天人合一"思想体现了中国传统文化对人与自然关系深情的人文关怀，它

---

① 王世舜：《庄子注译》，齐鲁书社1998年版，第268页。

更是中国传统文化中生态思想的精髓和旨归。

三、西方的主要生态思想及理论成果

西方生态思想有两个源头，但主要起源于古希腊文明，起源于古希腊哲人对自然的惊异与思考而产生的自然哲学。可以说，对自然的认识、对人自身的认识、对人与自然关系的认识贯彻西方思想发展始终，只是各个时期主题不断转换，如早期的自然哲学、中世纪的宗教哲学、近代的认识论等，人与自然的关系问题一直是哲学探讨的主题，生态思想也就蕴含其中。

（一）西方近代之前的生态文明思想

西方思想的一个重要源头是古希腊，"一提起古希腊，欧洲人胸中就会涌出一种家园感"，古希腊是西方人的精神家园。这个精神源头是由哲学之思开启的，而最早的西方哲学问题就是世界的开端（Beginning）或者说世界的构成（Element），是一种宇宙论，也就是自然哲学，更进一步讲，就是对自然的认识。当然，这种认识也隐含了对人与自然之间关系的认识。

1.古希腊罗马时期的生态思想

随着社会生产力的发展，古希腊人在许多思想文化领域，特别是自然哲学方面取得了很高的成就。古希腊自然哲学家认为，自然界是活的有机体，是不可分割的整体，这一思想在后世得到传承和发展，既有结构主义思潮的现代哲学思想的发展，更有系统论耗散结构论等现代科学理论的提出。可以说，其中蕴含的自然生态有机论、自然整体论与自然目的论等思想对当今生态文明理论的发展仍具有非常重要的理论价值。

（1）自然有机论。古希腊自然哲学家的自然生态有机论观点主要表现为物活论，它认为包括人在内的自然万物都是有生命的。如西方思想史上第一位哲学家古希腊米里都的泰勒斯就认为，万物有灵，摩擦过的琥珀可以吸住纸片，磁石可以吸引铁质东西，这是因为自然万物都有"灵魂"。所谓"灵魂"，就是呼吸和生命之意。阿那克西美尼认为，"气"是万物的本原，"人和其他动物都是以吸进气而活着的，气对他们来说，既是灵魂又是心灵。这是很容易证明的：如果（他们）没有气，也就没有心灵"。由此，在古希腊早期哲学家们的自然观念中已经有了较为成熟的物活论思想。

（2）自然整体论。把生命理解为一个有机整体，其中的任何部分都不能孤立地显现出生命。阿那克西曼德认为世界本原具有"变换其部分，而全体则常常不变"的特质，此观点中蕴含着整体论思想。恩培多克勒将整体论思想继承并加以发展，认为人在集合而成之前以及被分解之后，都仅是纯粹的虚无，也即构成人体的各个部分本身并不具备整体的性质。古希腊人的自然整体论观具有明显的朴素特征，也可以看作是生态思想的雏形。

（3）自然目的论。目的论起源自亚里士多德，他认为，万物的存在都是目的性的存在。"世界是一个统一的有机整体，自然是具有内在目的的，自然的一切创造物都是目的性的。"①事物的存在与发展具有目的因、形式因、动力因和资料因四种因素，目的因说明事物都具有一定的目的，这种目的是事物的一个本质。如"植物的存在是为了给动物提供食物，而动物的存在是为了给人提供食物——家畜为他们所用并提供食物，而大多数（即使并非全部）野生动物则为他们提供食物

---

① 桂起权编著：《科学思想的源流》，武汉大学出版社1994年版，第18页。

和其他方便，诸如衣服和各种工具。由于大自然不可能毫无目的、毫无用处地创造任何事物，因此，所有动物肯定都是大自然为了人类而创造的。"① 自然目的论后来发展成为人类中心主义，因为万物皆备于我，人是最终目的。人是目的，其他都是手段。当然这一思想也被发展成为神学目的论。

2. 中世纪的生态思想

中世纪，哲学沦为神学的婢女，基督教神学在精神领域占有绝对的统治地位。《圣经》作为基督教的经典，是基督教教义、神学思想的重要来源。其中关于上帝、人和自然三者之间关系的记录蕴含着丰富的生态思想。

首先，人源于自然，依自然而生，不能离开自然。上帝感到孤独，于是就用泥土按照自己的样子创造了亚当，并将其安置在伊甸园，说，"你本是尘土，仍要归于尘土"（《圣经·创世纪》3:19）。上帝还说："我将遍地上一切结种子的菜蔬，和一切树上所结有核的果子，全赐给你们作食物。"由此可知，人是上帝用自然之物创造的，源自自然，又要依靠自然中的物质（各种果实）来获得生存，要依赖自然界来生存。

其次，人与自然和谐一体，融合共生，互为支撑。上帝说："你们若遵行我的律例，谨守我的诫命，我就给你们降下时雨，叫地生出土产，田野的树木结果子。你们打粮食要打到摘葡萄的时候，摘葡萄要摘到撒种的时候，并且要吃到饱足，在你们的地上安然居住。我要赐平安在你们的地上，你们躺卧，无人惊吓。我要叫恶兽从你们的地上熄灭，刀剑也必不经过你们的地。"② 人与自然和谐共生的关系在创世之初就奠

---

① 钱俊生、余谋昌：《生态哲学》，中共中央党校出版社 2004 年版，第 25 页。
② 《圣经·利未记》26:3—6。

定了，当然，这是西方神学思想，一切都奠基于上帝的言说，奠基于上帝的律例和诫命。

再次，万物存在皆有价值，人与自然都有尺度。《德训篇》说："上主的一切化工都是美好的，到了时候，必然供应它们的需要。你不应该说：'这一件事，不如那一件事'，因为一切事物在适当的时候，必有它的特长。"① 说明世上万物都有其自身的规定性和存在的价值，人也有自己的尺度，但人类的尺度要承认和尊重自然万物的内在尺度，才能实现人与自然的和谐共生，获得真正的平安与幸福。

最后，人在自然发展的能动方面，负有管理万物的责任。"上主用尘土造了人，又使人归于尘土；给他限定了日数和时期，赐给他治理世上事物的权力。"② 作为唯一依照上帝形象而创造的人，因此被上帝赋予理性与智慧以管理自然万物。但是，人管理自然万物是受上帝之托，必须"以圣德和正义管理世界，以正直的心，施行权利"③。说明人作为自然发展的一个高级阶段，具有一定的能动性，可以认识自身的规律和自然的规律，并自觉运用自身规律，认识自然规律、遵从自然规律。

（二）西方近代生态思想

发端于意大利的文艺复兴运动重新发现了"人"，并在某种程度上重新造成人与自然相分离的命运。在工业发展实践需求的推动下，科学技术获得了前所未有的发展，在人文主义的催生下科学主义大呈勃兴之势，自然科学的发展势不可挡，这些成就引起了哲学家的思考，他们重新反思人与自然的关系，深化了对主体和客体的认识，重新定义人的本

---

① 《圣经·德训篇》17：1—20。
② 《圣经·德训篇》16：5。
③ 《圣经·智慧篇》9：3。

质，阐释并论证人类比动物优越、且唯有人类能够认识自然与驾驭自然的观念，这在客观上导致人与自然相对立的思想形态。其主要代表人物有培根、笛卡尔、康德和黑格尔。

近代西方哲学经验论代表人物培根，坚信"知识就是力量"，认为在知识之中深藏着人类统治支配宇宙万物的权力，"人类的知识和人类的权力归于一"，"达到人的力量的道路和达到人的知识的道路是紧挨着的，而且几乎是一样的"①。培根认为，征服和控制大自然是人类获取知识的直接目的，其中征服自然是人类最有价值的工作。这种思想以驾驭自然、改造自然、为我所用为出发点和价值设定，产生的土壤是近代资本主义发展的内在需求。大陆唯理论代表笛卡尔从理性原则出发，坚持知识源自理性而非经验，将知识奠基于人类理性。因此，"笛卡尔开创的近代哲学克服了希腊哲人主客不分的朴素意识，他有意识地将主体与客体区分开来，自觉地确立主体自我的真实存在"②。通过"我思故我在"命题，笛卡尔在人与自然的关系中通过普遍怀疑确立主体的合法地位，将人的理性确认为世界和万物的基础。

出于调和经验论和唯理论的目的，康德回应休谟的怀疑论，通过对"先天综合判断"总问题的分析，发起了"哥白尼式的革命"，宣称"人为自然立法""人为道德立法"。在他看来，人类理性在认识自然、获取知识的过程中不再是消极、被动的反映，"非如学生受教于教师，一切惟垂听教师之所欲言者"③，而是人主动将先天感性直观形式，即知性范畴等理性原则作用在经验对象之上而获得的结果。换言之，自然界的普遍法则是人的先天禀赋，因此"人为自然立法"。"自然界的最高立法必

---

① ［英］培根：《新工具论》，许宝骙译，商务印书馆1984年版，第6页。
② 倪志安：《马克思主义哲学方法论研究》，人民出版社2007年版，第174页。
③ 徐文俊：《近代西欧哲学及其宗教背景》，中山大学出版社2004年版，第225页。

须是在我们心中，即在我们的知性中，而且我们必须不是通过经验，在自然界里去寻求自然的普遍法则，而是反过来，根据自然界的普遍的合乎法则性，在存在于我们的感性和知性里的经验的可能性条件中去寻找自然界。"①

醉心于寻找康德的"物自体"不可知问题的答案，黑格尔找到了"绝对精神"。理性将所有自然事物统摄在旗下，而自然界只是绝对精神的"外化"或"异化"。"自然是作为它在形式中的理念产生出来的。既然理念现在是作为它自身的否定东西而存在的，或者说，它对自身是外在的，那么自然就并非仅仅相对于这种理念（和这种理念的主观存在，即精神）才是外在的，相反的，外在性就构成自然的规定，在这种规定中自然才作为自然而存在。"② 由此可见，在自然面前人类并非消极的旁观者，而意在通过实践活动"人化"自然环境，也就是说在环境中实现自身，使其满足人类的需求。此外，黑格尔的辩证法亦为人们开辟了独特的视角以更好地阐释自然。在黑格尔看来，万物的生灭变化都蕴含了一种能动原则，就是否定性原则，在这一原则的推动下，万物生生不息，呈现一种由低级向高级不断发展的进程。人类是自然界进化到一定层次的必然产物，是自然法则的一个环节。这一思想被马克思所发展，并通过"颠倒"而将其建立在唯物主义的坚实基础之上。

（三）西方现当代生态文明思想

怀特海说，西方哲学无非是为柏拉图思想做注脚。那么柏拉图思想的核心是什么呢？是世界二分。因此，我们可以看到，自柏拉图以来，

---

① 韩民青：《千年伟大思想家》，济南出版社 2005 年版，第 204 页。

② ［德］黑格尔：《自然哲学》，梁存秀等译，商务印书馆 1980 年版，第 19—20 页。

西方哲学思想发展的主线就是人与世界的二分。在认识论上体现为主客二分，体现在人与自然的关系上就表现为人与自然的对立，将自然作为一个对象或客体来观察研究，实践中就要认识自然、改造自然。从价值上看，人以自身的标准去判断、衡量所有事物的价值，认为只有人是唯一目的且具有内在价值，其他自然事物都只是手段，仅仅有工具价值。西方现当代思想家深刻地认识到这种认识模式所带来的弊端，开始提倡人与自然相统一的思维模式。在《我们的生态危机的历史根源》（1967）一文中，美国历史学家林恩·怀特（Lynn·White）认为，基督教文明是西方人类中心主义的文化根源，要使西方文明摆脱环境危机，就必须通过改造或重建基督教来实现对人类中心主义的超越，用众生平等的观念取代人对其他创造物的绝对统治的观念①。

1. 现代人类中心主义

美国哲学家诺顿（Bryan G. Norton）是现代人类中心主义的主要倡导者，通过《为什么要保护自然界的变动性》《环境伦理学与弱式人类中心主义》等著作阐发其思想：现代人类中心主义是在对当代科技与人类实践活动进行深刻反思的前提下，正视环境问题和人类危机，强调人与自然和解进而和谐共处，要求重新构建一种全新的关系，即人与自然协调发展。诺顿对人类仅从感性偏好和意愿出发来发展物质生产、掠夺自然资源以满足人类眼前利益及需求的短视行为进行了批判，指出了人类无节制的行为所导致的种种恶果。在此基础上，诺顿重新思考了人与自然的关系，特别突出了自然对人的生存的基础性地位和前提性价值，认为人类既要肯定人的价值，又要肯定自然界的价值，将人的价值的实现和各种需求的满足建立在自然界的基础之上。现代人类中心主义相对

---

① 参见江怡：《当代西方哲学演变史》，人民出版社 2009 年版，第 521 页。

于传统人类中心主义发生了视角转换，摒弃了"将人视为宇宙的中心存在或终极目的"的片面认识，重新强调了人类的认识主体和道德主体的双重地位，揭示了环境问题源于人也要由人来承担后果的伦理关系。因此，人的发展和价值的实现必须以实现人与自然和谐共处为前提，只有保护自然资源和自然生物，才能实现人类利益最大化。"现代人类中心主义是弱化的人类中心主义，是对极端的人类征服、主宰自然观念的现代发展和批判。"[①]

2. 动物解放论

动物解放论是由澳大利亚哲学家彼得·辛格首先提出的，理论的核心是人与动物地位平等，将人与人之间关系的权利与义务体扩展到人与动物之间的关系处理，提高动物的地位。辛格认为，人的道德义务不能仅限于人类，要推及整个动物界，对动物也要承担直接的道德义务。因此，在辛格看来，长期以来，人们把自己视为万物之灵长，以驾驭一切、统治万物的态度对待他物，特别是不断有伤害动物生命的行为，并且这种情况愈演愈烈，给动物带来不必要的痛苦。动物解放论认为，是否具有对苦乐的感受能力是判断存在物是否具有利益的根据。"如果一个存在物能够感受苦乐，那么拒绝关心它的苦乐就没有道德上的合理性。不管一个存在物的本性如何，平等原则都要求我们把它的苦乐看得和其他存在物的苦乐同样重要。如果一个存在物不能感受苦乐，那么它就没有什么需要我们加以考虑的了。这就是为什么感觉能力是关心其他生存物的利益的唯一可靠界线的原因。"[②] 动物解放论将动物的解放视为人类解放事业的继续。"动物解放运动比起任何其他的解放运动，都更

---

① 叶平：《回归自然：新世纪的生态伦理》，福建人民出版社 2004 年版，第 179—186 页。

② 辛格：《所有的动物都是平等的》，《哲学译丛》1994 年第 5 期。

需要人类发挥利他的精神。动物自身没有能力要求自己的解放，没有能力用投票、示威或者抵制的手段反抗自己的处境。人类才有力量继续压迫其他物种……我们是继续延续人类的暴政，证明道德若是与自身利益冲突就毫无意义？还是我们应该当得起挑战，纵使并没有反抗者起义或者恐怖分子胁迫我们，却只因为我们承认了人类的立场在道德上无以辩解，遂愿意结束我们对于人类辖下其他物种的无情迫害，从而证明我们仍然有真正的利他能力？"[①] 辛格提出，动物跟人一样都具有免遭痛苦的自然权利，因此动物应当受到平等对待，维护自然生存权利，反对物种歧视。这一思想有利于人们正视生态保护问题，重新思考人与自然万物的关系，刺激生态伦理的发展和人类道德的进步。

3. 生物中心主义

生物中心主义的代表人物是阿尔贝特·施韦泽（Albert Schweizter），代表著作是《文明与伦理》（1923），核心观点是"敬畏生命"的伦理观。施韦泽认为，"到目前为止的所有伦理学的最大缺陷，就是它们相信，它们只需处理人与人的关系"[②]。因此，生物中心主义认为，一个人是否有道德，关键在于他能否将一切生命都看作是神圣的存在，能否将万物视为人类的同胞。类似我国思想家张载在《西铭》中所说："民吾同胞，物吾与也。""善的本质是保持生命、促进生命，使可发展的生命实现其最高的价值；恶的本质是：毁灭生命，伤害生命，阻止生命的发展"[③]。施韦泽坚信，有一天人们一定会突然反躬自省，对自己长时间认

---

① 林红梅：《动物解放论与以往动物保护主义之比较》，《西南师范大学学报（人文社会科学版）》2006 年第 4 期。
② 曹明德：《从人类中心主义到生态中心主义伦理观的转变》，《中国人民大学学报》2002 年第 3 期。
③ 施韦泽：《敬畏生命》，上海社会科学出版社 1996 年版，第 23 页。

识不到万物与人的不可分割的关系而感到不可思议，对生命的无谓伤害与道德的格格不入感到追悔莫及①。因此，生物中心主义者坚持生命平等，世间万物一切皆具有道德主体的属性，提倡物种平等主义。

4. 生态中心主义

生态中心主义是以批判人类中心主义而成立的，代表人物有美国学者利奥·波尔德、挪威哲学家阿恩·纳斯等。生态中心主义者坚持整体论，主张以整体和联系的观点看待自然。生态中心主义重新思考了人类的地位，认为人生于自然、源于自然，无往而不在自然之中，不存在超越自然、凌驾自然、统治自然的地位，这种思想是一种人类的狂妄自大，终将酿成恶果，最终还要回归大自然、回归人与自然原初的整体关系。美国学者利奥·波尔德提出所谓的"大地伦理学"，用"大地共同体"的概念来解释人类、生物和环境一体化的自然界或大地。他认为，自然界是一个美丽、稳定、完整的生命共同体，不但整个大地共同体是自在自为的整体，而且包括植物、动物、河流、山脉等组成部分都是自在自为的。阿恩·纳斯认为，"生态中心主义主张人们对以往的世界观实施革命改造，把人真正看作整个生物圈中的一部分，看作离开生态的完整性将无法生存的存在。生物圈中的任何存在物都具有其内在的价值"②。因此，重新审视人在世界中的地位，生态人类中心主义将人与自然视为平等的存在物，并更加突出了生态的地位，倡导人与自然和谐相处、共同发展③。

---

① 参见［美］纳什：《大自然的权利》，杨通进译，青岛出版社 1999 年版，第 75 页。
② 王水汀：《简论生态中心主义动物保护的伦理主张及策略》，《自然辩证法研究》2002 年第 12 期。
③ 参见刘宽红：《论实践观对人类中心主义和生态中心主义的超越》，《青海社会科学》2004 年第 2 期。

四、马克思主义的生态文明思想

马克思关于人与自然关系的论述没有专门著作，散见于大量的手稿和发表的著作之中。对人与自然之间关系问题，马克思的认识极为深刻，他主要采用的是辩证唯物主义自然观。随着马克思主义经典作家系统的阐释与发展，这些思想内涵逐渐丰富，为现代生态思想的发展提供了思想基础和理论源泉。

马克思立足其所处时代，以哲学家的理论敏锐性和历史深刻性捕捉到了人与自然之间的本质联系，揭示了资本对这种辩证关系的戕害，并在《1844 年经济学哲学手稿》当中进行了初步的但极其深刻的论述，为以后马克思主义生态思想的发展奠定了理论基础。

（一）马克思的生态思想

18 世纪，伴随着资本主义的发展及社会生产力水平的提高，人类对物质利益的极度追求导致对自然资源的盲目开发和利用，不顾自然规律及其承载能力，从而给自然界造成了沉重的负担。尽管当时并没有出现较为严重的生态环境问题，但是却给生态环境的可持续发展带来不可估量的影响。马克思从对历史的考察中深刻地认识到人与自然的关系不是分离对立的，而是紧密联系的。在《德意志意识形态》中，他指出，"历史可以从两个方面来考察，可以将它划分为自然史和人类史，但这两方面是不可分割的，只要有人类存在，自然史和人类史就彼此相互制约"①。马克思摒弃了黑格尔唯心主义哲学体系的观点，对"自然"在哲学中应有的地位进行重新赋予。马克思关于生态文明思想

---

① 《马克思恩格斯选集》第 3 卷，人民出版社 1995 年版，第 66 页。

的发展，大致经历三个阶段：

1. 早期思想阶段

马克思是由研究古希腊哲学思想而开始思考人与自然之间的关系的，主要文献是博士论文和经济学哲学手稿。博士论文的题目是《德漠克利特的自然哲学与伊壁鸿鲁的自然哲学的差别》，手稿是《1844 年经济学哲学手稿》，这两部著作是关于马克思思想发展的重要文献。如果说马克思在写作博士论文时还是一个唯心主义者而强调精神的能动作用，那么在《1844 年经济学哲学手稿》中马克思则开始深入思考人与自然之间的关系、人的对象性存在本质等问题。在上述著作中，马克思将人类作为自然界的一部分来看待，人是自然发展的高级阶段，人类依赖于自然界，自然界是人类生存和发展的基础；人类通过劳动改造自然，自然界又是人类实践活动的对象。"一方面，人类作为自然的、肉体的、感性的对象存在物，与其他动植物相同，都是受制约、受限制和受动的存在物；另一方面，人类具有自然力和生命力，是能动的自然存在物，这些力量作为天赋、才能、欲望存在于人身上"①。

2. 思想形成时期

这一时期马克思的主要著作是《德意志意识形态》和《关于费尔巴哈的提纲》，通常认为，这些著作标志着马克思思想转变的完成，也就是标志着新世界观的发展，实践唯物主义的创立。特别是十一条关于费尔巴哈的提纲，被恩格斯誉为"包含着新世界观的天才萌芽的第一个文件"，是"历史唯物主义的起源"。马克思将对人、自然和社会之间的关系置于实践这个感性概念之上，阐发了实践活动对自然的作用和对人的本质的生成的作用，确认了自然界对于人类实践活动的先在性和独立

---

① 马克思：《1844 年经济学哲学手稿》，人民出版社 2000 年版，第 105 页。

性。马克思的世界历史理论预示着生态文明的发展前景，在马克思看来，随着人类实践活动范围的扩大，生产方式和交往方式不断完善，由交往而自然形成的不同民族之间的分工将日益加大和不断深化，各民族的原始封闭状态将逐步消失，"历史也就越是成为世界历史"①。随着生产方式的发展，特别是生产力的发展，历史的发展将朝着世界历史发展转变。从中我们可以看到，世界历史的发展是由资本的无限扩展造成的必然结果，而资本的扩张由本国走向全球，势必将环境问题全球化，造成资本与自然对立的加剧，也就是资本主义与自然的对立，而对这一问题的扬弃正是共产主义的道路。其中，不可避免地会涉及生态问题，就是人与自然关系的和解，真正的和解就是在更高层次上回归自然，实现人与自然的和谐共生。

3.思想高峰时期

马克思思想高峰的工作重心是资本主义批判理论，通过政治经济学的批判说明资本主义生产关系的剥削本质，证明资本主义灭亡和共产主义的到来一样是不可避免的规律。在劳动价值论中，马克思阐发了"物质变换"理论。"劳动首先是在任何自然之间的过程，是人以自身的活动来引起、控制和调整任何自然之间的物质变换的过程"②。其中的物质变换是"人类生活得以实现的永恒的自然必然性"③。马克思肯定了资本主义生产方式的积极性："资产阶级在它不到一百年的统治下创造的生产力，要比过去一切世代创造出的全部生产力还要多"④；但资本的增长造成了对自然的侵害："生产力在其发展的过程中达到了这样的阶段，他只能带

---

① 《马克思恩格斯选集》第 1 卷，人民出版社 1995 年版，第 88 页。
② 《马克思恩格斯全集》第 23 卷，人民出版社 1972 年版，第 12 页。
③ 《马克思恩格斯文集》第 5 卷，人民出版社 2009 年版，第 56 页。
④ 《马克思恩格斯选集》第 1 卷，人民出版社 1995 年版，第 277 页。

来灾难，这种生产力已经不是生产力的力量，而是一种破坏的力量。"①因此，社会主义制度是实现生态文明的根本途径，实现人与自然的和谐共生，必须以社会主义生产方式来代替资本主义生产方式，因为在共产主义社会中人与自然之间的物质交换更加合理，是"用消耗最小的力量，在适合于和无愧于他们的人类本性条件下，进行这种物质交换"②。

（二）恩格斯的生态思想

1. 早期生态文明思想

由于生于商人家庭，恩格斯对生态环境问题的关注比较早，也更为直观。在 1839 年的《伍拍河谷来信》中，恩格斯就关注了生态环境问题和工人的生活与工作环境。19 岁时，恩格斯曾对巴门与埃尔伯费尔德这两个城市中的民众困苦生活的情形进行了生动的描述，对工业、工厂发展造成的环境污染问题进行了无情揭示。恩格斯写道："伍珀河谷——'光明之友'非常讨厌这个名称——是指伸延在大约 3 小时行程的伍珀河沿岸的埃尔伯费尔德和巴门两个城市。这条狭窄的河流泛着红色波浪，时而急速时而缓慢地流过烟雾弥漫的工厂厂房和堆满棉纱的漂白工厂。"③信中所描写的"红色波浪"是当时土耳其一家颜料染坊排出的废水，这种河流污染的情景给当时年轻的恩格斯留下了极其深刻的印象，激发了他对人与自然之间关系的哲学思考。恩格斯还生动地描述了城市中工人生活的状况，怀着深刻的同情心写道："在低矮的房子里劳动，吸进的煤烟和灰尘多于氧气"④。"下层等级，特别是伍珀河谷的工

---

① 《马克思恩格斯选集》第 1 卷，人民出版社 1995 年版，第 90 页。
② 《马克思恩格斯全集》第 25 卷，人民出版社 1974 年版，第 926 页。
③ 《马克思恩格斯选集》第 2 卷，人民出版社 2005 年版，第 39 页。
④ 《马克思恩格斯选集》第 2 卷，人民出版社 2005 年版，第 44 页。

厂工人，普遍处于可怕的贫困境地；梅毒和肺部疾病蔓延到难以置信的地步。"① 这是早期资本主义时期工人生活的生动刻画，恶劣的工作与生活环境、沉重的劳动负担和工作强度形成极大的压力，时刻威胁着工人们的身心健康。

对当时英国的环境污染状况更加详细的描述在恩格斯的著作《英国工人阶级状况》中集中体现出来。恩格斯根据自己的调查，详细地描写了曼彻斯特周围的污染状况：一些工业城市到处都弥漫着煤烟，煤灰将埃士顿的街道弄得又黑又脏，被煤烟熏成黑色的斯泰利布雷芝的房屋，"给人留下一种可憎的印象"，工业生产所排放的煤烟严重地影响了空气质量，伦敦的空气永远不会像乡间那样充满氧气和清新②，梅德洛克河的河水是停滞的漆黑的，且不断发出臭味③，流经曼彻斯特的是一条堆满废弃物和污泥的黝黑、狭窄并发臭的小河④。工人们居住的地方大多是潮湿阴暗的房屋，不是上面漏雨的阁楼，就是下面冒水的地下室。道路上满是垃圾，没有污水沟，也没有排水沟，有的只是臭气熏天的死水洼⑤。这是工业带来的污染，是对自然环境的破坏，但恩格斯最关心的是工人的生产生活状况。

早期的见闻激发了恩格斯的哲学思考，驱动着他深入自然的本质和人的本质之中，更深入资本主义社会奠基之上的资本逻辑之中，形成了他的"人与自然和解"的思想。在《国民经济学批判大纲》中，恩格斯说："然而经济学家自己也不知道他在为什么服务，他不知道，他的全部利己

---

① 《马克思恩格斯选集》第2卷，人民出版社2005年版，第44页。
② 参见《马克思恩格斯全集》第2卷，人民出版社1974年版，第325页。
③ 参见《马克思恩格斯全集》第2卷，人民出版社1974年版，第341页。
④ 参见《马克思恩格斯全集》第2卷，人民出版社1974年版，第331页。
⑤ 参见《马克思恩格斯全集》第2卷，人民出版社1974年版，第306页。

辩论只不过构成人类整个进步链条中的一环而已。他不知道他瓦解的一切私人利益，只不过是替我们这个世纪面临的大变革，即为人类同自然的和解以及人类本身的和解开辟道路而已。"① 表达了恩格斯"人与自然和解"的深层关系，并强调要正确认识自然规律，端正自己在自然界中的位置，协调好人与自然之间的关系，构建先进的社会制度以保护自然界。

2. 自然辩证法思想

辩证法的思想是马克思、恩格斯的基本思想和基本方法，属于马克思、恩格斯共同创立的，是吸收了黑格尔辩证法的合理内核，并将其进行"颠倒"之后建立在唯物主义之上而形成的基本原理和方法。在辩证法的发展中，恩格斯有独特的贡献，那就是撰写了《自然辩证法》，将辩证法运用于自然和科学问题进行考察。恩格斯说："辩证法的规律是自然界的实在的发展规律。"② 辩证法的核心是否定，这种否定是自否定，由自否定展开为对立统一、质量互变、否定之否定规律。

质量互变规律是说明事物发展过程中的飞跃性和阶段性，事物量的增减、场所变更、速度变化以及事物内部结构调整等达到一定的度就会引起事物性质的改变，即量变必然引起质变，质变又产生新的量变，量变和质变是事物发展的两种状态。"在自然界中，质的变化——在每一个别场合都是按照各自的严格确定的方式进行——只有通过物质或运动（所谓能）的量的增加或减少才能发生的。"③ 但是事物的发展也有一定的方向，它是保证事物质变的方向的，这就是否定之否定规律。这说明事物的发展总是有一定的方向，但这种方向是通过事物对自身的否定来实现

---

① 参见《马克思恩格斯全集》第1卷，人民出版社1974年版，第324页。

② 恩格斯：《路德维希·费尔巴哈和德国古典哲学的终结》，人民出版社1973年版，第47页。

③ 《马克思恩格斯选集》第4卷，人民出版社1995年版，第311页。

的，即通过肯定—否定—否定之否定的路径，事物不断实现对自身的"否定"过程，推动事物呈"螺旋式"的上升的发展趋势。否定之否定规律"是一个极其普遍的，因而极其广泛地起作用的、重要的自然、思维、历史的发展规律；这一规律在动植物界中，在历史、哲学、数学中起着作用"①。无论质量互变规律还是否定之否定规律，其中都有一个动力问题，即推动否定的力量和推动质变力量的源泉在哪的问题，这就是对立统一规律。对立统一规律揭示了事物发展的动力来自于事物内部的对立统一关系。万事万物都是矛盾的，是自身和自身的对立统一关系，这种自我否定的特质正是事物发展的动力源泉。恩格斯说："主观辩证法其实是辩证的思维，不过是自然界中到处盛行的对立中的运动的反映而已。"②

恩格斯自然辩证法所蕴含的思想以及其对自然的研究，发展了他关于自然与人的关系的认识，通过运用他同马克思创立的辩证唯物主义对自然进行了深刻的研究，全面展开了人与自然的生动的辩证统一的关系。

（三）中国化马克思主义中的生态思想

十月革命一声炮响给中国送来了马克思列宁主义，开启了马克思主义中国化的道路。马克思主义与中国革命、建设和改革相结合实现了理论的伟大飞跃和实践的历史性变革，形成了毛泽东思想、邓小平理论、"三个代表"重要思想、科学发展观和习近平新时代中国特色社会主义思想，探索出一条适合中国发展的现代化道路。

在中国革命、建设和改革的历史进程中，生态文明建设问题以不同的形式在党和国家领导人那里得到重视和思考。特别是改革开放以来，

---

① 《马克思恩格斯选集》第 3 卷，人民出版社 1995 年版，第 181 页。

② 恩格斯：《自然辩证法》，人民出版社 1971 年版，第 189 页。

我国生产力水平获得迅速发展，物质生产能力极大增强，但是由于发展方式和生产方式的问题，我国发展生产与生态保护之间的问题日益突出。面对这一问题，党和国家领导人就如何处理发展生产和保护环境的关系问题进行深入思考，把马克思主义生态思想与我国改革发展实际相结合。改革开放以来，我国积极推进生态文明建设，将科学发展、转变生产方式等作为战略安排，科学处理发展生产的关系。特别是党的十八大以来，生态文明建设取得历史性进展，"绿水青山就是金山银山"的理念深入人心，绿色发展、绿色生活成为社会共识。

第二节　生态文明与新型城镇化的内在联系

党的十八大以来，我国进入新时代，新时代提出新任务、新时代开启新征程，提出了很多具有划时代意义的战略举措。其中一个非常重要的战略就是将生态文明建设纳入"五位一体"的总体布局，把生态文明建设摆到前所未有的突出地位，从人民福祉、民族未来的高度认识生态文明建设，要求把生态文明建设贯彻到发展战略、工作举措和社会建设的全过程和社会事业的各方面。习近平总书记反复强调，新发展阶段，要树立新发展理念，构建新发展格局，实现高质量发展。因此，新型城镇化也必须走生态发展之路，将生态文明理念融入城镇化建设的全过程，这是由新型城镇化与生态文明的内在关系决定的。

一、新型城镇化是生态文明建设的组成部分

新型城镇化是现代化的重要标志，它是在自觉地遵循生态文明建设

的基本原则和基本规律的前提下进行的各种建设活动。一切违背生态文明建设的各项基本原则和基本活动规律而开展的种种城镇化建设活动，都不是真正意义上的新型城镇化，它们只能被称作旧型城镇化。推进新型城镇化建设，正是为了解决旧型城镇化所产生的各种问题。2020 年，我国城镇化率已经超过 60%，但同时也付出了沉重代价，诸如城市盲目扩张、城乡差距扩大、资源能源趋紧、环境污染、生态破坏等问题层出不穷。这些由传统城镇化引起的一系列问题与矛盾，在推动城镇化建设进程中必然要面对和解决，而所有矛盾与问题的解决都将与生态文明建设联系在一起。

生态文明建设是全局性的、全生态的、全系统的，但也要面对重点领域和重要方面，解决当前对生态环境造成影响比较大的、问题比较集中的区域和方面。城市无疑是当前生态问题比较集中的区域。城镇化是现代文明的产物，随着工业化水平的提高，城镇化是必然趋势。生态问题伴随着城市化进程，任何城市发展都面临生态问题，只不过当前更集中、影响更大。因此，城镇化的发展与生态文明建设不可分割，尤其是在当前条件下，城镇化发展势不可当，势在必行，志在必得，而生态文明建设更迫在眉睫、重任在肩、义不容辞。城镇化必须将生态文明建设作为基本要求贯穿全过程，生态文明建设更要将新型城镇化作为重点领域和关键区域高度关注、重点建设、全程监控、全面落实。

二、新型城镇化是生态文明建设的重要载体

城镇化不是一个单向度的概念，而是一个系统工程。新型城镇化既要实现农村人口向城镇聚集转移，即城镇人口大幅增加、农村人口快速下降，劳动力实现转移；也必须调整国家经济结构，优化国民经济布

局，调整产业结构，实现第一产业比例下降，第二、第三产业增长、各生产要素向城镇聚集。从生态学的视角来看，与农村相对自然的生态系统相比，城市就是典型的人工生态系统，也是一个需要人工调控与管理的自然、经济和社会复合的生态系统。城镇化也就意味着城市的扩张、自然原始生态系统退缩，城市空间扩大、农地空间减少的过程，也就是人工生态系统要持续扩大。

站在生态文明建设角度来看，推进新型城镇化将对生态文明建设产生双重影响。一方面，大规模的迅速推进的城镇化将对生态环境造成负面影响，造成环境问题，带来环境压力。如大范围的以农村为主的自然生态系统被城市化的人工系统所取代；大量废水等工业排放、汽车等生活排放导致空气污染；温室气体排放、热岛效应等带来的城市气温逐年上升问题；资源耗费、用水量激增等造成城市资源短缺；城镇的空间扩张侵占耕地、湿地、动植物栖息地等国土资源，使土地原有的生态面貌被改变、生态平衡被打破，严重影响了气候和生物多样性；城市生产生活所产生的工业固体废物、医疗废物、生活垃圾等处理、处置难度加大，环境污染持续加大；声电磁光污染激增等，对城市居民的身体健康与生活质量产生了严重影响。这些问题是城镇发展带来的负面影响，但不是必然会产生的结果，需要通过加强生态文明建设来从根本上转变传统的城镇化，实现可持续发展。

另一方面，城镇化为生态文明建设带来新的平台。推进城镇化将自然生态系统改造为人工生态系统，改造了自然界、聚集了人口、利用了资源、拓展了人居空间，但不必然带来环境问题和生态破坏，相反，城市的繁荣和发展，承载着人们对美好生活的向往，发展了城市文明，方便了人们生活，改善了居住条件，促进了生产的发展和社会的进步。实践证明，在城镇化过程中贯彻生态理念，坚持绿色发展，遵循自然规律，尊重自然，敬畏生命，不但能够实现城市的持续发展，而且也能够实现人与自然的和谐，同时又能够使城市走向可持续发展道路。一是合理进行产业布局，形成城镇化产业集聚区，统筹城市资源配置，节约资源能源，通过高效率、集约化的集中供水、供暖设备，避免"村村点火、家家冒烟"的乡村式能源分散利用而造成的低效率与高成本问题，以此为基础开发清洁能源、替代能源和再生资源。二是加强城镇化推进的统筹性。在推进城镇化的进程中，在人口布局等城乡核心要素的配置方面要加强规划，提高统筹性。保证城乡人口规模的合理分布，适度集中城市人口，转移农村剩余劳动力，弥补城市人力资源不足。集约高效利用土地，释放更多耕地与生态保障空间。三是城镇化促进了产业和人口的集聚，便于城镇工业发展，提高资源利用率，更有利于解决农村土地闲置和利用率不高的问题，更促进了教育的发展，快速提高大量人口的综合素质。四是新型城镇化加速了环境治理。城市大气污染、工业污染、废水排放等问题比较集中，但污染物和废弃物的集中治理也更为方便，效果也更明显，这在一定程度上节约了环境治理的人力物力。

三、生态文明建设是新型城镇化的内生动力

生态文明建设是新型城镇化题中应有之义，是推进新型城镇化的内生动力。"绿色发展、循环发展、低碳发展"这些生态要求和价值理念是推进新型城镇化建设的重要保障与内生动力，是新型城镇化的重要内容和目标指向。应当指出，新型城镇化是生态的城镇化、是美丽的城镇化，生态文明是新型城镇化的内在规定性和基本要求。"新型城镇化就是按照统筹城乡、布局合理、节约土地、功能完善、以大带小的原则，由市场主导、政府引导的城镇化推动机制，实现城镇化与工业化协调发

展，信息化和农业现代化良性互动，大中小城市和小城镇的合理布局与协调发展，形成以资源节约、环境友好、经济高效、社会和谐、城乡一体的集约、智慧、低碳、绿色城镇化道路"[①]。

具体而言，新型城镇化包括城乡一体化发展、产—城互动发展和基础设施改造；经济结构调整、农村居民市民化和人居环境改善；形成集约低碳、智慧绿色、和谐可持续发展模式等方面。这些内容都蕴含了生态文明建设的要求，落实了绿色发展理念。因此，新型城镇化建设要求我们，一要牢固树立尊重自然、顺应自然与保护自然相结合的生态文明理念；二要加强节能减排，推动生产方式和消费方式的根本转变，发展循环经济和清洁生产；三要增强居民的环保意识与生态意识，形成适度消费的社会风尚，营造爱护生态环境的良好风气，养成绿色生活方式。

生态文明建设是促进新型城镇化的内生动力。第一，生态文明建设为新型城镇化创造了新的经济增长点。开发环保产业、新材料产业、可再生能源产业以及清洁能源产业，将会成为新型城镇化发展的新动力。正确引导生产要素向这些领域集聚，将会创造更多的就业岗位，促进产业结构优化升级，形成可持续发展的城镇化前景。第二，生态文明建设要求新型城镇化加大环境治理投入。在新型城镇化进程中，不但要注重生态化产业和开发新能源产业，还应增加环保类基础设施方面的投资，加强公共基础设施建设、生活垃圾处理与城市道路建设等领域的投资，以提升城镇化水平与质量。第三，人民群众日益增长的生态产品需求是新型城镇化的推动力。改革开放40年来，我国生产力获得很大发展，人民群众物质生活水平得到了极大的提高，但同时也对生活质量与美好生

---

① 王素斋：《新型城镇化科学发展的内涵、目标与路径》，《理论月刊》2013年第4期。

活环境提出了更高的要求。因此，在新型城镇化过程中投入大量的人力、物力、财力，实施重大生态修复工程，增强生态产品生产能力，将成为推进新型城镇化快速健康发展的重要引擎。

四、生态文明建设是新型城镇化的重要内容

党的十八大指出：要"把生态文明建设放在突出地位，融入经济建设、政治建设、文化建设、社会建设各方面和全过程，努力建设美丽中国，实现中华民族永续发展。"[1] 李克强总理在 2021 年的政府工作报告中指出，推动绿色发展，促进人与自然和谐共生。中国作为地球村的一员，将以实际行动为全球应对气候变化作出应有贡献。这表明了党对生态文明与社会发展之间关系的深刻把握和全面认识，为我国各项事业的发展提出了根本遵循。我国城镇化发展已进入关键阶段，但能源资源不足问题还依然是制约因素，这决定了今后的城镇化发展必须将生态文明建设融入其中，走节约集约、绿色低碳的发展路子，形成低碳、集约、智能、绿色的新型城镇化的中国模式。因此生态文明建设是新型城镇化发展必不可少的内容。

第一，新型城镇化必须是绿色发展的。新型城镇化不能走传统城市发展的老路，必须坚持绿色发展理念，这是新型城镇化的发展战略内容。城镇化需要处理城市发展与国土资源，特别是与农村耕地之间的关系；需要处理城市发展空间问题，特别是与农村自然空间之间的关系；需要处理城市中的产业之间的关系，特别是与农业之间的关系；需要处

---

[1] 《坚定不移沿着中国特色社会主义道路前进　为全面建成小康社会而奋斗——在中国共产党第十八次全国代表大会上的报告》，人民出版社 2012 年版，第 39 页。

理资源利用与生态系统保护之间的关系，特别是与自然资源开发利用之间的关系。而这些关系的处理都必须坚持绿色发展理念，把生态文明建设的原则要求贯彻其中，走绿色发展的道路，否则就是走传统城市发展的老路。

第二，新型城镇化必须是生态宜居的。新型城镇化必须摒弃传统的扩张模式，将生态宜居作为主要标准。这就要求在新型城镇化发展过程中，要按照生态文明建设的要求设计发展框架、发展思路和城市布局，充分论证、科学设计，将城市的规模、结构和产业发展等要素进行合理配置，做好交通、基建等基础设施的规划，将资源利用与城市发展协调起来。按照绿色、节约、低碳等生态观念进行城市建设，体现美丽中国的要求，引导城市居民形成绿色消费、绿色出行、关心环保、爱护环境的绿色生活模式。

第三，新型城镇化必须是生态经济的。经济社会增长是社会存在的物质基础，是社会发展的物质条件，具有基础性地位，必须将经济的发展与生态文明建设协调起来、统筹起来。一方面要深刻认识到传统的经济增长方式过于强调对自然资源的开发利用，而忽视保护和建设，片面地追求经济指标的增长，而牺牲了自然资源和生态环境，造成了环境问题、资源枯竭和生态失衡等问题，有些问题可能是不可逆的，再无补偿的可能，但亡羊补牢还是必须要做的；另一方面，要转变经济增长方式，以科技为支撑，发展绿色经济，开发清洁能源，探索循环经济，走可持续发展的生态经济之路。

第四，新型城镇化必须是永续发展的。新型城镇化是生态的城镇化，生态的城镇化才是可以永续发展的城镇化。城镇建设必须将发展作为第一要务和前提基础，发展要以尊重自然、合理开发利用自然、实现资源循环为基本原则，实现经济增长和环境改善双向发展目标，达到人与自然的和谐共生。

第三节　国内外生态文明的城镇化实践与经验

"他山之石，可以攻玉。"我国作为现代化建设后发型国家，展示了强大的发展后劲，取得了举世瞩目的成就。在推进城镇化方面，也提高了计划性和科学性，大有后来居上之势，但仍要参考和借鉴西方国家经验和教训，以提高针对性和科学性，少走弯路，实现弯道超车。

一、国外生态城镇理论与实践探索

生态城市建设思想源于西方，先后经历了思想起源、概念提出与初步发展、快速发展和全面实践四个阶段。这种阶段性特征，实际上表明了国外生态城镇理论的发展与生产方式发展的高度相关性，也就是说，经济社会发展的必然产物就是生态城市思想的发展，生态城镇建设也是促进城市发展的一种必然选择。

1. 生态城市的思想起源（16—18 世纪）

生态城市的思想最早可追溯到托马斯·莫尔（Thomss More）（1478—1535）的《乌托邦》、康帕内拉（Tommaso Campanella）（1568—1639）的《太阳城》，以及约翰·凡·安德里亚（Johann Valentin Andrease）的《基督城》[1]。这些著作针对当时社会存在的各种问题提出了许多好的构想，展现了人们对未来美好生活的憧憬。从某种意义上看，

---

[1]　Jinnai Hidenobu. Edo, the Original Ecocity. *Japan Echo*. Feb, 2004, pp.56-60.

它同时也体现了人与自然之间的一种伦理关系。不过，这种关系显示人在改造自然界方面的能力还十分有限，对生态问题涉及并不多。

2. 生态城市概念的提出与初步发展（18世纪末—20世纪50年代）

生态城市概念是人类在反思人与自然关系的过程中不断调整自身与自然相互关系的基础上提出来的。它显示了人们试图为保持人类活动与生态环境的和谐，进而对城市发展与生态环境的关系进行深入研究[1]。第一次工业革命不仅极大地提高了社会生产力和物质财富的集聚，同时也带来城市人口高度聚集、交通极度拥堵以及生态环境严重污染等问题。

西方将生态学思想融入城市规划和建设中有长远的历史。19世纪末20世纪初，西方人进一步运用生态思想来解决城市问题。例如，霍华德在《明日的田园城市》（1898）中认为田园城市是一种全新的城市形态，它兼具城市生活的高效组织、高度活跃性以及乡村景观的美丽怡人，开辟了"田园城市"研究的先河。盖迪斯（P.Geddes）的《城市开发》（1904）和"雅典宪章"（1933）都渗透着生态学的思想光芒。伊利尔·沙里宁在《城市——它的发展、衰败与未来》一书中提出有机疏散论（Organic Decentralization），阐释了城市机能过于集中而导致弊病丛生。沙里宁还进一步将"有机疏散理论"应用到大赫尔辛基改建规划中去，并在底特律、芝加哥等城市分散规划中都起到了重要作用。另外，迪尔凯姆（Emile Durkheim）的有机团理论、佩里（Clarence A. Peny）的"邻里单位"理论，以及美国芝加哥学派的人类生态学等都集中于研究城市问题以及生态环境与人类之间的关系等问题。

---

[1] See Andrew Jordan, Timothy O'Riordan, Institutions for global environment change, global environment.

3. 生态城市理论迅速发展时期（20 世纪 50—80 年代）

第二次世界大战后，城市生态研究和城市生态学（urban ecology）迅速兴起和发展，并涌现出一批有影响力的著作。例如，帕克在《城市和人类生态学》（1952）中将生物群落观点移植到城市环境研究中来，把城市比作一个类似植物群落的有机体。意大利著名建筑学家和生态学家保罗·索拉里创立"建筑生态学"（arcology）。他倡导对有限的物质资源加以充分合理利用，在建筑中充分利用可再生资源。在他看来，以牺牲自然结构来建设城市是不明智的选择。麦克哈格（Ian L. Mcharg）在《设计结合自然》（*Design with Nature*）（1969）一书中，提出用生态学理论解决人工环境和自然环境相协调的问题，同时明确将生态学与城市规划设计结合在一起，为城市生态学的实践开辟了一条技术路线。这一时期还有一批涉及生态环境保护的著作影响深远，包括《寂静的春天》《增长的极限》《只有一个地球》《生命的蓝图》。它们就像一枚枚重磅炸弹投放在人类的精神世界，极大地促进了城市生态学的研究。

1971 年，联合国在《人与生物圈计划》（MAB）的报告中指出："生态城市规划要从自然生态和社会心理两方面去创造一种能充分融合技术和自然的人类活动的最优环境，诱发人的创造性和生产力，提供高水平的物质和生活方式。"①MAB 从生态学角度来看待城市规划，提出生态保护战略、生态基础设施、居民的生活标准、文化历史的保护、将自然融入城市五项原则，它的实施和推广，标志着城市生态学进入"现代城市生态学"发展阶段。

20 世纪 80 年代后，生态城市逐渐进入实践阶段。以奥·延尼斯基（Yanitsky）为首的苏联科学家代表的生态城市学派（ecological city），

---

① 王如松：《转型期城市生态学前沿进展》，《生态学报》2000 年第 5 期。

把生态城市看作一种理想的城市模式，将科技与自然环境充分融合，充分发挥人的创造力，合理利用物质、能量与信息，从而实现生态环境的良性循环①。此后，美国学者雷吉斯特（R.Register）和西博拉德（P. Sybrand）对生态城市建设与管理进行了深入研究。结合示范城市的建设，生态城市逐步成为全球城市研究的热点。

4. 生态城市建设全面发展（20 世纪 80 年代后）

20 世纪 80 年代，生态城市建设走向实施阶段，最典型的表现为美国雷吉斯特领导的加州伯克利生态城市计划（1992）和澳大利亚 Halifa 生态城市建设计划（1994）。雷吉斯特认为，生态城市追求人类和自然的健康与活力，即实现生态健全的城市，是紧凑、充满活力、节能并与自然和谐共存的聚居地。城市生态学会用一系列具体行动来实践生态城市建设，包括建设慢行街道，沿街种植果树，恢复废弃河道，建造利用太阳能的绿色居所，延缓快车道的建设，依照条例改善能源利用结构，提倡以步代车，召开有关各方参加的城市建设会议等。经过 20 余年的努力，伯克利为世界其他地区开辟了一条成功的生态城市建设之路，伯克利也成为典型意义上的"亦城亦乡"的生态城市。

澳大利亚社区活动家戴维·恩奎斯特（David Engwicht）在《走向生态城市》（1992）一书中指出：城市是生态革命最前沿的阵地，是一种能够实现包括物流、信息流、货币流、思想及情感交流等方面最大化且运距最小化的优质发明。同年，澳大利亚的阿得莱德（Adelaide）举办了第二届国际生态城市研讨会。大会组织者、著名建筑师唐顿认为，生态城市不仅强调城市与自然环境两个系统的相互关系，同样应关注城市

---

① See Yanitsky, Social Problems of Man's Environment, *The city and Ecology*, 1987（1）p.174.

内部人与人之间的关系以及城市与乡村之间的关系。从某种意义上说，生态城市成为一项浩大的工程，远超出传统意义上的可持续发展思想。

联合国环境与发展大会和未来生态城市全球高级论坛于 1992 年在巴西举行，世界各国开始共同商讨对策来应对环境问题。1996 年，在塞内加尔的约夫举行了第三届国际生态城市研讨会，进一步讨论了"国际生态重建计划"，其目标过于集中在对城市可持续发展的生态学基础上的理论探讨，而对生态城市建设的基本原则、根本目标和规划方法等实践问题着力不多。2000 年，第四届生态城市国际会议在巴西库里蒂巴召开。会议交流了世界各地生态城市规划与建设的成功案例，并一致推举库里蒂巴市作为生态城市的成功范例。2002 年，第五届生态城市国际会议在我国深圳市举办，发布了《生态城市建设的深圳宣言》，提出了 21 世纪城市发展的目标以及生态城市建设的原则、评价与管理方法，为生态城市建设提供了一套可供参考的体系，并在世界范围内进一步推动了生态城市的建设实践。

因此，自 20 世纪 80 年代以来，生态城市建设进入了全面发展时期，一大批城市开展了生态城市建设的研究与实践，并取得显著成效。人们逐渐认识到，经济发展能够与生态环境保护相协调，尤其是应当在保护生态环境的基础上来发展经济。同时，要合理区分可再生资源与不可再生资源，并实现对不可再生资源有序、合理的保护与利用。生态城市建设还需要大力发展现代交通和信息网路，构建合理的交通网络，为城市的整体生态环境提供信息保障。

二、国内生态文明城市的探索历程

国内的生态文明城市的探索历程可分为两个主要阶段：一个是 20

世纪 80 年代初构建生态城市理论的时期，另一个是 20 世纪 80 年代后期的生态城市实践过程。改革开放后，我国对生态城市建设的理论探索正式开始。1984 年 12 月在上海举行了首届全国城市生态科学讨论会，提出城市生态学研究的成果要服务于城市发展建设，为城市规划、环境保护和经济发展提供理论支撑。与此同时，我国的城镇发展也迎来了快速发展时期，生态示范市迅速展开试点。1986 年，江西省宜春市率先提出建设生态城市，并在 1988 年初完成了我国首个生态城市的建设。1990 年，我国已经形成了一整套以社会—经济—自然复合生态系统为指导的理论与方法体系。1995 年，我国在生态市、县、村、住宅、农场、小区等不同层次上都建立了一批具有示范意义的样本点，对我国城市建设的转型产生了巨大的推动作用。1996 年，国家环保总局确定了全国首批生态示范区。2001 年，大庆被评为全国内陆首家环保模范城市。随后，北京、上海、深圳相继提出建设生态城市的发展目标，大城市的带头示范作用开始显现。

在生态城市本土化过程中，许多学者针对我国当前国情，提出与中国实际情况相结合的生态城市发展理论。例如，马世骏提出以人类与环境相关关系为主导的"社会—经济—自然复合生态系统"的城市发展思想，并且这种思想在我国城市规划与重大问题决策中都有所体现。王如松进一步深化了这种思想，并在此基础上提出了城市生态位和生态库的概念。沈清基认为城市是由社会、经济和自然三个子系统构成的复合生态系统；生态城市应该是一个符合生态规律的复合生态系统，系统内部能够实现结构合理、功能高效、关系协调，达到动态平衡状态，最终实现人与自然和谐发展；生态城市建设应逐步通过城市生态规划来实现。黄光宇提出了有关生态城市的十条评判标准。陈勇则提出了生态城市的时空定位理论，并从经济、文化、哲学、技术四个方面对生态城市思想进行分析，为生态城市建设的时空差异提供参考。吴良铺通过深入分析我国生态城市建设的原理和途径，提出了人居环境科学研究的必要性与可能性。刘洪涛结合我国国情提出生态城市规划建设中的九条实用对策：城市基础资料调查与分析、城市用地的适用性评价、以清洁生产为导向的产业发展战略、经济发展的环境效应评价、城市空间布局形态、工业空间布局、基础设施规划、绿地系统规划、城乡生态一体化。宋永昌等学者着手构建和探索生态城市建设的评价理论与方法，如综合承载力、生态足迹计算等。

总而言之，我国生态城市建设只有与中国传统文化相结合，才能更好地体现我国城市建设的特色。例如，钱学森所提出的"山水城市"就是一种能够体现东方文化特色的生态城市模式。他起初是想将中国山水诗词艺术、古典园林建筑风格与中国山水画融合，再应用到城市建设中，既符合世界普遍认可的生态城市标准，又结合了我国自身的传统文化。山水城市结合自然环境特色，强调城市的山水融合，融汇生态学、城市气候学、美学、环境科学等学科的优势，能够把中国山水文化、山水美学传承下去，对我国城市建设具有重要的意义。

三、国内外生态城市探索的经验启示

目前，国外生态城市探索的特点是理论与实践的联系较强，尤其重在解决生态城市规划和建设中存在的问题。而我国生态城市探索的特点是比较注重融合中国传统文化、注重整体性。但另一方面，国内外关于生态城市的探索大都局限于传统科学的研究范式，偏重于城市局部或某一问题的微观层次，缺乏从宏观角度对城市进行系统研究和把握。因此，总结起来有以下几点启示：

第一，要注重具体、微观的研究和案例研究，比如选取某个城市或地区进行深入调研，还应注重城乡一体化的研究，开展跨学科合作。第二，生态城市要从城市的单一生态要素的研究逐渐转向整体的生态系统研究。第三，从研究方法上看，要从单一研究方法转向综合方法，理论研究与实践建设紧密结合。第四，生态城市建设要从单纯的经济发展转向可持续发展，从单纯利用自然环境转向自然环境的开发与保护，增强城市生命保障系统和生态服务功能。城市作为人类创造的居住地，其实在本质上仍然无法脱离自然环境，而是与生态自然融合成一个相互依赖的共同体。因此，在生态城市建设上，迫切地需要从以人类为中心的模式转向人与自然相和谐的模式。

城市生态系统"牵一发而动全身"。要建设好生态城市，必须加强生态城市规划。一方面，要做好城市自身的生态规划研究，另一方面要做好城乡一体化生态协调研究。生态城市建设，是人类从可持续发展思想出发践行生态文明的重要成果和重大举措。生态城市已经展现出巨大魅力，为我们解决城市问题提供了一剂"良方"，也为实现区域生态城镇化提供了有价值的参考。

本部分，我们首先详细而系统地阐述了生态文明的理论基础。"生态文明"是人类在人与自然和社会和谐发展上所取得的一切物质和精神成果的总和，是一种以人与自然、社会及人自身和谐相处、共生发展为宗旨的文化伦理形态，它同时也是人类文明发展到一个新阶段的重要体现，是人类社会进步的标志。生态文明具有伦理性、可持续性和和谐性等基本特征。

中国传统的儒家、道家和佛家文化中都蕴含着丰富的生态文明思想，其中"天人合一"是这种思想的核心。同样，在西方的古希腊、中世纪、现当代都涌现出各种形态的生态文明思想。马克思、恩格斯以及中国化的马克思主义理论家都十分重视生态文明，提出许多可贵的生态文明理念。古今中外丰富的生态文明思想与理念，为当今我国的生态文明建设提供了宝贵的思想资源与理论借鉴。

生态文明与新型城镇化内在相连。新型城镇化本身就是生态文明时代的产物，也是生态文明建设的重要载体，而生态文明建设是推进新型城镇化的内在动力，二者相辅相成、密不可分。目前，国内外在生态文明与城镇化发展相结合方面已经有了长期的理论和实践探索，并取得了许多有益的理论和实践成果。这些都为当前我国在推进新型城镇化过程中建设生态文明提供了有益的启发和参考。

第三章　新型城镇化进程中生态文明
建设机制构建现状

中国新型城镇化建设已经迈入以生态文明为导向的时代。党的十八大以来，我国坚持绿色发展理念，不断强化"绿水青山就是金山银山"的观念，不断健全体制机制，将生态文明建设融入新型城镇化进程，"绿水青山就是金山银山"的观念成为全社会的共识；我国的生态文明建设取得了巨大成就，但也面临一些十分严峻的问题。

第一节　新型城镇化进程中生态文明
建设机制的进展

树立人与自然和谐共生的哲学理念，坚持以人为本的理念，落实绿色发展观念，将生态文明建设融入新型城镇化进程，是一个认识不断深化、理念不断确立和观念不断认同的进程，但也是一个不断科学规划、持续扎实推进、坚持狠抓落实、逐步生根见效的实践过程，这一历史进程的推进更有赖于一个顶层设计、层层落实、多方协作、稳定有力的体制机制的逐步建立健全。20 世纪 70 年代，我国开始重视环境保护工作。随着经济社会的发展，特别是工业化进程的加速推进，我国的生态环境问题日益突出，相关的对策措施也不断升级，在此背景下，我国一直强调城镇化进程中的生态文明建设，并不断探索体制机制建设。

一、生态文明建设法律保障体系正在加快形成

改革开放以来，随着社会经济发展和产业结构不断调整，特别是工业化进程的深入推进，为了保护生态环境，我国逐步建立了生态环境保护方面的法律法规，当然，这些法律法规也适用于城镇化进程中的生态环境保护工作。以 1989 年《中华人民共和国环境保护法》颁布为标志，我国环境保护工作步入了法制轨道，《中华人民共和国海洋环境保护法》《中华人民共和国水污染防治法》《中华人民共和国大气污染防治法》《中华人民共和国噪声污染防治条例》等法律法规、条例相继颁布，与上述法律制度相关的资源法、环境保护行政法规以及大量的部门规章、工作标准不断完善，初步形成了具有中国特色的环境法律法规体系。

表 3-1　我国生态文明建设法制保障体系一览

类　别	名　称	颁布时间
环境保护	中华人民共和国环境保护法	1989 年 12 月 26 日
	中华人民共和国海岛保护法	1999 年 12 月 26 日
	中华人民共和国海洋环境保护法	2016 年 11 月 7 日修订
	中华人民共和国环境保护税法	2016 年 12 月 25 日
资源保护	中华人民共和国草原法	1985 年 6 月 18 日
	中华人民共和国土地管理法	1986 年 6 月 25 日
	中华人民共和国矿产资源法	1996 年 8 月 29 日
	中华人民共和国渔业法	1986 年 1 月 20 日
	中华人民共和国煤炭法	1996 年 8 月 29 日

续表

类　别	名　称	颁布时间
资源保护	中华人民共和国专属经济区和大陆架法	1998 年 6 月 26 日
	中华人民共和国森林法	1998 年 4 月 29 日
	中华人民共和国海域使用管理法	2001 年 10 月 27 日
	中华人民共和国水法	2002 年 8 月 29 日
生态保护	中华人民共和国文物保护法	1982 年 11 月 19 日
	中华人民共和国野生动物保护法	1988 年 11 月 8 日
	中华人民共和国水土保护法	1991 年 6 月 29 日
	中华人民共和国防沙治沙法	2001 年 8 月 31 日
	中华人民共和国城乡规划法	2007 年 10 月 28 日
污染防治	中华人民共和国固体废物污染环境防治法	1995 年 10 月 25 日
	中华人民共和国环境噪声污染防治法	1996 年 10 月 29 日
	中华人民共和国大气污染防治法	2000 年 4 月 29 日
	中华人民共和国放射性污染防治法	2003 年 6 月 28 日
	中华人民共和国水污染防治法	2008 年 2 月 28 日
重点领域	中华人民共和国标准化法	1988 年 12 月 29 日
	中华人民共和国节约能源法	1997 年 11 月 1 日
	中华人民共和国气象法	1999 年 10 月 31 日
	中华人民共和国环境影响评价法	2002 年 10 月 28 日
	中华人民共和国清洁生产促进法	2002 年 6 月 29 日
	中华人民共和国可再生资源法	2005 年 2 月 28 日
	中华人民共和国循环经济促进法	2008 年 8 月 29 日

习近平总书记高度重视生态文明体制改革并多次强调："保护生态环境必须依靠制度、依靠法治。"[①] 自党的十八大会议以来，生态文明建设备受重视，并位居"五位一体"总体高度，党对我国生态文明进行了

———————
① 《习近平谈治国理政》第三卷，外文出版社 2020 年版，第 363 页。

顶层设计和远景定位，提出了四个方面的战略措施。十八届四中全会提出"四个全面"，要全面依法治国，当然生态文明建设也要全面依法进行、依法保障。2014 年新修订的《中华人民共和国环境保护法》在全国人大通过。2015 年 9 月，《生态文明体制改革总体方案》通过中央政治局审议，方案明确了制度体系的具体架构。

2015 年 3 月通过的《关于加快推进生态文明建设的意见》、2015 年 8 月颁布的《党政领导干部生态环境损害责任追究办法（试行）》，这些文件的出台，初步构成了中国生态文明建设的顶层设计，绘制了一幅完整、清晰的生态文明建设体制蓝图。

应当指出的是，我国尚未建立专门的城市环境治理和生态文明建设相关法律。但是，随着我国生态文明建设以及城镇化进程的快速发展，保障城镇化进程中的生态文明建设的法律法规体系将逐步建立并不断完善。

二、乡镇生态建设机制不断得到重视

长期以来，由于重视不够，涉及村镇生态建设方面的政策法规散见于国家的环境保护法律或涉及城市规划、"三农"改革或一些相关的法规政策之中。城镇生态问题起于"三农问题"，更确切地说是与农村建设紧密联系的，20 世纪 90 年代，国家相继出台专项措施，对村镇的环境保护加强管理。我国 1996 年 8 月 3 日颁布《国务院关于环境保护若干问题的决定》，对实行环境质量行政领导负责制、维护生态平衡、保护和合理开发自然资源、强化环境监督管理等若干涉及环境保护各方面工作和实际的问题作出了具体规定，要求国家环保部门牵头，农业部等相关部门配合，合力制定乡镇企业环境保护工作的具体措施。次年 3月，根据《国务院关于环境保护若干问题的决定》（国发［1996］31 号）

中关于"责成国家环保局会同农业部、国家计委、国家经贸委等部门抓紧制定有关加强乡镇企业环境保护工作的具体规定"的要求，四部委联合下发了《关于加强乡镇企业环境保护工作的规定》的通知，从十个方面提出了具体要求、制定了相应规范。1999 年 11 月，我国第一个直接针对农村环境保护的政策规范文件发布，即《国家环境保护总局关于加强农村生态环境保护工作的若干意见》。该《意见》提出"小城镇和村镇庄环境整治是农村生态环境保护的重点"，着力推进"积极开展生态乡、生态镇和生态村的建设"，围绕农村、乡镇和乡镇企业等主体进行环境保护方面的综合治理，该意见是"农村生态环境保护是环境保护工作的重要组成部分，是改善区域环境质量的重要措施"。

2014 年 1 月，国家环保部印发了《国家生态文明建设示范村镇指标（试行）》，对生态文明建设示范村建设进行标准化管理。2015 年 6 月，党中央国务院颁布的《关于加快推进生态文明建设的意见》提出要"加快美丽乡村建设"。习近平总书记在党的十九大报告中强调："加快生态文明体制改革，建设美丽中国"，"实施乡村振兴战略"[1]，如此一来，生态宜居就成为必要需求。由十九届中央全面深化改革领导小组第一次会议审议通过的《农村人居环境整治三年行动方案》，明确未来三年农村人居环境工作的主攻方向和目标，"加快补齐农村人居环境突出短板，为如期实现全面建成小康社会目标打下坚实基础。"[2]习近平总书记在十九届五中全会报告中强调：建设美丽中国，贯彻乡村振兴战略，落实乡村建设行动，建设美丽乡村。

可以看出，自党的十八大以来，党和国家高度重视生态文明建设，特

---

① 习近平：《决胜全面建成小康社会　夺取新时代中国特色社会主义伟大胜利——中国共产党第十九次全国代表大会报告》，人民出版社 2017 年版，第 50、32 页。
② 《改善农村环境　建设美丽乡村》，《光明日报》2018 年 2 月 6 日。

114

别是对占国土面积较大、居住人口较多的村镇的生态文明建设更加关注。

三、政府驱动机制不断得到加强

作为包括城镇生态治理在内的生态文明建设主体之一的政府，在整个工作中起着主导作用，是推进生态文明建设的最大也是最直接的动力。但这个动力的动力之源在哪儿？如何激发？答案在于责任的赋予与追究。责任不容推卸，但要靠严厉的追责来保障。"环境保护责任追究制度主要是指党政领导干部因未做好自身职责范围内的环境保护工作，导致其所负责辖区内的环境恶化或出现某种程度的环保事故，从而不受一般追责时效之限制而对其予以终身追究责任的一种机制。环保责任追究制度是一项崭新而重要的生态文明制度，它的提出及努力探索一直以来受到党和国家的重视。"①

国家的环境保护和生态建设的法律法规以及各地的具体措施，连同各级各地各部门的制度、方案、规范等工作要求，都将各级各地政府的各部门以及个人作为不同的责任主体来规定，肩负相对应的工作任务，承担失职的风险和责任。党的十八大以来，生态文明建设被党和国家提升至"五位一体"总体布局，予以高度重视。党的十九大报告指出，要实行最严格的生态环境保护制度。2014 年 10 月，十八届四中全会审议通过的《中共中央关于全面推进依法治国的决定》强调要以严格的法律制度保护生态环境，同时建立重大决策终身责任追究制和责任倒查机制。2015 年 5 月出台的《中共中央国务院关于加快推进生态文明建设的意见》，对责任的追究更为严厉和细致。同年 8 月，为加快推进生态

① 李宏伟：《马克思主义生态观与当代中国实践》，人民出版社 2015 年版，第 205 页。

文明建设，健全生态文明制度体系，强化党政领导干部生态环境和资源保护职责，国家八部委共同制定的专门措施《党政领导干部生态环境损害责任追究办法（试行）》出台，是我国首次关于追究党政领导干部生态环境损害责任所作出的制度性安排。为让保护生态环境成为领导干部的刚性约束，保障生态文明建设责任落到实处，中央深改组推出自然资源资产离任审计和环境保护"党政同责"措施。

据报道，2016年7月，中央环保督察组以推动落实环境保护党政同责、一岗双责为重点，分别进驻河南、黑龙江、内蒙古、江西、广西、江苏、宁夏、云南8个省区进行环保责任督察，迅速在全国掀起了一场治污问责风暴。结果，8个省区100余人因破坏生态和污染环境被刑事拘留，党政部门2000多人被问责，多数受到党纪政纪处分，罚款总额过亿元。①

随着生态文明建设的逐步深入，各级政府也在不断转变职能。值得一提的是，GDP考核出现松动迹象：2018年，13个省份调低了GDP目标，多个地区取消对市县GDP的考核要求。② 这意味着发展方式进入拐点，落实新发展理念、进行高质量发展势在必行。习近平总书记在党的十九大报告中强调："我国经济已由高速增长阶段转向高质量发展阶段③。"

---

① 《这些事干不得！深改组为党员干部画下6条红线》，2016年9月26日，见 http://www.xinhuanet.com/politics/2016—09/27/c_129301606.html。

② 据《新京报》2018年2月4日报道："天津将去年的8%下调为5%，重庆从10%左右下调至8.5%左右，湖北从8%左右下调至7.5%，甘肃从7.5%下调至6%左右，内蒙古从7.5%左右下调至6.5%左右，西藏从11%以上下调至10%左右。还有部分省份调整了具体表述。如广东将去年的7%以上改为7%左右，河南将去年的7.5%以上改为7.5%左右。除了下调目标，有些地方政府开始取消对部分市县的GDP考核。福建省有34个县（市）取消了GDP考核，实行生态保护优先的绩效考评方式。海南省2018年起将实施新的《海南省市县发展综合考核评价暂行办法》，对保亭、陵水、乐东等12个市县的GDP、工业、固定资产投资取消考核。"

③ 习近平：《决胜全面建成小康社会 夺取新时代中国特色社会主义伟大胜利——中国共产党第十九次全国代表大会报告》，人民出版社2017年版，第30页。

新发展阶段要贯彻落实新发展理念，构建新发展格局，实现高质量发展。"绿水青山就是金山银山"的理念已经成为各级政府共识，也日益深入人心，引导人们践行绿色生活方式。

四、生态文明建设公众参与度不断提高

随着生态问题的日益凸显，特别是国家的高度重视和各地政府的生态文明建设逐步深入开展，公众对生态文明建设的参与意识和实际参与均不断提高，特别是公众对与自身关系密切的生态环境问题了解度和关注度较高。环保部于 2019 年 2 月公布的《全国生态文明意识调查研究报告》结果显示，我国公众对生态文明建设的认同度、知晓度和践行度均有不同程度的提升，数据分别为：74.8%、48.2% 和 60.1%，有 78% 的被调查者认为"建设美丽中国"事关每一个人，有 99.5% 的人表示将高度关注、积极参与，这表明公众对生态文明建设目标的认同度提高了，参与生态文明建设的意愿提升了。

2015 年 1 月 6 日，最高人民法院发布环境民事公益诉讼案件司法解释，这是环境司法方面的一大进展，使环境权益和公众参与环境保护的法律保障得到进一步提升。

五、生态建设措施不断强化

改革开放 40 年来，在不断推进的环境保护实践中，我国政府逐步建立了环保制度和工作机制，已经初步形成了以宪法为基础、以环保法为主体的环境法律体系。国家共颁布 7 部环境保护法律、10 余部资源法律以及 30 多部环境保护法规，制定了近百个环境保护规章办法，出

117

台了 430 余项环境保护规范标准，制定地方性或配套性环境保护法规制度达 1500 多个。1993 年 3 月，第八届全国人民代表大会第一次会议设立环保专门机构，即全国人民代表大会环境保护委员会，专门负责组织起草和审议环境与资源保护方面的法律草案并提出报告。此后，为加强环境保护立法，许多的省市人民代表大会也设立了相应的环境与资源保护机构。随着环境保护立法的不断深入，环境保护制度和环境监管体制逐步完善，建立了环境影响评价制度等 12 项环境管理制度，并逐步健全了由全国人民代表大会立法监督、各级政府负责实施、环境保护行政主管部门统一监督管理、各有关部门依照法律规定实施监督管理的体制机制。为进一步完善监督监控检测体系，为环保政策法规的决策机构和执行机构提供信息支持，国家统一建立并完善环保信息网络，加强对全国各区域环境信息的监控、收集和整理分析。

随着一系列生态环保法律、法规和制度建设的深入推进，特别是政府职能转变以后，环境保护的具体措施不断体系化，成熟的制度有 12 条。

表 3-2　我国现行主要环保制度一览

序号	制度名称	主要内涵
1	环境影响评价制度	该制度是指把环境影响评价工作以法律、法规或行政规章的形式确定下来从而必须遵守的制度。环境影响评价不能代替环境影响评价制度。前者是评价技术，后者是进行评价的法律依据。
2	"三同时"制度	该制度指一切新建、改建和扩建的基本建设项目、技术改造项目。自然开发项目，以及可能对环境造成污染和破坏的其他工程建设项目，其中防治污染和其他公害的设施和其他环境保护设施，必须与主体工程同时设计、同时施工、同时投产使用的制度。
3	排污收费制度	该制度是指向环境排放污染物或超过规定的标准排放污染物的排污者，依照国家法律和有关规定按标准缴纳费用的制度。收费的目的是促使排污者加强经营管理，节约和综合利用资源，治理污染，改善环境。

续表

序号	制度名称	主要内涵
4	环境保护目标责任制	该制度是通过签订责任书的形式，具体落实到地方各级人民政府和有污染的单位对环境质量负责的行政管理制度。
5	城市环境综合整治定量考核制度	该制度是把城市环境作为一个系统、一个事体，运用系统工程的理论和方法。采取多功能、多目标、多层次的综合战略手段和措施，对城市环境进行综合规划、综合管理、综合控制，以最小的投入换取城市质量优化，做到经济建设、城乡建设、环境建设同步规划、同步实施、同步发展，从而使复杂的城市环境问题得以解决。
6	排污许可制度	《控制污染物排放许可制实施方案》（国办〔2016〕81号文）规定：依法规范企事业单位排污行为的基础性环境管理制度，环境保护部门通过对企事业单位发放排污许可证并依证监管实施排污许可制。
7	排污申报登记制度	作为排污许可证制度的配套措施，要求具有排污行为的单位按一定规格形式就其生产经营活动中的生产工艺设备、原材料产品、污染物排放处理设施，以及污染物排放种类、数量、方式、趋向等定期或不定期地向所在地环境主管部门呈报的过程。
8	污染集中控制制度	污染集中控制制度是要求在一定区域建立集中的污染处理设施，对多个项目的污染源进行集中控制和处理。这样做既可以节省环保投资，提高处理效率，又可采用先进工艺，进行现代化管理，因此有显著的社会、经济、环境效益。
9	污染源限期治理制度	指对严重污染环境的企业事业单位和在特殊保护的区域内超标排污的生产、经营设施和活动，由各级人民政府或其授权的环境保护部门决定、环境保护部门监督实施，在一定期限内治理并消除污染的法律制度。
10	环境监理工作制度	环境监察是一种具体的、直接的、"微观"的环境保护执法行为，是环境保护行政部门实施统一监督、强化执法的主要途径之一，是中国社会主义市场经济条件下实施环境监督管理的重要举措。

序号	制度名称	主要内涵
11	环境与发展综合决策制度	在决策中，正确处理环境与发展决策，贯彻可持续发展战略，把经济规律和生态规律结合起来，对经济发展、社会发展和环境保护统筹规划，合理安排，全面考虑，实现最佳的经济效益、社会效应和环境效益。
12	环境保护税制度	《中华人民共和国环境保护税法》于2018年1月1日起施行，规定征收环境和保护税，不再征收排污费。

为确保环境保护制度的有效落实，国家结合国情采取了很多环保行动和战略措施，形成了立体式的推进模式，建立起了相应的工作机制。

表3-3　我国生态文明建设工作主要战略举措一览

序号	行动或战略名称
1	国土整治工作
2	"三区"生态保护战略
3	"生态农业"建设战略
4	"农村小康建设环保行动"
5	"生态省""生态市"战略
6	扶持"环保产业"的发展
7	推动循环经济发展战略
8	推行可持续发展战略
9	"人与自然和谐发展"战略
10	生态文明示范工程试点建设
11	生态文明先行示范区建设
12	水生态文明城市试点建设
13	生态文明建设试点
14	国家公园建设

序号	行动或战略名称
15	美丽乡村建设
16	特色小镇建设
17	创新城市、智慧城市、低碳城市试点

党的十八大以来，通过一系列战略举措的深入实施和一系列的制度保障，我国生态治理和环境保护工作发生了历史性、转折性和全局性变化，取得了巨大成就。党的十八大以来，中央全面深化改革领导小组召开的 38 次会议中，涉及生态文明体制改革的有 20 次。这一时期是我国生态文明体制改革密度最高、力度最大、推进最快、成效最多的关键几年。《生态文明体制改革总体方案》所确定的要求在 2015—2017 年间完成的 79 项任务中，有 73 项全部完成，其他 6 项均取得实质性进展。各级政府和民众的生态文明思想观念不断深化，各级党组织和各级政府对生态文明建设工作的重视程度空前，转变经济增长方式、贯彻落实新发展理念的自觉性和主动性前所未有。环境保护监管执法力度前所未有，环境保护法、大气污染防治法等法律完成制定修订，新环境保护法开始实施。生态文明建设制度出台频繁程度历史空前，研究制定了数十项改革方案，相继开展了环保督察等一系列专项治理行动，生态文明制度体系正加快形成。环境保护力度空间加大，污染治理力度显著增大，综合措施逐步完善。生态治理成绩单已经非常耀眼、异常闪亮，可以说交出了让人民满意的答卷。据不完全统计，截至 2018 年 10 月，全国 5.7 亿千瓦燃煤机组完成超低排放改造，累计淘汰黄标车和老旧车 1800 多万辆，11 多万个村庄开展农村环境综合整治、近 2 亿农村人口受益。目前，中国特色的生态文明制度体系正在加快形成，诸如"自然资源资产产权制度改革、国土空间开发保护制度建设、空间规划体系改革试点、资源

总量管理和全面节约制度建立、资源有偿使用和生态补偿制度构建、环境治理体系改革、环境治理和生态保护市场体系完善、生态文明绩效评价考核和责任追究制度"等各项工作正在扎实深入推进。

六、科技等生态文明建设支撑力方面均得到长足发展

近年来，随着党和国家对生态文明建设的实践性推进，生态文明建设被提升至"五位一体"的总体布局高度，生态文明建设成为党和国家高度重视和不断推进的伟大工程，党和国家领导人在不同场合反复强调，各种媒体积极宣传，使得绿色发展的理念和绿色的生活方式被公众所接受。另外，科技的发展也转向了清洁能源、节能减排技术，为生态文明的建设提供重要支撑。

首先，绿色发展、低碳生活的理念深入人心。一直以来，特别是党的十八大以来，坚持"四个自信"，依据"五位一体"的总体布局，围绕贯彻五大发展理念，坚持"绿水青山就是金山银山"的发展观念，我国加强了生态文化宣传，提升民众对生态价值目标的认同感，增强公众的生态文明意识，在全社会范围内倡导新型的绿色生产生活方式，加快营造崇尚生态文明、推进生态文明建设和体制改革的良好氛围和环境。特别是，各级各类学校将生态文化纳入教学内容，结合不同阶段学生的身心发展规律，开展生态文明教育，如 2018 年 1 月 12 日，教育部办公厅等六部门发布通知，将生态文明教育更加具体化，通知要求到 2020 年底，各级各类学校要确保生活垃圾分类知识普及全覆盖，达到 100%，并将生活垃圾分类知识融入教材，与课堂教学内容进行融合。各级科研管理部门，通过立项研究、学术评价等杠杆作用，积极引导科技工作者聚焦生态文明和生态文化研究，不断深化人们对人和自然关

系、生产发展和人的发展、物质生活和精神生活等之间关系的认识，建构马克思主义的生态价值观。

其次，绿色科技的支撑力越来越大。经济学家将方兴未艾、正在深入发展的绿色革命视为第四次工业革命，其核心就是节能减排和新能源开发。国家高度重视，积极聚集科技力量，聚焦绿色科技发展。一是积极推进新能源汽车。我国新能源汽车起步较早，2000 年，新能源汽车的发展就被列入"863"火炬计划。目前，我们的新能源汽车在某些技术、产业化方面取得了显著成绩，在某些领域，已经达到世界领先水平。新能源汽车的研发和量产及逐步推广，将有效缓解能源压力，特别是能有效减少对城市大气的污染。二是太阳能与绿色建筑一体化。我国建筑总面积是全球的一半，而建筑节能占节能减排总量的 30%，因此我国高度重视节能建筑科技发展。我们已经进入太阳能与绿色建筑一体化领域，并且具有十分广泛的市场空间。三是核能与风能等新型能源。在目前可预见的新能源领域，核能当然具有无可比拟的优势，备受各国重视。我国的核能装机总量在能源结构中的发展速度是惊人的，具有非常大的潜力，特别是核能在风能替代方面的间隙性补偿作用，对我国破解煤炭发电污染难题具有重大意义。四是节能减排与产业结构调整。积极将精力和科技力量投入科学的、可持续的发展之中，通过走科技创新之路，来促进产业结构调整升级。

第二节　新型城镇化进程中生态文明建设机制问题

改革开放 40 多年来，我国对环境保护法制建设力度不断加大，配套措施持续发力，初步形成了生态文明建设的新理念和实践模式。特别是党的十八大以来，我国生态环境保护发生了历史性、转折性和全局性变化，成就巨大，生态文明制度体系正在加快形成，以自然资源资产产权、国土空间开发保护、空间规划体系、资源总量管理和全面节约、资源有偿使用和生态补偿、环境治理体系、环境治理和生态保护市场体系、生态文明绩效评价考核和责任追究等涉及 12 个领域的多层次立体化制度建设和体制改革正加快推进和逐步深入。但我们也要认识到，生态文明建设的体制机制的构建和完善是一个系统工程，还任重而道远。城市化进程中的生态文明建设的体制机制构建问题还未被摆上重要位置。

一、新型城镇化进程中生态文明建设的任务艰巨

随着我国新型城镇化的深入推进，已经形成了具有中国特色的中国农村城镇化之路。城镇化在破解"三农"难题，促进农村发展，推动产业结构调整，带动经济社会发展方面，起到了不可替代的作用。但也存在一些人与自然之间的矛盾和生态问题，必须高度重视并着力解决。如"土地城镇化"快于人口城镇化，建设用地粗放低效；城镇布局与资源承载不协调；小城镇数量多、规模小、服务功能弱，增加了生态环境成本；"城市病"问题逐渐凸显，生态环境日益恶化，城中村和城乡结合部等外来人口集聚区人居环境较差等。问题历史地客观地摆在面前，亟待彻底地解决。

在城镇化如火如荼地加速推进的另一面，农村经济被带动而获得快速发展，但是随着农业现代化和农村的市场化程度不断加深，农村生产污染和生活垃圾废及弃物排放量增大，农村排水等基础设施落后，农村

的生产生活环境状况日益恶化，河流污染、土壤破坏、雾霾笼罩，农村生产生活环境质量明显下降，特别是农村地域广大，环境治理难度大，破坏后重建效果迟缓。环境问题直接带来健康问题，尤其是河流污染、土壤和地下水污染使农村居民面临的污染威胁甚至高于城镇居民，这些环境问题威胁着农村广大居民群众的生存环境与身体健康，制约了城镇化进程，成为"三农问题"中的新问题。

（一）生态环境治理困难重重

城镇化虽然快速推进，但生态文明建设和城市管理未及时跟进，致使"城市病"突出、污染严重、居民健康受到威胁。受长期的工业、农业粗放型增长影响，特别是地方发展资源型产业，严重超出了环境承载力，使河流和水源、大气和气候、土地和土壤等生态环境和生态资源受到不同程度的污染，全国各地水质性缺水现象日益突出。随着城市化的快速推进，特别是房地产产业的迅速扩张，耕地面积急剧减少，每年都有大量农田被建设用地占用。农业生产的粗放，大量的农药、化肥等农资产品的过度使用，造成土壤板结和水土污染，特别是农膜的过度使用给土壤带来难以修复的问题。由于基础设施较弱，农村环境代谢主要靠自然，但随着生活节奏的加快，自然代谢能力跟不上，致使脏、乱、差现象凸显。第一次全国污染源普查显示，全国农村每年产生的污染物数量很大，特别是生活垃圾和养殖业污染物，有96%的污水得不到处理。另外，随着乡镇企业的发展，由于多点化分布和缺乏规划，企业的种类繁多，特别是为降低成本，一些高污染的皮革、化肥、化纤等粗放型企业转移到乡镇，给当地环境造成污染。因此，围绕城市，形成城市、城郊、乡镇和村庄四级污染区域，造成整体性的污染，特别是大气和水体的污染，更容易造成全局性和整体性的影响。

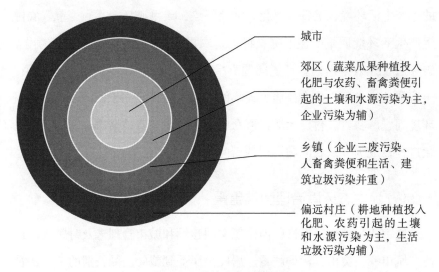

图 3-1　城镇生态环境结构

（二）生态系统整体功能下降

一是对生态系统的认识不够深入，观念滞后，缺乏整体观和系统思维，生态安全屏障体系遭到破坏，生态廊道和生物多样性保护乏力，生态系统质量较低和稳定性较弱。长期的掠夺式开发，使山田、林湖、耕地、河流大面积失去自我修复能力或自我修复时间延长。二是城镇开发边界模糊，城市扩张在前污染治理在后，未真正融合。城镇发展的空间结构不合理，生态空间被压缩，城镇空间未划定，生态保护红线划定与执行不够严格。三是荒漠化、石漠化、水土流失综合治理尚未深入有效开展，湿地保护和恢复力度不够大，部分湿地遭到破坏。资源过度开发致使绿水青山变成荒山荒地，城市周边的工矿废弃地、闲置土地、荒山荒坡、污染土地未得到治理。水土流失问题解决仍不彻底，生态清洁小流域建设仍显乏力。四是天然林商业性采伐未得到有效制止，退耕还林还草力度还应加大，草原生态系统尚未恢复森林面积和蓄积量还不够，森林湖泊保护力度还需加大。五是耕地保护制度应更加细化、更加严格，重金属污染区、地下水漏斗区以及生态脆弱地区生态修复功能失调，耕地轮休制度尚未建立。

（三）循环利用生态资源程度较低

工业用水循环重复利用率偏低，工业废弃品回收利用率不高，畜禽养殖废弃物、农业种植秸秆的循环加工和综合利用率很低，城镇生活垃圾回收和循环加工能力不高、利用率不高。根据相关部门估算，我国每年产生农作物秸秆达 7 亿多吨，每年畜禽粪便排放总量约 30 亿吨，每年有近 45 万吨、约 20% 的农膜埋入耕地，长期不可降解，大量有机肥料不能得到充分利用。循环技术支撑力不强，循环经济未落实，造成了资源的严重浪费，加剧了能源资源的消耗。

（四）城镇产业布局和结构不合理

城镇化是工业化的结果，工业化始终伴随着城镇化，但这种过程是较为漫长的历史过程。我国的现代化、工业化是后发型，并加强了规划，主动适应经济发展需要，着力加快推进。但城镇化进程的推进速度快于产业机构的调整，二者之间的协调机制未建立，造成一些城市中的工业结构不合理，高污染、高能耗、高排放的企业污染治理未跟上，造成了环境污染。另外，城市扩张，基础建设的扬尘、生活垃圾的处理也不够及时，个别城市存在脏、乱、差的现象。

（五）农村生态环境保护问题日益突出

农村生态环境的破坏主要有三种来源：一是农业生产中农药、化肥、农膜等化学化工类农资产品的大量使用，造成大量残留；二是种植

127

业的秸秆和养殖业的废弃物未得到合理处置或循环利用，成为污染源头；三是工业污染的转移加剧，本地乡镇企业的高污染、高能耗未得到监管和治理，再就是产业梯级转移和农村生产力布局调整的加速，多如牛毛的开发区、不断设置的工业园区，靠近乡镇地区安营扎寨，由于配套设施设备缺乏，排污治污能力缺失，造成工业企业的废水、废气、废渣"三废"超标排放。在这几种因素中，乡镇工业企业对周边环境的污染最为严重，并且长期得不到治理，这些企业技术水平较低，生产成本不高，布局分散难管，设备简陋粗糙，工艺落后低下，企业污染点多面广，难以监管和治理，因污染而与居民引发的纠纷不断，随着民众生态意识的提升，特别是污染直接造成农业伤害和人身损害，这种问题不解决，将产生更多新的民生问题，甚至影响政府公信力和执政基础。

（六）新的环境问题需要提高警惕

传统的环境问题已经让我们头疼不已，新的资源问题、深层次的环境问题还要我们提高警惕。越来越多的证据表明，新的资源开发不断深入，由此引发的生态失衡和局部破坏带来的潜在风险尚未充分评估，一些持久性或永久的有机污染物、新化学物质等或将改变局部生态环境，造成潜在的生物风险；大量的工业产品废弃物以及污水处理厂所产生的污泥等固体废弃物不断增加，将改变我们所处的固体环境，长期生活在其中或可能造成生理上的变化；被污染土壤的程度和面积不断加大，特别是有机肥料等大量化工制品的过度使用，造成土壤性质的变化，也存在致使农产品的结构发生变化从而给使用者带来风险，这是生物链、食物链的问题，可能产生不可挽回的严重后果；城市的热岛效应、氮氯化合物污染的日益加剧、雾霾加重，人的机能和适应反应将作出一定变化，能否影响到人类的遗传变化也未可知；甲醛超标等居室环境污染问题已经严重影响人们的身体健康，辐射源不断增多，特别是核能的使用范围加大，辐射的风险始终利剑高悬。这些问题，可上升到人类生存高度，当然更应当引起政府的高度重视和警惕，引导民众高度关注和积极参与。

二、新型城镇化进程中生态文明建设机制存在的主要问题

改革开放四十多年来，在党中央的正确决策下，通过各级政府的扎实推进、社会各方面的积极参与，我国新型城镇化进程获得了快速发展，取得了历史性成就，但是由于受发展理念、产业结构、发展方式和生活方式等诸多要素的影响，将生态文明融入城镇化的深度和广度仍然不够，问题仍较为突出。

（一）生态文明建设法律法规等保障机制尚不健全

首先，生态文明建设法律规范位次不高，具体针对性不够强。前已述及，近年来，特别是党的十八大以来，我国极其重视生态文明立法建设，也初步构建了相关的法律法规体系。但是具体来看，我国生态文明建设的法律规范和相关制度较为分散和相对零碎，其中一个重要特点是，这些法律法规大多是以国家政策和行政法规的形式表现出来的，立法层次较低。特别是在有关公民的环境权利与义务规定和保障机制方面。具体表现为，对公民环境权益保护的许多实体性、程序性规定均为原则性或概括性的，在执法和司法实践中可操作性不强，从而致使普通民众很难运用具体的法律规范来保护环境和参与生态文明建设，并在保护环境的同时维护自身的合法权益。

其次，生态文明建设立法理念落后，立法水平还不高，有法不依、执法不严的情况普遍存在。在立法实践中，对保护生态环境的预防性立法较少，对破坏生态环境的规范治理较多；对生态文明建设的规划统筹较少，对破坏生态文明建设行为的制裁和打击较多。

最后，有关生态文明建设方面的地方性法规数量不多，质量也不高。在国家大力推进生态文明建设的方针政策和法律规范的要求下，各地各级政府和行业制定出一套结合实际的地方性法律规范，对生态文明建设具有十分重要的意义。但实际上，我们在这方面仍未做到位，地方立法显得相当滞后，诸如循环经济和低碳经济建设立法、生态环境补偿机制和环境公益诉讼制度立法等方面严重不足，有的还是一片空白，相对应的和保障落实的地方性立法仍未得到补位，相应的规定仍不够明确。

（二）生态文明建设的管理体制机制还未真正建立

首先，生态文明建设任务、政府职能与机构设置和管理存在部门职责不清、职能权限不明、工作机制不完善等问题。众所周知，我国资源丰富，生态文明建设责任大、任务重，资源管理、环境保护等生态文明建设任务分属不同部门主管，但部门管理权限多有交叉、部门职能多有重复，生态资源和生态保护职能相对分散。从本质上看，资源、环境与生态共生共存、融为一体、"天人合一"，在管理上就要求更高，任务重叠交叉在所难免。但实际工作中，各分管部门之间交流协调、深度合作严重不足，条块分割、上下不畅问题较多，管理任务不明、边界不清问题突出，这就势必导致管理漏洞较多、管理模式落后等诸多弊端。

其次，中央政府的引导机制和监管体制不够有力，各地各级政府的生态文明建设责任制的落实措施乏力。改革开放四十多年来，在以经济建设为主的思想指导下，以 GDP 为核心的政绩考核体系逐渐成为各级政府的政绩观，成为引导发展的指挥棒，省级以下各地方政府优先考虑经济发展成为公理，但在实际上却忽略了生态资源和生态环境的保护，甚至严重损害了生态，造成了严重的后果。"在现行管理体制中，省级以下地方环境保护部门的人事任免权和财政权归属于各级地方政府，不属于垂直管理的部门，因此，生态文明建设工作主要受制于地方政府的经济目标和地方政府主要领导的责任目标和态度。"[①]

最后，生态文明建设相关的方针政策、法律法规、制度措施还未形成完整体系。这些制度建设是形成合力推进机制的基础，特别是在城镇化进程中推进生态文明建设更需要地方政府考虑制度的配套性和措施的整体性，以确保工作推进机制的良好运行。反之，不健全的制度、不配套的措施势必给司法、执法带来隐患，违法不究、执法不严等情况难以禁绝，更为突出的是，由于环境治理执法成本高但违法成本低，个别地方政府为了达到经济的发展指标和完成经济增长任务，不惜以牺牲环境为代价，敢于以身试险，而环境保护部门从生态保护的立场对企业生产经营活动进行生态管制的决心和力度都将面临挑战，环保部门对经济建设项目的审批难以发挥一票否决作用。

（三）生态补偿机制作用还未得到充分发挥

按照国际经验，根据市场经济规则，合理征收生态环境补偿费成为加强生态文明建设和环境保护的优质选项。但目前存在诸多实际问题，制度未得到较好落实，政策实效并没有得到很好发挥。其原因在于：一是历史因素，系统性的环境管理体制尚未建立，区域生态环境保护补偿

[①] 邵光学：《新型城镇化背景下生态文明建设探析》，《宁夏社会科学》2014 年第 5 期。

机制难以真正确立。即便有了生态补偿机制的政策，但也很难真正发挥环境保护的积极作用。二是现有的环境和生态影响因素的量化技术还不足以支撑补偿机制的运行，也就是说还无法对生态和环境的影响因素进行科学的量化，因此也就不能为生态补偿的标准提供依据。三是相关的法律制度还未建立，依法征收补偿费用难度较大。例如，征收水费，目的是加强对我国水资源的宏观管理，确保水资源开发利用得到合理控制，这项工作为加强水资源的勘测规划、监测评估和开展水资源和水文化等方面的研究发挥了积极作用。但问题是，由于水费征收标准过低，水的价格就不能有效发挥有偿使用水资源的经济杠杆的调节作用，以至于导致"两千吨江河水，比不上两瓶矿泉水"的社会怪象。在环境污染治理方面也存在类似问题，征收排污费是我国施行最早、政策最稳定的治理污水排放的有效措施，也是一条重要的资金渠道，但由于各种原因导致征收标准偏低和征收面较窄、征收效率低且力度小、强制性不够及作用发挥难等问题，使得这项制度在执行中困难重重，修修补补，跌撞前行。

（四）以 GDP 为核心的政绩考核方式仍未得到根本改变

各级政府的政绩考核是指挥棒，发挥的是引导作用，它直接或间接地指引着地方党政工作的重心和方向。在我国现行政绩考核体系中，以 GDP 为核心的经济发展指标仍然居于首要地位，以 GDP 论英雄、用 GDP"一俊遮百丑"的现象还较为普遍，影响深远。地方政府为追求 GDP 的增长，完成年度经济发展指标任务，常常不顾自己的能源和产业基础以及环境承载能力，盲目加大引资、争项目引进、上企业项目、建更多工厂，特别是在项目甄别上做得不细，评估门槛低，引进大量高污染企业，导致能源资源消耗高、利用率低，造成更严重的环境污染问题。为了保证 GDP 的连续增长，个别地方甚至作出有悖于环境保护法律法规的"土政策""土规定"，有意干扰和阻碍环境执法，环保部门对一些污染严重的企业放行、开绿灯。毋庸置疑，在以"GDP—地方财政—政绩"为模式的政绩考核导引下，一些领导干部自知生态环境建设非常重要，但仍会在实际工作中死盯 GDP 不放。当生态文明建设、经济利益与环境代价发生冲突时，牺牲的往往是生态环境。

三、新型城镇化进程中生态文明建设机制存在问题的原因

我国城镇化进程中出现的一系列生态环境问题，从根本上看，涉及经济增长方式的转型尚未完成、生态文明建设法制保障体系尚不健全、公众参与环保机制尚未建立等因素。深入分析可知，这些因素又涉及生态文明建设融入新型城镇化的引导机制、动力机制和保障机制问题，表现在具体工作中就体现为理念与现实、理论与实践的一系列矛盾与博弈。

（一）城镇化的快速推进与生态文明建设立法相互错位

改革开放 40 多年来，我国城镇化建设快速发展且已经进入了一个良性循环阶段。尤其是迈向 21 世纪以来，我国城镇化发展迅猛。从1978 年到 2020 年，中国的城镇化率由原先的 18% 上升到 60%，以平均每年 1.2 个百分点实现了快速增长。在市场经济导向下，为实现利益最大化，市场主体追逐利益的自然本性暴露无遗。在资本的作用下，利益方往往会把生态文明建设弃置一边，盲目追求利益最大化而全然不顾社会、他人甚至后人的生存条件与切身利益。在这种情况下，如果缺少相关的法律法规保障体系，将会成倍放大负面效应，酿出恶果。因此，

若要向更高层次迈进，紧紧围绕生态文明建设就成了经济建设的当务之急与重中之重，对此，政府应进一步建立健全相关法律制度，将生态文明建设融入新型城镇化进程中的法律法规保障体系尽快完善。历史证明，要想彻底解决城镇化建设中的生态文明建设遗留问题，将生态文明建设纳入制度化与法律化的轨道是唯一路径。但是，目前生态资源保护与生态环境保护相关政策法规的诸多缺失，已经严重阻碍了城镇化进程中生态文明建设的进程与成效。

（二）生态理念与生态文明建设形势不相匹配

生态文明应建设理念先行，理念滞后实践难成。党的十八大以来，"绿水青山就是金山银山""要像爱护生命一样对待自然环境"、尊重自然、顺应自然、"天人合一"、人与自然和谐共生、绿色发展、低碳生活、极简生活等生态理念和生态文化思想已经慢慢进入人们的意识，已经日益成为各级政府的共识。但民众的生态环保意识不强，绿色生活方式尚未全面普及，民众参与生态建设的渠道较少、积极性不高。这些问题的存在，虽然是多方面原因导致的，但环保理念的缺失、相关制度的缺乏、参与方式和途径的模糊单一是主要因素。

这些问题的原因其实不难分析，就目前情况而言，社会公众参与政府决策的意愿和积极性很强，但政府在保障制度建设、参与方式和参与渠道的建设方面严重脱节，可以说很多时候是参与无门，甚至有的地方政府不重视、不积极。由更深层的分析可知，根源在于少数地方政府的资源与环境保护理念还未彻底转变，拓展渠道、广开言路的程序设计和制度安排不到位，保障措施和灵活的形式还未体现。此外，非政府组织由于资金的匮乏和社会影响力不足，在涉及生态环境保护体制机制建设进程中，非政府组织意见表达和利益诉求没有主动权和话语权，这些都制约了政府在生态环境保护中的主导作用和引导协调作用。

（三）生态文明建设与以 GDP 为核心的考核方式存在博弈

改革开放 40 多年来，我们党和政府非常重视经济与社会发展，而我国的发展速度与广度受世界瞩目，创造了中国奇迹，开创了中国模式。但是，在环境保护、提高环境资源使用效率方面，我们还有很多工作要做，生态文明建设的全面深入开展还有待进行。一些地方政府为了实现经济增长目标，围绕提高 GDP 总量，搞上有政策下有对策。近年来，环境问题引发的中毒、污染等事件在很大程度上就是片面追求经济增长而忽视生态建设的结果。随着党和国家对生态文明建设的重视和新发展理念的不断深化，绿色经济发展和生态文明建设已经引起政府的重视，但 GDP 依然是各地政府考核干部的绝对指标。这种情况下，干部发展观与政绩观的博弈也势必导致生态文明建设的理念和实践推进与 GDP 饥渴症之间的博弈。

第三节　新型城镇化进程中生态文明
建设机制选择

以导引机制、动力机制和保障机制"一体两翼"为基本架构整体推进机制，是解决城镇无序发展、生态文明建设失衡等问题，建设美丽中国、美丽乡村，满足人民群众对美好生活需求的一个机制保障。构建一个以文化机制、考核评价机制和长效机制为内涵的导引系统，以政府治理机制、产业机制、科技创新机制和公众参与机制为内容的动力系统，以协同联动机制、生态补偿机制和信息反馈机制为支撑的保障系统，是势在必行的任务，是为新型城镇化进程中生态文明建设提供制度和机制保障的重要工作。

一、建立新型城镇化进程中生态文明建设导引机制

将生态文明建设融入新型城镇化进程，需要以文化为涵养，以理念为先导，以教育为基本依托，借助体制改革、制度建设来提高治理能力，进而形成导引机制。

依据立体化、系统化、深度化原则，建立文化导引机制。要着力围绕"绿水青山就是金山银山"、绿色发展和绿色生活等核心生态理念与生态价值，按照立体构建、开展系统生态文化研究、深化宣传教育模式的改革思路，在全社会推进生态理念和生态文化建设。首先是要围绕绿色发展理念，深入开展文化研究，拓展人们对生态环境的理性认识，为生态行为的形成提供丰富的文化资源。其次是坚持生态理念、生态文化进校园、进课堂、进头脑，深化生态文化教育，从娃娃抓起，将生态文化、生态行为的教育与养成融入国民教育全过程和各方面。最后是要拓宽渠道，全面加强社会宣传教育。充分利用社区宣传、街道宣传、纸媒等传统媒介进行宣传教育，更要充分发挥两微一端、网络媒体、空间平台等新媒体作用，利用碎片化的时间和条块化的空间进行系统宣传和深入教育，提升教育效果。

严格落实"一岗双责"，完善以绿色发展为核心的评价考核机制。有学者提出了"绿色GDP"概念，通过将生态文明建设的各项指标具体化来考核地方政府和官员的政绩，构建绿色政绩考核指标体系。以绿色发展为核心的考核机制和评价理念的建立，必须要切实改变目前上级政府考核下级政府单一化、指标化和GDP潜在性方式，要用畅通渠道、

多元考核、综合评价相结合的政绩考核体系，发挥绿色政绩考核的激励作用。生态文明建设是一项长期的系统工程，要长期坚持，融入日常工作和生活全过程，这是一个基本要求，也是一个目标。目标的长久性甚至永久性需要文化的引导，但也更需要制度的保障。因此，这个长效机制就是目标机制，就是要求在设计任何制度和机制的时候要充分体现和考虑制度和机制的长效性，甚至永久性，将生态文明建设事业推行到未来，惠及千秋万代。

二、构建新型城镇化进程中的生态文明建设动力机制

有专家认为，生态文明建设的动力来自政府、产业经济、学术机构、民众和民间团体四个方面。[①] 这里将四种推动力视为四个主体。我们认为，这四个方面的动力是需要机制发挥作用的，也就是说，每一个动力作用的发挥都是一个系统的功能发挥，如果要保证每个驱动力的足够动力，就需要激发或完善每一个动力的发动机制。

一是转变政府职能，提高政府生态文明建设的动力机制水平。深入政府机构和职能改革，将生态文明建设融入政府职能及日常工作，切实贯彻落实"五位一体"总体布局和五大发展理念，将生态文明建设落实到各级党和政府工作的目标任务和具体工作之中。构建党和各级政府、党政各部门之间明确目标、协调推进的合理机制。

二是以绿色发展为理念，优化地方产业机制。按照绿色发展的要求，对工业进行污染审核和治理，重新布局，特别是在城市发展过程中，要充分考虑产业对环境的压力。合理处理工业与农业的关系，保持

---

① 参见吴守蓉等：《生态文明建设驱动机制研究》，《中国行政管理》2012 年第 7 期。

二者的平衡发展，限制工业对农业的压力。建立通过产业机制的优化调整布局来拉动经济增长机制，引导产业绿色发展。优化绿色产业发展机制的目的是围绕绿色发展和绿色产品，发挥市场的资源配置作用，从而推动城镇化进程中的生态文明建设。

三是积极发展环保科技，完善科技创新的支撑机制。生态文明建设离不开科技创新支撑，通过新能源开发、环保交通研究、循环利用科技等创新研究，支撑城镇化进程中的生态文明建设。

三、完善新型城镇化进程中生态文明建设保障机制

保障机制的建立要着眼整体，树立底线思维，坚持全局观念，将生态文明各建设主体和基本要素进行合理整合，形成有力的支撑体系，发挥整体大于部分之和的效果。

一是注重政府各部门、政府与社会组织等生态文明建设各主体之间的协同联动机制。分解城镇化进程中的生态文明建设任务，明确职责权限，在此基础上，凝聚共识，强化共同目标，建立健全部门之间的会商协作制度，形成政府部门与社会组织及民众之间的沟通制度，构建各部门、各群体之间的合理机制。

二是完善生态补偿机制。深入推动生态环境补偿机制，通过法律法规和政府职能机制的带动，划清边界，明确生态文明各主体责任、义务。充分发挥社会各方面力量的监督作用，加强生态环境补偿工作，履行生态文明建设责任。《中华人民共和国环境保护税法》已于 2018 年 1 月 1 日起施行，要严格执行环保税法，切实发挥其在控制环境污染、保护生态环境方面的作用。

三是加强沟通，建立信息反馈机制。注重中央和地方各级党政机关

之间的生态文明建设信息的上传下达工作，确保城镇化进程中生态信息和环境问题及时逐级上报，便于上级决策。各地的横向之间、特别是水域的上下游、涉及生态的整体性的各地政府之间、区域之间要加强信息汇通和信息资源共享，以服务生态文明建设决策的整体性、科学性和针对性。要确保政府、社会组织和民众之间的信息沟通，增加政府公信力，提高民众生态文明建设的参与度，提升政府和社会的互动水平，从而提高新型城镇化进程中的生态文明建设水平。

四、突出系统性加强三大机制之间的协同性和联动性

推进新型城镇化进程中生态文明建设的目标是十分明确的，任务是很具体的，问题是十分清楚的，措施是逐步完善的，但相应的机制尚未形成，推进工作的协同性和联动性还亟待加强。构建相应的机制就是为了使制度的落实常态化，形成稳定的系统运行模式和制度环境，但在构建工作机制的时候要避免走向另一个极端，将各个系统和各个机制孤立起来、割裂开来。

一是树立系统观念。要更新理念，依据生态文明建设工作的整体性要求树立系统概念，将整个工作视为一个系统，打破行政体制界限、职责权限和传统固定思维，从全局出发、从大局着眼、从整体上把握，树立战略思维，整体性推进。

二是要增强联动性。各种机制的建立和作用涉及很多的部门和机构，要围绕机制的生成、运行和作用发挥，采取不同形式形成机制运行的支撑体系，将保障机制作为底线思维、工作红线和基本支点，确保三大机制的内在联系的现实实现。

三是成立协调机构。为确保机制建设的顺利推进和机制责任部门的

落实和相互配合，有必要成立一个协调机构，统筹各方面的机制建设工作，同时增加监督职能，督促指导各相关方面的制度落实、任务完成和建设成效。

第四章　新型城镇化进程中生态文明建设机制模型构建路径

城镇是人类文明的重要组成部分，也是地球生物圈的有机组成部分，将城镇跟与之紧密相连、和谐共生的环境隔离开来对待，是有悖新发展理念的，事实证明，也是走不通的。城镇所处的自然环境是一个动态的、复杂的生态系统，此生态系统内的文化系统、自然系统、社会系统、经济系统等均处于生态系统内物质循环的自然法则之中。要构建一个科学的将生态文明建设融入新型城镇化进程的机制，就必须对这一自然法则进行研究。因此，只有对城镇自身系统、结构和与外界系统之间的结构进行全面研究，才能真正掌握推进城镇化进程中生态文明建设内部机制的运行规律。

第一节　新型城镇化进程中生态文明建设系统

生态文明作为一个文化系统，具有相对独立性。考察生态文明的角度有很多，而从构建机制的立场出发，就需要对文化的内在机制进行系统分析。

一、机制的概念与类型

机制概念是本书的核心概念，可以说，对机制概念的理解直接关系着我们对生态文明建设的理解，并决定着我们分析问题的边界和严格性。事实上，我们所要构建的任何一种机制都是对机制概念的实现，当然也就体现了我们对这一概念的理解和把握。

（一）机制的概念

1. 机制的一般内涵

"机制"（mechanism）一词，始用于机械工程学专业领域，其本义为机器的构造和工作原理。"机"，指机器、机械；"制"，意为约束、控制。后来，机制一词被用于机体机能、生物生理中，借以类比有机体的构造和功能以及两者之间的相互关系。之后，"机制"的内涵再次扩大，被经济学家引进到经济学中，用以描述宏观经济的协调方式和运行原理。比如，汽车前进的工作机制就是如此。当汽车发动机产生动力，动力通过变速器变速最后传递到车轮，来自发动机的动力推动车轮转动，车轮轮胎表面与地面之间产生摩擦力，产生的摩擦力推动汽车前进，这种动力传导机制不断循环，就推动汽车不断前进。汽车的前进是一套完整的机制。由此，我们可以看到，一个完整的机制至少需要包含以下基本内容：一是机制的运行需要一个载体或者说一个内环境；二是承载机制的载体内的各个元素构成同一整体，共同发挥作用，各部分元素缺一不可；三是机制载体的各个组成要素之间存在相互制约、互相支撑、不可分割的关系，如果这种相互关系不协调、相互制约失衡，必定将降低机制的功效，但当这种关系达到平衡，各要素关系协调时，就会发挥整体大于部分之和的作用；四是机制若发生作用也需外部动力或外部条件；五是机制载体所处的外界环境，比如汽车在上坡的道路上行驶，或是在上坡路上前进，抑或是在平坦的大道上行进，路况不同，行驶的速度也肯定相异。

2.机制的系统科学概念

系统科学认为，"机制是系统为维持其潜在功能并使之成为特定的显现功能而以一定的规则规范系统内各组成要素间的联系，调节系统与环境的关系的内在协调方式及其调节原理"①。机制与系统之间互相依存，机制依靠其内在规律对系统内部的运动具有调节作用，同时，机制也会受到外界的影响，并表现为在外界条件不同的情况下作用表现不同。

（二）机制的类型

根据不同的划分方法，可将系统的机制划分为多种类型。

第一，根据系统自身的分类，可将机制划分为宏观系统机制和微观系统机制、自然系统机制和社会系统机制、动态系统机制和静态系统机制、开放系统机制和封闭系统机制、线性系统机制和非线性系统机制等十多种。

第二，根据机制的形成原因，可将其分为自发型机制和后发型机制。社会系统的机制皆属于后发型的系统机制。在整个社会系统中，政府文件中常有"加强 ×× 机制建设"的表述，这里面的就是工作机制，这是依靠制度建立的，属于后发型机制。因此，自发型机制是内在的、自发的，是系统的自然属性，而后发型机制则需根据工作需要而进行建设。

第三，根据机制的作用方式，可将系统的机制划分为：（1）导向型机

---

① 马维野、池玲燕：《论机制》，《科学学研究》1995 年第 4 期。

制。如汽车的无线导航机制、经济杠杆调节机制、市场机制等社会方面的机制。导向型机制具有遵循系统运动规律因势利导的特点，具有较大的灵活性。要更多地采用，但也要提防这种机制会造成尾大不掉、积重难返的后果。（2）强制型机制，这种机制是系统各要素必须无条件地服从的机制，这种机制是把"双刃剑"，具有僵化的问题，但针对难以推进的工作这种机制又凸显优势，能确保对工作的强力推进和效率，如法律机制或上级政策及决策机制。（3）复合型机制，导向型与强制型相结合起作用的机制，这在社会系统中十分常见。如高等学校的党委领导下的校长负责工作机制、党内民生集中制等，都是复合型机制。实际上，系统大都是复杂系统，简单单一的系统较少，因此，复合型机制也就十分普遍。

第四，根据机制的作用强度，可将系统机制划分为主导型机制和从属型机制。在所有的机制中，主导型机制对系统的运行起着主要作用，而从属型机制则起次要作用。

第五，根据机制的复杂程度，可将系统机制划分为简单机制与复杂机制。简单机制，是指作用方法较为单一、作用原理较为浅显的机制，如大河向东流、水往低处流的作用机制。复杂机制指作用方式纷繁复杂、机制层次较多的复杂系统的机制，这种机制的作用原理当然也就比较深奥。

二、城镇生态系统

对系统概念的理解不能孤立进行，要结合机制来分析并与之相结合，只有将系统作为机制运作的场域和基本支撑，机制才可能建立并有效运行。而如果将机制仅仅视为凌空蹈虚的运作系统那就不会有任何成就。

（一）系统的概念

"系统是具有一定功能、相互间密切联系、由许多要素组成的一个有机整体。系统一词来自拉丁语 systems，是群与集合的综合"[1]。

在春秋末期，道家思想鼻祖老子将宇宙视为一体，主张"天人合一"，强调自然界的整体性和统一性。在西方，古希腊时期就有"系统"一词，自然哲学家德谟克利特以朴素唯物主义观念来建构"宇宙大系统"理论。亚里士多德将"系统"概念寓于万物的目的性、整体性、组织性之中，注重事物相互联系。到了近代，随着科学主义的发展，近代科学技术对"系统"概念重新进行阐释并赋予其新的含义。15世纪下半叶近代自然科学的发展，创立了全新的科学分析方法，形成了严密的实验与观察等科学方法，这为探索自然、开展科学研究奠定了理论基础和方法体系。19世纪上半叶，以细胞学说、能量守恒定律、生物进化论为代表的近代科学技术的发展，彻底改变了人类与自然之间的关系，深化了人对自然的认识与把握，当然也提高了人对自然的驾驭能力。唯物主义辩证法告诉我们，物质世界是普遍联系和永恒发展的，事物之间是相互联系、互相制约、相互依赖、互相作用的统一整体。我们所谈的系统，是人类在认识客观世界过程中逐渐形成的认识方式和认识观念，是对社会实践的真实反映，也是科学的总结。

（二）系统的特点

系统的特点一是具有层次性。即构成系统的所有要素又都是系统的

---

[1]　崔照忠：《区域生态城镇化发展研究——以山东省青州市为例》，华中师范大学2014年博士学位论文，第35页。

一个子系统，如果任何一个系统都把自己作为子系统，就能够上溯到另一个更大的系统。二是体现集合性。即在整体上所有系统是具有某种类似属性的要素集合组成。三是具有较强目的性。这一目的可以是系统自发的也可以是人为预设的。四是有机整体性。即系统是由各要素共同组合发挥整体功能。五是彼此相关性。即系统的各组成要素或系统与系统之间是相互影响、彼此联系、相互制约构成功能性整体。六是高度的环境适应性。即系统要积极适应内外界环境的变化。

（三）城镇生态系统

"城镇生态系统是指城镇空间范围内的居民与自然环境系统、人工社会环境系统相互作用而形成的统一体。它是自然生态系统和人类生态系统发展到一定阶段的结果，是由环境、社会、经济等生态子系统构成的有机整体"①。城镇的空间布局结构、人工营造的环境系统与自然环境系统融为一体，不可分割，是一种人化自然生态系统。因此，一定区域的城镇化生态系统的主体是多元的、环境是多层次的、生态系统是开放

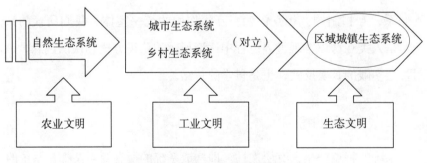

图 4-1　城镇生态文明系统演变过程

---

①　崔照忠：《区域生态城镇化发展研究——以山东省青州市为例》，华中师范大学 2014
年博士学位论文，第 36 页。

性的，这一生态系统由自然环境、空间结构、经济实体、政治制度、社会生活和文化体系六个子系统所构成。

（四）要素

前面我们讨论了机制、系统等概念，并将其用于理解生态环境，将生态视为一个系统。而要建立一种机制就必须对生态环境中的各要素进行分析、分类，以便将其作为"砖""瓦"来构筑推进城镇化进程中的生态文明建设。

1.基本概念

任何一个事物都由不同的元素构成，这些元素就是要素。因此，要素是构成一事物并形成结构发挥作用以推动事物运动的单元，是构成事物必不可少的因素，又是组成系统的基本单元，是系统功能构成和演化运动的根据。要素具有层次性：某个要素相对于它所处的系统而言是要素，而相对于构成它的要素则又可成为系统。在系统中，这些要素之间既相互独立又按照比例联系成一定的结构，它们在很大程度上决定着系统的性质。但是，在不同的系统中，同一要素的性质、地位和作用也会有所不同，如果同一系统中某一要素与其他的构成要素差异太大，就会被系统逐渐排除或自行脱离。

2.城镇生态系统分解

按照生态学的观点，构成城镇生态系统的要素叫做生态元，是生态系统中的一个基本单元。一个生态系统的生态元十分复杂、非常繁多，既有不同层次，也有不同分类，有些生态元交叉分属于不同的子系统。为方便说明问题，我们按照系统层次关系和不同分类，尽可能地列出一个生态系统内的城市生态元构成。

表 4-1　城镇生态系统构成要素

子系统	系统元	要素
空间生态子系统	人工绿地	农田、森林、公园、人工绿廊
	居住	居民小区、住宅
	市政设施	绿地广场、燃气、热力、电力、给排水
	交通运输	航空、铁路、公路、水运、电话、网络
自然生态子系统	资源	区位、土地、矿藏、水
	环境	大气、温度、气候、噪声
社会生态子系统	社会保障	教育、科研、卫生、体育
	人口	数量、质量、自然构成、社会构成
经济生态子系统	流通	邮电、通信、贸易、物流、金融
	生产	工业、农业、建筑业
	服务业	房地产、物业管理、家政、餐饮、咨询
文化生态子系统	生态意识与消费	绿色消费、可持续性消费、循环消费
	文化科技设施	文化产业园、影视基地、教育设施
	文化遗产保护	申请、资金投入、维护和保持
政治生态子系统	决策方式程序	公平、公正、实施、评价
	行政管理系统	组织方式、决策程序、管理效能
	政治社会组织	政权组织、群团组织、社团组织

　　严格来说，城镇生态系统各个子系统之间的分类并没有界限明确的标准，城镇生态系统各个系统之间的相互作用与运动使得城镇生态系统各要素成为一个链条，可命之为生态链、生态流。生态链、生态流的概念可将时空与结构、物质活动、资源环境等系统要素沟通起来，视为一个流动变化发展的整体。

表 4-2 城镇生态系统物质空间子系统与功能子系统的对应表

类型	系统元	自然空间	社会空间	经济空间
物质空间	文化娱乐	★☆	★★	★☆
	体育	★☆	★★	★☆
	医疗卫生	★☆	★★	★☆
	教育科研设计	☆☆	★★	★☆
	文物古迹	★☆	★★	☆☆
	综合	☆☆	★★	★☆
	工业	★☆	★☆	★★
	仓储	☆☆	★☆	★★
子系统	对外交通	☆☆	★☆	★★
	广场	★☆	★☆	★☆
	市政公用设施	☆☆	☆☆	★★
	公共绿地	★★	★☆	★☆
	防护绿地	★☆	★☆	★★
	生态绿地	★★	☆☆	☆☆
	特殊用地	☆☆	★☆	★★
	水域	★★	★☆	★☆
	耕地	★★	★☆	★★
	园地	★★	★☆	★★
	林地	★★	☆☆	★☆

说明：★★表示对应关系极强，使该物质实体空间形成的主导型功能空间；
★☆表示有一定的对应关系，对该物质实体空间形成一定影响；
☆☆表示对应关系较弱，对该物质实体空间形成影响较小。

　　在城镇生态系统中，物质空间子系统是经济、政治、文化、卫生等活动的物质承载，为这些活动的展开提供空间场所和物质基础，因此物质空间子系统是基础性的系统，具有独立性、前提性和先在性，它为其他系统提供条件但独立于它们。政治、经济、文化、卫生等系统是社会系统，但相互之间又有功能差异，作用方式和逻辑关系也不相同。如此看来，城镇生态系统就是物质空间子系统、政治子系统、文化子系统与"自然—社会—经济复合生态系统"融合一体的生态城镇系统。

每个子系统都有自身的主体和客体：自然系统的主体是城镇中的自然之物，自然环境是城镇的自然物理要素和人工物质条件。社会系统（经济、社会、文化等）的主体均是由人及人群所构成的，客体则是经济、社会、文化运作的环境，这些环境参与到了经济和社会、文化的过程中，当然这些社会系统的建立也需要一定的物质条件，甚至是自然系统。我们必须认识到，同一主体或客体在不同的子系统中是可以相互转化的。

（五）结构

如果说要素概念是一种分析的思想，那么结构概念就着眼于整体和综合，就是要对生态系统进行结构化研究，将各要素都纳入一个结构之网，分析各要素之间相互制约、互相作用的关系。

1.基本概念

结构是事物的存在方式，也即一切事物都是结构的，事物之间的区别就表现为结构的不同。在控制论那里，这种结构即为系统的概念，而组成系统的各要素以及各要素之间的相互关系就是系统结构。认识事物就是对其进行结构分析，要分析系统的基本要素构成和组织方式，从而获得对事物的整体认识和深入把握。

城镇生态系统的结构，是由城镇内部各个子系统及其诸要素之间的相互联系、相互影响、相互制约而形成的层次多元与关系复杂的城镇生态结构。

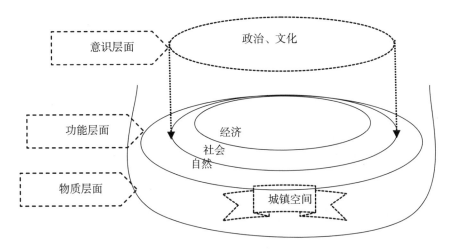

图 4-2　城镇生态系统结构

　　一个区域的城镇生态系统可以视为一个盛满不同内容物的巨大杯状容器，这个容器是整体环境系统，其各个功能层面即为不同的内容，毫无疑问，物质层面的实体是容器本身，意识层面则是整个容器的标签和说明书。三个层面的关系可以表述为：这个巨大容器的物理形状约束内容物在杯状容器中的具体空间状态，反过来容器所盛装的物体本身的特性也会影响器具的形态结构。容器的说明书不单是对既有状态的说明，也能影响甚至指导内容与容器的结构布局运行。这个杯状容器是一个动态的生态系统，其中的物质交换和系统流动是动态平衡的和不断运动的。

　　2.城镇生态系统结构的三个层面

　　一是物质层面，主要指空间构成，它由城镇与周围乡村空间构成，是生态系统的载体，承载着物质和能量的变化，也是城镇生态互相竞争与调节平衡的空间场所，地尽其能、物尽其用，即最大化利用是这一系统的目标，最终实现城镇与自然和谐共生和永续发展。二是功能层面，包括自然、社会与经济三者之间的相互作用与影响。三是意识层面，包括增强民众的生态观念和环境保护意识。

3.城镇生态系统结构的维度

（1）空间维度。城镇首先表现为一个空间结构，是一个二维或三维的物质场域。空间性是城镇最基础性、前提性的物质条件，是最一般的存在形式。因为任何物质都具有一定的广延性，需要占据一定的空间，城镇作为一个巨大的物质体必定占据相应的空间维度。这也就要求我们在研究城镇时要坚持唯物主义的观点，以物质的决定性为最基本的前提。

（2）自然维度。这是相对人的存在而言的，也就是从和人相对的角度来观察城镇。当然，脱离人来看自然是不可能的也是毫无价值的。因此，这里的自然维度要理解为人化的自然，也即城镇所处的自然是一个人按照自己的方式构造的自然、是人工构造与自然物质的结合体、是人工与自然环境复合的生态系统。

（3）经济维度。城镇生态系统从经济维度来看，也是一个经济实体、城镇区域中所有经济成分和社会生产关系的载体，是经济运行的依托。

（4）社会维度。是指城镇区域内人们以物质生产活动为基础进行的各种联系和形成的各种关系的总和。

（5）文化维度。是指城镇区域内物质文明与精神文明发展过程中形成的文化类型与文化表现形式，体现在城镇生态系统上，可以理解为以人与自然和谐共生理念为核心价值的一个生态文化体系。

（6）政治维度。生态城镇中的政治是城镇中的生态资源调动、配置与组织生态城镇建设和维护的各种权力的综合，其目的是调动社会成员参与政治，推进城镇的和谐发展。

三、机制、结构、系统、要素间的关系

在深入讨论和界定了机制、结构和要素概念后，作为一种理论

探讨就不能不对这些概念之间的关系进行说明，主要展开为两个方面。

（一）机制与结构之间的关系

按照系统论的观点，"系统的构成要素及各要素之间的相互联系、相互作用的方式，称为系统的结构"[①]。据此观点进行分析，可得到三个层面的内涵：一是系统是由相关要素组合形成的结构形态，形态差异决定了系统的差异。如在简单的化学反应中，三个铁原子与四个氧原子发生化合反应，生成四氧化三铁（Fe_3O_4），而两个氢原子与两个氧原子，则化合生成双氧水（H_2O_2）；二是系统内各要素间的组合顺序决定着系统结构的存在形式，典型的例子就是石墨和金刚石的原子结合次序不同而形成完全不同的两种物质，这就是事物内部各要素在数量相同的情况下，由于排列组合方式的不同而产生质的变化；三是系统要素间的相互作用方式是系统结构的动态表现，而系统内部的相对稳定性就由这种动态表现维系着。如人体由 206 块骨骼构成架构，运动、神经、内分泌、血液循环、呼吸、消化、泌尿、生殖八大系统组成整体功能，这八大系统在由骨骼构架的人体内既保持相对独立的工作机制，又必须进行相互间的能力交换，共同支持机制机能运行，各系统内部的要素和八大系统之间都要维持机体的机能平衡，这个平衡也是一个动态系统，时刻都在调节。由上述分析可知，根据认识角度不同，系统的结构可分静态结构和动态结构，但从本质上说，系统的机制是动态的，任何一个系统无时无刻不处于变动之中，是一个动态的能量交换过程。因此，我们对系统机制的理解应该更全面更动态。

---

① 马维野、池玲燕：《论机制》，《科学学研究》1995 年第 4 期。

（二）系统与要素之间的关系

系统是由要素组成的，要素离开了系统也就不能称其为要素。系统的建立与改进，离不开对各要素的合理安排和有力组织。所有的系统皆具有一定或特定的功能，而系统的功能则由构成要素来决定。一般而言，系统的功能取决于两大要素：一是系统的内在结构，这主要是从静态的构成来看的，它决定了事物的性质。二是系统的外部运行环境，它作为外因，通过影响系统内因对系统发生作用，从而使系统具有多种转化可能的潜在功能显现为现实的特定功能。

第二节　新型城镇化进程中生态文明
建设机制运行模式

城镇生态系统在一个区域的运行，是通过空间、自然、社会、政治、经济、文化等子系统的协调运动与交互作用展开的，而这六大系统又是由其下属各级子系统的运行而得以推动的。这些不同层级系统就像一个有机体一样，处于一个不断运动和连续发展的进程之中，表现为链状运行结构，展现为物质链、能源链、信息链和人口链四种生态链流动、转化、交互等代谢发展过程。

一、城镇生态系统的生态链

城镇生态系统是一个复杂的开放系统，其中存在着物质、能量、信息的输入、转换和输出活动，当然这种交互活动也包括人群，这是城镇生态系统的存在方式，我们将这种链接和输入输出方式称为生态链。正是以人为中心通过物质链、能量链、信息链与人口链将系统内的结构与功能、生产与生活、资源与环境联系在一起，构成了一个闭合的生态系统。在复合的城镇生态系统内，随着物质链、能量链、信息链不断交换融合，生产与再生产运作，从而推动物质流通、能量交互、信息传递、人口流动以及他们相互之间的交互运动，最终实现城镇生态系统的运行发展变化。

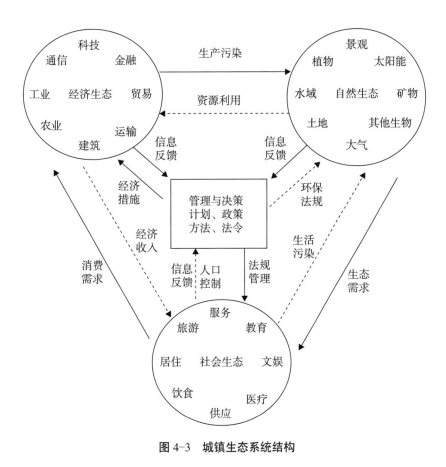

图 4-3　城镇生态系统结构

（一）物质链

物质链，是城镇生态系统中以自然物链、产品物链与废弃物链为主要形式的物质运动和转化的动态过程。城镇生态系统通过自然物链完成空气、水、土壤等自然资源的代谢，通过产品物链完成物品的产、供、销流程，通过废弃物链完成资源与环境代谢与净化的过程。

（二）能量链

在生态学中，能量链指的是一个系统内部与其他系统之间的各种形态的能量的流动变化。城镇生态系统要满足自身生产生活的运行需要，就必须不断地与外界进行能量交换。所有的能量都在物质链的变化过程中进行转化和消耗，因此能量链内在于物质链。城镇生态系统的能量链具有单向性、耗散性和金字塔规律等特征，也就是说，城镇生态系统中的能量保持能量守恒，是各种能量形式的相互转化，但在转化过程中，能量会逐级递减，呈耗散的状态进行；能量链由低质向高质转化流动，且尽可能地消耗高质能量。

（三）信息链

信息链是通过对信息的获取与利用，满足城镇生态系统运行需求的过程。在推动生态城镇建设的进程中，不但要重视经济、政治、社会与文化等信息，而且还要加强管控环境信息，注重构建信息沟通机制。

（四）人口链

人口链比较特殊，表现为城镇生态系统中人力资源的流动。人口链在时间上主要表现为人口的机械增长与自然增长，而在空间上主要体现为人口城内流动与城际流动。它加强了区域内、外之间的文化交流，培育了人才市场，形成了人才聚集区，为城镇生态系统的发展提供了人才保障。但高密度的人口聚集、人口流动也给城镇生态系统带来了诸如交通拥挤不堪、环境承载过大、房价高涨不下、就业压力增大等"城市病"。因此，生态城镇建设，必须对城镇规模进行合理控制，将人口、物质、能力等因素进行综合考虑、筹规划。

综上所述，在一个城镇中，物质、能量、人口、信息等要素的流动必须通过物质、能量、人口、信息四种生态链来进行，在这一系统中融通交织。这四种生态链处于一个生态结构之中，具有不同的地位和作用。因此，四大生态链交互支撑、相互联动，才能共同支撑城镇生态系统的正常运转，任何一个生态链出现问题都有可能影响整体生态效能的发挥。城镇生态系统具有相对独立性，内部的物质与能量的交换相对平

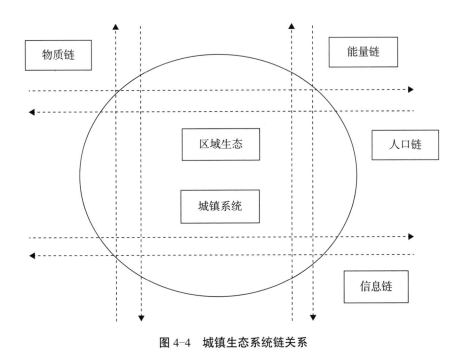

图 4-4　城镇生态系统链关系

衡，但相对于更大的系统来说又是一个子系统，城镇生态系统又表现为一定的开放性，以确保它与外界系统的物质能量的交换。

二、城镇生态系统运行方式

毫无疑问，城镇生态系统是运动的，我们要构建促进这一系统运动的高效性和合目的性，就要对它的运行规律进行研究，从而为构建相应机制提供科学依据。

（一）链状运行方式

城镇生态系统中，生态元通过耦合联结形成链状结构，这种结构表明，在系统中，生态元素的物质流动、能量转换与信息传输是一种互动关系，它是城镇生态系统实现自身功能的最基础性组织结构和最基本的运行方式。

一般而言，城镇生态系统的基础结构由主、副两个链条构成。主链条是指系统内的物质从最初形态处理转换为最终产品形式的过程，副链条是指系统内产品形成过程中产生的废物在区分可利用价值之后的再利用或丢弃过程。由此可知，在城镇生态系统中，生态链流动的动力来源与价值，即价值链。在价值的推动下，通过劳动人们在价值链的各个环节创造出新的价值，其中一部分价值被人们生活所消耗，剩余的价值便会积累下来，形成财富积累。

（二）网状运行方式

城市生态系统的链条状态的交错运行，在系统内形成了一个网状结构，这个链条网络就是城镇生态系统运行的网状运行方式。城镇生态系统内的网状运行结构与功能具有一些显著的特征。

1.网络类型上表现为自然网与人工网相结合

城镇生态系统独有的自然网络，由一定区域内特殊的自然条件，如地形地貌、水文天气等天然构成，这一网络是自然赋予的、先在的。有了人的参与，系统就变得更为复杂了，人们为了生产、生活的便利，根据需要构筑了相应的人工网络——交通网络、社会网络、经济网络等，通过这些网络对城镇内的工业、农业、商业、居住等经济建设活动、政治活动等进行调节。城镇中自然网络、空间网络与社会网络、经济网络等所有网络之间都存在相互制约、相互影响的关系，因而表现到现实中就更加复杂。城镇是典型的人与自然共生共处的时空和资源场域，其生态系统也必定是自然网络与人工网络相结合的产物。

2.系统整体上具有多维立体网络结构

前已论及，城镇生态系统包含自然、空间、经济、政治、社会、文化六大子系统，这些系统又包含许多次级子系统，这些不同层级的系统之间相互交织、互相转化、不断演化发展。而各个子系统内部的运动又是通过生态链或生态流的结构性方式来进行的，这种链状结构是系统的基本结构，在这个结构上，生态链的运动和交织又会产生相互的耦合，最终形成多维交织的立体网络结构。这使得城镇生态系统呈现为一种整体的立体的网络结构，在这一结构中，生态元是最基本的元素，生态链是最基础的连接方式，实现物质、能力和信息的传递、转化和循环是城镇生态系统的立体网络体系的基本功能。

3.城镇生态系统运动的动力来自生态位势差

城镇生态系统的网状结构的运动动力来自内部，也就是生态位的势差。在城镇生态系统内，每个生态元都处于一定的位置，这个位置就叫"生态位"，"生态位"之间的位势差距叫生态位势差，生态位势差产生的梯度形成生态网络运行的动力。所以，在城镇生态系统中，不仅生态系统表现为一个系统网状结构，而且各个生态元之间由于位置不同而具有不同的功能和作用，这就产生一定的位势差。正是这种位势差推动着生态链的流动和整个生态系统网状结构的正常运行。

三、城镇生态系统运行规律

由于其自身的特定结构，城镇生态系统具有独特性，而它自身的、不同于其他事物的发展运动的规律就取决于这种独特性。如前所述，城镇生态系统是一种开放系统，以一定空间地域为物质基础，其系统内部与外部延绵不绝地通过生态位势差的推动，而进行多种类型的生态链的转移流动。城镇生态系统中的各子系统之间表现为结构关系，但并非人们经验中简单的因果关系，各生态元、生态链和子系统之间的相互制约、错综复杂是非线性关系，因此，绝对静止和平衡的城镇生态系统是不可理解和不存在的，这个生态系统像任何系统一样，都是处于不断的运动之中，是一种动态与相对平衡关系。

第三节　新型城镇化进程中生态文明
建设机制模型

新型城镇化的目标是生态的城镇化，而要实现这一目标仅有工作热情和干劲是不够的，还要有制度和机制保障。因此，围绕新型城镇化进程中的生态文明建设目标，站位全局，运用系统科学、生态学等理论，建构一套工作机制是前提性的重要工作。

一、新型城镇化进程中生态文明建设的目标

将生态文明建设融入新型城镇化进程是一个历史过程，但直到 2012 年中央经济工作会议，才从战略高度予以明确。2013 年，《国家新型城镇化规划（2014—2020 年)》发布，对我国现阶段推进新型城镇化的重大意义、重要特征、目标和方向进行了明确。《国家新型城镇化规划（2014—2020 年)》指出，我国现阶段推进的新型城镇化要以稳步提升城镇化的水平和质量、优化城镇化格局、城镇发展模式科学化、城镇生活和谐宜人和不断完善城镇化体制机制五大方面为发展目标。这为新型城镇化进程中的生态文明建设提供了基本遵循。

表 4-3　传统城镇化与新型城镇化发展目标差异

指标	传统城镇化	新型城镇化
理论基础	经济聚集理论、比较成本理论、效率理论、工业主导理论和城市、支配理论等	科学发展观，城乡统筹，生态文明等
关注重点	以"业"为主，偏经济发展，出发点、立足点、关注点都是城市	以人为本，追求城乡经济、社会、环境的协调发展
发展侧重	城市数量增加、规模增大、人口增加；城镇化率快速提升	以提升城市的文化、公共服务等内涵为中心，追求城镇化的发展质量
产业发展	以满足传统工业化发展和需要为主，城镇化发展过分依赖工业化	以适应新型工业化发展和需要为主，同时结合农业现代化、现代服务业等多元支撑体系
资源与环境	以主要消耗自然资源为代价、以资源与环境遭受过度破坏为代价	以生态环境为基础，以资源集约高效利用、开发新型资源（包括能源、信息、技术、管理等）为特色，创建经济循环、宜业宜居的人居环境

续表

指标	传统城镇化	新型城镇化
城乡关系	扩大城乡二元结构；郊区农村和农民被置于次要的、依附的、服从的、被动的地位	以统筹城乡协调发展为指针；推进城市文明向农村辐射；农民与市民具有统一的公民待遇
推进主体	政府为主导	政府、企业、个人
人与自然关系	人支配自然	人与自然和谐

表 4-4　新型城镇化进程中生态文明建设目标分解

目标类别	目标要点
空间生态化	1.按照自然生态水循环机制建立具有自然净化、分解者功能的废水循环体系，使水能够在居住单元内实现小循环；2.最大限度地利用风能和太阳能等可再生能源来满足住区单元能量需求；3.按照自然界物质循环的法则建立企业间的生态链和生态网格关系，提高资源使用的生态效率，实现物质及能源的循环流动；4.景观生态美，生活和自然环境相协调。
环境生态化	1.生态城镇系统的整体规划与一体化运用，主要指水、大气、噪声以及废弃物循环处理环境的生态化管控；2.景观环境生态化，在尊重自然、人性和文化的基础上，克服趋同化，彰显城镇特色；3.保护生物多样性，既要加大遗传和物种多样性的保护，又要针对生态系统多样性和景观多样性加大保护力度，不仅要建立各类动植物保护区，还要从制度和技术上进行大力支持；4.资源能源的有效集约利用，加大可再生能源的开发力度，提高清洁能源消耗比重，降低单位工业产品能源消耗；5.土地集约节约利用，加大基本农田保护力度，促进建设用地集约节约利用和确保生态用地从而达到动态平衡。
政治生态化	1.政治理论生态化，借助自然生态智慧建构起生态化的政治理论。一切政治活动的出发点必须从全人类生存利益着眼；2.执政理念生态化，转变施政理念，彻底抛弃政治中心主义。实现政治社会化，立足服务社会，为经济社会发展创造良好的生态政治环境；3.决策生态化，用生态政治核算机制来判断决策的效益；4.加快实现社会善治。构建起以人民群众、社会组织为多元主体的社会治理新机制。

续表

目标类别	目标要点
经济生态化	1.农业生态化，以自然生态学和经济学方法，运用经济杠杆和市场导向，培育发展生态种植和养殖业，以及科技含量高的精深加工业，促进农业内部产业结构向无害化、产业化和标准化方向发展，提高农业资源利用的综合效率；2.工业生态化，依托高科技建设生态工业园，运用生态经济学的方法实现"资源—产品—再生资源"的生态流程，最大限度地提高物质资源利用综合效率的目标，重点做好生态工业园建设、循环经济发展、传统产业的生态化改造、经济集群化发展、绿色能源与废弃物资源化战略等；3.第三产业生态化，加快传统产业生态重建，积极发展新兴第三产业，发展生态旅游、绿色物流、绿色酒店等为主要业态的生态服务业。
社会生态化	1.生态化交通构建，在城镇生态文明发展过程中，要按照与生态城镇要求相适应的原则构建健康、安全、高效、舒适的生态交通体系；2.生态化人居环境构建，按照生态化理念构建功能经济高效的人居环境，合理安排开发时序，实施生态化人居组团规划和建设；3.生态社区建设，对现有社区进行评估，在分档基础上确定生态社区建设方向，统筹规划各类型社区布局，建设生态住宅；4.加大教育、医疗等为公共配套设施建设。
文化生态化	1.环境资源是有价值的理念和行为；2.传统消费模式转向生态文明的消费模式；3.绿色低碳生活方式；4.创新包容的文化；5.尊重地域化的文化。

二、新型城镇化进程中生态文明建设的原则

在推进新型城镇化发展过程中将生态文明融入其中，必须坚持预防优先、生态效益最大化、遵循自然规律、依靠科技支撑、实现最优和追求平等原则，将这些理念贯彻到工作的全过程和各方面。

（一）坚持预防优先

众所周知，工业化以及由其带动的城市化起于西方。受资本利益的驱使，在工业革命的推动下，西方资本主义国家工厂林立、机器轰

163

鸣，实现了财富的高速增长，但是在过分追求经济利益的同时，并未重视生态环境问题，只能走"先污染，后治理"的路子，别无他途，可以说，"后期补救"思维和"管末控制"模式是现代西方工业社会解决环境问题的主要思路和基本对策。而我们所进行的城镇化战略是有计划、有步骤的后发型城镇建设模式，自觉将工业现代化、农业现代化、信息现代化与新型城镇化统筹起来，融入生态文明建设是基本原则。

因此，推进生态城镇化，就必须对城镇生态系统进行全面深入的调查研究，以系统的结构性来评估各种生产生活行为对环境可能产生的影响，减少、控制或禁止对自然环境产生不良影响的潜在活动。整体把握，科学系统设计城镇生态链的运行环节，建立调剂机制，保障生态平衡和系统运行。

（二）实现生态效益最大化

建立生态化的城镇，要坚持实现生态利益最大化的基本原则。

第一，土地资源的合理利用。毫无疑问，土地是自然资源中最重要的物质前提，是人类赖以生存的基础，在城镇化建设过程中，土地的使用问题最为基本也最为关键，它是生物生产功能和空间功能的展开基础。建设生态城镇，首先必须改变传统的城镇土地利用模式，运用生态学和系统科学理论，合理制定土地的生物生产功能和空间功能。根据城镇化特征和实际，设计确保生态链平衡与稳定的城镇生态系统。

第二，能源的高效与循环利用。科学研究表明，有两个主要途径能够提高城镇能量流动转化效率、优化生态能源的开发利用，一是改变能源结构，提高可再生能源在城镇生态系统中的占比，尽可能多地使用可再生资源，少用或不用不可再生资源；二是尽可能地提高能源利用效率，在保证环境质量不下降的同时减少能耗，降低资源环境的压力。而做到上述两点，一要靠科技，大力发展能源科技，改善能源结构，使用清洁能源；二要倡导绿色生活方式，坚持低碳出行，通过改变生活方式降低人们的生活对环境的压力。

第三，可再生能源的利用。树立生态观念，彻底扭转常规能源生产消费，转向可再生能源生产消费。充分利用太阳能、风能等可再生能源进行能量转化，推行能源使用方式的转变。发展能源科技和绿色技术，一方面寻找可替代、可再生的能源，实现能源的转化利用，另一方面，降低或者禁止使用不可再生能源。如风力发电、太阳能发电代替燃煤发电，研发电动汽车等新能源交通工具以代替传统汽车，保护不可再生能源。事实证明，只要转变观念，将生态理念贯彻到人们的衣食住行，新能源的开发和替代能源或方式转换都是可以实现的。

（三）遵循自然的尺度

人们对待自然的态度来源于对自然的认识，更确切地说根源于对人与自然之间关系的认识，这种认识一般是哲学层面的。生态城镇的哲学底蕴或者说思想根源来自"天人合一"、人与自然和谐共生的思想。近代以来，西方科学精神获得极大发展，理性主义势不可当，这种将世界二分的思想将人类与自然对立看待，追求人对自然规律的认识把握，从而驾驭自然，让自然臣服于人类，满足人类无穷无尽的欲望。但是，随着资本的扩张，在尝到环境污染、生态失衡带来的自然界的疯狂的"报复"苦果后，西方开始重新反思人与自然之间的深层关系，并逐步尝试恢复人与自然的原初、本源一体关系。

实际上，中国传统思想的核心就是"天人合一"，道家讲道法自然，就是最高的意旨，其根本都在于追求人与自然的和谐统一。这一思想应用于城镇生态建设，就体现为以下几个方面的要求：一是在人居环境建设方面，必须强调人工建设与自然生态共生与共荣，顺应自然生态系统建构的机制。一方面，把握"整体"观念，在城镇住宅、建筑等环境的建设过程中，要将自然与人融为一体，追求"天人合一"；另一方面，秉持"共生"理念，保持要素在整体中的均衡关系。二是秉承我国传统物质空间建设哲学中人与自然共生、共存、共荣的理念，并通过运用所掌握的科学技术进一步地提升这种和谐的境界。三是遵循生物圈具有多样性的特征。为城镇生态系统内分属不同物种、不同阶层，具有不同信仰和理念的人提供和谐共处的环境。四是建立社会文化和意识形态的协调机制，为系统内的成员提供更具包容性的发展空间。

（四）发挥绿色技术支撑

在城镇化生态文明建设过程中，对高科技的使用要有所选择，不能单纯追求高科技而不考虑绿色生态的发展。因此，在建设城镇生态系统的过程中，应该鼓励发展适宜技术和绿色技术，依托地域优势和地域特色，降低技术成本，并在高科技与低碳环保之间实现平衡与互促。

（五）坚持追求平等

平等是伦理问题，是人类的理想和现实追求。平等可分为社会平等和生命平等。社会平等，是人类种群内部的平等，以天赋人权为圭臬，要求人人平等，即所有人不论信仰、性别、阶层、组织、职业等，在人格和人权上平等。生命平等，是自然界中各种生物一律平等，要求众生平等，强调所有生物在生态系统中都有其特殊功能与作用。在新型城镇化进程中，我们要建设生态文明，就要一方面坚持人权的平等，相互之间平等对待，特别是在自然资源的使用和分配方面突出平等，建立自然伦理；另一方面要注重生命的平等，承认各种生物在生态系统中的特殊地位和重要性，纠正出于观念上的好恶而随意在城镇生态系统中滥用或剔除某种生物的错误认识和做法。尊重生命，就是保障整个系统的平衡与可持续发展。

三、城镇生态建设的发展模式与机制构建模型

事实上，由于现代化进程比较早，西方国家已经对生态城市建设进行了较为深入的理论研究和实践探索，积累了大量的经验，形成了一批理论成果。国内的研究也取得了很大成果。这些都为我们的研究提供了丰富的资源和可资借助的范式。

（一）新型城镇化的生态文明建设发展模式

1.城镇化的发展阶段

根据美国学者诺瑟姆（Ray.M.Northam）的研究，可以将城镇化分为三个发展阶段：（1）工业化初期。这一时期城镇化率较低，发展速度较快，轻工业是城镇发展的支柱产业。（2）工业化成熟期。这一时期城镇化发展趋于放缓，总体城镇化率较高，达到 70% 以上，第三产业迅速发展壮大，第二产业发展速度放缓，人口向城市集中产生的交通拥挤、环境恶化等"城市病"也开始陆续出现。（3）城镇化后期。"逆城市化"现象出现，大城市人口开始向小城镇和农村流动，城镇化发展处于平缓稳定状态。

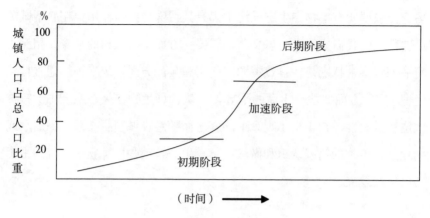

图 4-5　诺瑟姆城市发展曲线

2.城镇生态环境变化阶段

有研究表明，资源环境问题伴随着城镇化进程，表现出一定规律性。

表 4-5　城镇资源环境问题发展阶段

阶段	工业发展	生态环境变化
第一阶段	工业发展起步	污染开始出现
第三阶段	发达工业文明	开始治理资源环境问题
第四阶段	工业污染得到控制	实现生态文明

早在 1991 年，美国学者 Grossman、Krueger 就对生态环境质量状况与经济增长之间的关系进行了实证研究，研究结果显示："污染在低收入水平上随人均 GDP 增加而上升，在高收入水平上随 GDP 增长而下降。"这一结果启发了 Panayotou，他借用了库兹涅茨于 1955 年研究中所使用的人均收入与收入不均等之间的倒 U 型曲线的方法，第一次将生态环境质量与经济增长间的关系曲线称作"环境库兹涅茨曲线（EKC）"。环境库兹涅茨曲线（EKC）可以更清楚地描述这一过程，同时也表明一个区域发展过程中生态环境质量状况与经济增长之间存在着倒 U 型的曲线关系。

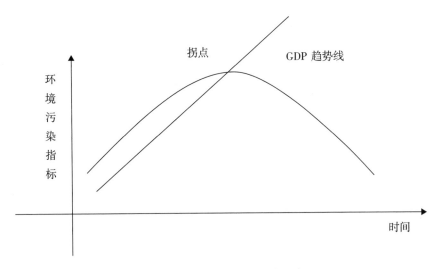

图 4-6　库兹涅茨倒 U 环境曲线

3. 城镇化与生态化耦合发展的阶段

在新型城镇化发展过程中，城镇化的发展与生态化的发展是一种耦合发展的关系，城镇化发展的不同阶段，对生态化的发展要求也不同。根据环境变化的阶段性，我们把这一进程划分为以下三个阶段：

（1）生态安全阶段。即起步阶段，这一阶段对生态发展的要求较低，主要任务是为居民提供清洁安全的生活环境，如清洁安全的食物与水、安全的住房与生活垃圾处理。

（2）生态整合阶段。即全面发展阶段，这一阶段对生态发展的要求较前一阶段有所提高，更加注重资源、能源的节约，实现资源的循环再利用，通过整合城镇系统的各种生态关系，提高生态效率，降低环境污染与资源浪费。

（3）生态文明阶段。即提高优化阶段，这一阶段更加注重从观念和理念上来引导人们对生态文明的认识，并将其内化为自己的价值取向，转变自己的行为模式，实现生态文明建设与区域发展的良性循环。

4.城镇化生态文明建设发展模式 ①

我国学者诸大建根据我国经济社会发展情况，认为城镇化生态文明建设发展模式是现阶段最适合我国实际情况的发展模式。他认为在这一模式中，我国的经济发展目标和生态环境保护目标可以同时实现，并对这种模式下我国到 2020 年的经济发展与资源能源使用发展前景进行了预测。

（1）到 2020 年全国水资源使用适宜模式的发展情景。诸大建提出从 2000 年到 2020 年将实现水资源使用总量控制在零增长的范围内这一目标。这一目标的提出仅仅考虑到了生态模式中水资源使用量的问题，需要引起我们注意的是提高水资源的质量和循环使用效率也非常重要。水资源主要用于工业冷却、农田灌溉、自来水以及深度处理等方面。水资源的节约和高效利用技术的研发和推广也是重中之重的工作，特别是在城镇化进程中如何处理农村农业用水和城镇工业用水等方面的关系。

（2）到 2020 年全国土地用地适宜模式的发展情景。我国土地资源紧张，人均土地面积不多，在发展城镇化的同时，控制用地量增长速度，实现到 2020 年将用地量控制在 2000 年用地量的 2 倍，是一个较为合理的范围。要想实现这一目标，全国用地量生产率、年平均增长率就要提升至 12.68％，2010 年的全国用地量必须实现是 2000 年的 3.3 倍。因此在深入进行经济增长模式改革，调整经济结构的进程中，特别是在推进新型城镇化的条件下，要科学规划，使土地资源得到循环利用。

（3）到 2020 年全国能源消费适宜模式的发展情景。长期以来，我国经济增长粗放型特征突出，能源使用效率低下，这跟我国产业结构和

---

① 此部分内容，参考了诸大建：《生态文明与绿色发展》，上海人民出版社 2008 年版，中的相关研究成果。

长期增长方式相关，我国的经济就是在低劳动力价格、低能源使用效率的基础上发展起来的。因此，在推进新型城镇化进程中推进生态文明建设，就需要花大功夫来转变经济结构与经济增长方式，增加节能型生产设备，淘汰落后高耗能企业，进而实现"节能减排"战略目标。对此，不仅要提高能源利用效率，更应该开发多种清洁新能源，以促进国民经济高速增长与可持续发展。与城镇化发展相适应，生态城镇化发展也需要三个阶段。

表 4-6　城镇生态建设发展适宜模型三个发展阶段

环境管理指标	2000 年	2020 年	2050 年
GDP 总量	1 万亿美元	4 万亿美元（2000 年的 4 倍）	16 万亿美元
人口	12.76 亿	15 亿（2000 年的 1.2 倍）	14 亿
人均 GDP	800 美元	3000 美元（2000 年的 4 倍）	1200 美元（2000 年的 16 倍）
城市化率	36%	55%	80%（2000 年的 2 倍）
能源消费总量	14 亿吨	29 亿吨	30 亿吨（2000 年的 2 倍）
其中：矿物燃料	90%	79%（平均每年减少 1%）	50%（平均每年减少 1%）
再生能源	9%	30%	—
能源生产率（GDP/ 吨材料）	—	（平均每年增加 1.0%—1.5%）	—
不可再生资源	—	增加 100%（2000 年的 2 倍）	0%（相当于 2000 年）
材料生产率（GDP/ 吨材料）	—	2000 年的 2 倍	—
用水总量	5531 亿立方米	6800 亿立方米（2000 年的 1.2 倍）	0%（相当于 2000 年）
人均用水量	430 立方米	464 立方米（2000 年的 1.1 倍）	0%（相当于 2000 年）

环境管理指标	2000 年	2020 年	2050 年
水生产率 （GDP/ 立方米）	1.95 美元	37 美元 （世界平均水平）	93.3 美元 （英国 1991 年的水平）
建设用地	—	每年增加 3%—4%	
农业用地	—	转向生态农业 （基本农田 16 亿亩）	—
林业用地		转向自然型用地	
土地生产率 （GDP/ 年位土地）	—	增加生态用地	
二氧化碳	8.81 亿吨煤	12 亿吨碳 （2000 年的 1.5 倍）	0%（相当于 2000 年）
二氧化碳	1620 吨	4000 （2000 年的 2.5 倍）	—
氮氧化物	1880 万吨 容量	3500 （2000 年的 1.8 倍）	—
农用杀虫剂	—	减少 50% （2000 年的一半）	—
环境生产率 （GDP/ 污染排放）	—	2000 年的 1.5—2 倍	—

需要指出的是，我国当前的主要矛盾已经转化为人民群众日益增长的物质文化需要同落后的社会生产之间的矛盾，经济发展、城镇化建设等各方面的不充分、不平衡现状仍将在一定时期内存在，因此，在推进新型城镇化进程的生态文明建设过程中，要针对区域的实际和发展水平，制定不同的目标、方针和策略，做到因地而异。

（二）新型城镇化生态文明建设机制模型

1.基本架构

"一鸟两翅"三大机制。驱动机制、导引机制和保障机制。三大机制内涵明确、边界清晰、功能独特,是"一鸟两翅"的关系。鸟首是导引系统,鸟的两翅分别是动力系统和保障系统,没有"两翅",鸟不能飞行;没有"鸟首",鸟也就失去了飞行方向。

相互支持的 10 个二级机制。驱动机制,指推动生态文明建设的力量要素在关联性状态下发挥作用的机理和方式。驱动机制包括政府治理机制、产业机制、科技创新机制及公众参与机制。导引机制包括文化机制、考核评价机制和长效机制,是在城镇化进程的生态文明建设过程中形成的人们认知、指导、规范生态文明建设的精神观念型机制。保障机制包括协同联动机制、生态补偿机制和信息反馈机制,是指平衡生态文明建设各方面要素之间的关系,以确保协调高效推进的保障机制体系。

2. 模型构建

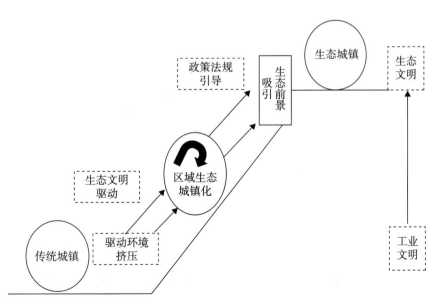

图 4-7 城镇化进程中生态文明建设三大机制模型

3.运行机理

（1）导引系统——方向牵引力。导引是动力的源泉和生长点。生态文明建设的源起或根本出发点是人与自然和谐共生的认知，是自然价值与人的价值尺度的统一。因此，整个生态文明建设的方向指引，是以生态理念、生态思想和生态价值观念为基础的生态文化。在此基础上，政府考核评价机制从反面发挥激励导向和"指挥棒"作用，对生态文明建设进行价值引导、物质刺激和精神导引。而所有的导引动力的有效激发和保持长效力量，都无疑需要制度保障，而这个制度保障就是长效机制，它的目标就是保障导引系统的平衡运行。

（2）动力系统——内部驱动力。内在动力源为各方共同愿景，即各社会主体在生态文化、生态价值观念认同基础上达成的共识，当然也是为了维护和保障各主体利益。将生态文明建设融入城镇化建设是党和政府的责任，是为了实现人民利益的内在驱动力，领导和组织有计划、有目的、有步骤地开展生态文明建设是各级政府的职责所在，是广大人民赋予的使命任务。因此，政府是生态文明建设的最大推动力和最有效的监管者。经济发展的动力也十分巨大，它是市场资源配置作用的发挥，各市场主体是生态城镇建设的经济力量，它们在追求经济目标的同时，也追求生态目标和政治目标，以期实现更为长期的经济利益，因此产业机制是生态文明建设的经济杠杆和强大动力。社会团体和民众的热情与动力，就是因为城镇化进程中生态文明建设能改善生存环境、提升他们的幸福指数，这一根本利益驱动社会组织和民众关注生态文明建设、关心生态环境、积极参与生态文明建设工作。科学技术是第一生产力。在推进生态文明建设的过程中，科技的推动力无可替代。科学技术的发展深化了人们对自然的认识，提供了人们对人与自然之间关系的认识，为生态文明建设提供了技术推动。可见，在城镇化进程的生态文明建设发展中，为实现自身利益的最大化，各主体都激发出了强劲的驱动力。

（3）保障系统——外部支撑力。城镇化进程中生态文明建设在导引系统的引导下，依靠各方面强大的推动力，不断深入推进。但真正要实现能够协同推进、完成各阶段生态文明建设目标，还需要强大的保障系统。在这个系统中，政府中各部门、政府和民众需要加强联动，构建协同联动机制，发挥合力作用。同时，还需要完善生态补偿机制以保障生态系统的基本平衡，为深入开展生态文明建设提供保障。而为保障协同机制和各种生态文明建设的有效有序推进，还需要加强信息沟通，建设信息反馈机制，以提高工作平衡性和协同性。

第五章　新型城镇化进程中生态文明建设动力机制构建策略

　　"新型城镇化是我国经济持续稳定健康发展的内生动力和实现绿色发展、低碳发展、循环发展的基本路径。在新型城镇化进程中，生态文明建设是一个至关重要的问题，需要科学系统、完善合理、具有较强操作性的建设机制。新形势下，新型城镇化进程中生态文明建设机制的滞后，实际上是一系列理念与现实、理论与实践的矛盾与博弈的结果。"①新型城镇化进程中生态文明建设动力机制由政府治理机制、产业机制、科技创新机制和社会公众参与机制构成。

第一节　城镇化进程中生态文明建设政府治理机制的构建

　　政府是城镇化进程中生态文明建设的主导力量。但政府的职责和管理重点要进行调整，通过发展理念的转换和职能的转变来调整原有的工作机制，以形成上下协调、左右协调的齐抓共管的合理机制。

---

① 王艳成：《论新型城镇化进程中生态文明建设机制》，《求实》2016 年第 8 期。

一、政府治理机制模型构建

在政府治理的研究中，治理机制方面已经有了相当多的研究成果，这些成果对我们进行模型建构具有重要参考价值，为我们探索一种生态文明建设的政治治理模式提供了一些启发。

（一）理论依据

前已论及，一般系统论是生态文明建设在城镇化进程中的主要理论依据，除坚持系统论原则外，还要根据其他原则进行相关机制的构建，如具有鲜明特色的具体机制设计或是政府治理下的公共治理理论，自 20 世纪末以来，政府治理理论的辐射范围广泛，包括行政改革举措、社会意识形态发展等诸多方面。公共治理并非是静止的、暂时的、浅显易懂的，它是由社会中理性自利的人所建立的内涵丰富的长期的不间断的系统化过程，由于涉及部门众多，这就要求治理的过程中是以沟通协商为主的分权管理模式，这就要求政府相关部门、社会和个人及有关组织都必须协同配合，通力完成。但由此造成的弊端也应运而生，不管是世界上任何国家任何形式任何性质的任何组织几乎都牵涉其中，这就造成主体间权责不清、相互羁绊。因此，在城镇化生态文明建设的进程中，主要特点就表现为：多领域、全方位，这就要求我们不能仅仅依赖政府转换思路，更要要求社会大众提高意识积极作为，进而形成一个自上而下综合推动合力进行的多主体系统化工程。

（二）机制模型构建

机制即是指内部结构和其系统之间的相互关系。同样地，城镇化的政府生态治理机制，是指在生态建设进程中政府部门的各要素各环节所共同形成一个系统化结构，主要表现是内部系统稳定、相应流程完整。作为一个相对稳定随时调整的运行机制，在生态建设中明确主体责任，细化目标要求，保证各要素有机融合，达到效益的最大化取得最佳绩效等是构成这一治理结构所面临的问题。因此，城镇生态文明的政府治理机制是实现和维护政府生态建设职能，通过目标生成和制度安排形成政府生态建设各主体之间循环往复变化的生态建设过程和机制运行结构。

　　具体来说，目标生成、责任落实、资源配置和绩效评价四个环节所

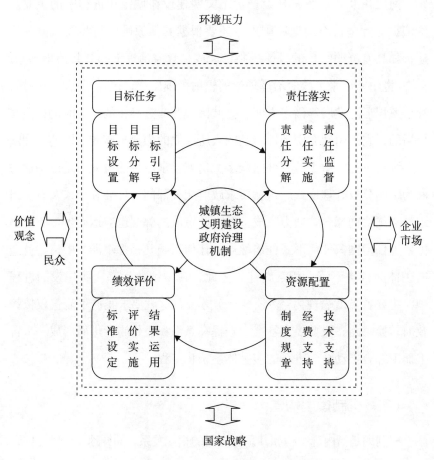

图 5-1　城镇生态文明建设政府治理机制模型

构成的城镇生态文明建设政府治理机制，是用于保障政府生态建设中民意执行力的体系。首先，在建设生态文明的指导下，地方政府强调了城镇生态文明发展的总体目标和具体要求，并形成了城镇生态治理目标；其次，各地方政府明确目标任务，再结合自身的具体实际有针对性地对所提出的目标要求进行责任明确和任务细化，落实好具体的责任主体和执行形式；再次，城镇生态文明建设过程中，地方政府要保障相应的制度支持、经济支持、技术支持等，从而确保城镇治理实践的科学有效；最后，进行地方政府城镇生态建设效果的最终评议。及时对建设实践过程中的错误进行修正，对生态建设责任分工进行考核，奖罚分明，坚决对政府生态文明建设中失职失责行为进行问责追责。以上四个环节构成的循环系统井然有序、协同紧密、相辅相成，构建了科学化、制度化、可持续性的城镇生态建设机制。治理机制的具体架构如图 5-1 所示。

二、要素与结构功能分析

（一）政府治理机制涉及要素

城镇生态文明政府治理机制主要涵盖建设目标、责任落实、资源配置和绩效评价四大方面，同时上级政府、民众意愿、生态文明的观念以及企业、市场等方面也是不可忽视的影响因素。具体见表 5-1。

表 5-1　政府治理机制各要素

主要要素	作用方向	涉及相关要素
目标确定	是其他三个要素的基础和前提，具有引导作用，是政府治理的内在动力。	文化与价值观念、生态环境的压力、法律制度、国家政策、地方政府发展目标。

主要要素	作用方向	涉及相关要素
责任落实	是目标的细化、分解落实，政府的职责，是督促机制。	各级政府及各部门。
资源配置	目标实现的物质支撑，资源的优化组合。	人才、资金、土地空间、企业及市场等。
绩效评价	政府责任履行督查反馈，确保目标实现。	政府、社会、民众、资源等。

（二）政府治理机制各要素功能分析

1.目标明晰

城镇生态文明建设的目标是明晰任务的出发点和具体要求，确定目标定位。目标生成在整个城镇生态政府的治理系统中处于基础性地位，它保证了生态文明建设的科学性和有效性。一般地，将城镇生态政府治理目标明确分解成目标根源、目标指向和明确任务等。

首先，明确在城镇生态治理中目标提出的缘由，也就是对政府提出城镇生态治理的原因及目标的追根溯源，主要根源在于：第一，在历史发展进程中，对于人类的可持续性发展来说，生态系统和生态资源的存在具有十分重要的作用。自然界的资源产物包括空气、水、食物等提供了人类社会赖以存在和发展的基础和前提，人类在内的所有生命物种都离不开自然界的生态系统。从某种程度上说，生态系统的存在及可持续性决定了人类社会的发展程度，国家的进步和社会的繁荣都依赖于此。因此，没有良好的生态安全意识和对生态环境切实有效的保护，就无法做到可持续性发展，强化生态文明建设能力是必不可少的。第二，生态文明建设战略的制定是国家和政府工作的重要内容。作为党和国家"五位一体"体系的重要战略布局中的一环，与政治文明、经济文明、社会文明、文化文明共同构成了我们国家的战略布局，为实现生态文明建设，要将生态文明建设纳入政府核心职能范畴，不断强化政府对生态环境的治理，这是最基本的要求。第三，目前的城镇生态体系和自然资源损耗严重，面临着前所未有的挑战。工业时代的发展和城镇化社会的不断推进，使城镇自然资源消耗严重，生态破坏加剧，资源的过度利用大大削弱了生态系统的自我调节、自我恢复、自我治理能力，譬如湖区可持续发展能力降低，湖水水质持续恶化，湖泊面积萎缩等都从侧面反映出生态环境发展的失衡。

其次，城镇生态政府治理的目标指向主要是指对于目标的定位问题和任务分解问题。总的来说，城镇环境治理的目标主要是指建设生态文明的程度和状态。按照建设生态文明的要求，城市环境治理的目标应该包括：一是加强对现有城镇生态环境的有效保护，避免进一步人为破坏；二是对当前城镇生态资源进行整合，对其进行合理开发利用，提倡发展生态型经济；三是对已经遭到破坏的城镇生态进行及时有效的恢复和治理，尽快构建形成良好的生态文明建设机制，从而达到政府对生态环境的治理。综上所述，核心问题就在于对城镇生态政府治理目标的任务进行分解工作，按照相关职能要求和责任范围对属于地方政府的内容进行要求细化和责任明确。根据政府生态文明的结构功能和责任要求，可以从两个方面进行。一方面，根据生态文明建设内容和对象的差异，结合各职能部门的具体职能分工对城市生态文明建设的内容进行划分，具体落实部门目标；另一方面，对城镇生态文明建设的责任地进行划分，例如具有开放性特点的城镇，因牵扯多地政府，就要求各地方政府对应城镇文明建设明确相应责任。因此，在实现生态文明建设目标过程中各地方政府的任务也有所不同。

2. 责任履行

城镇生态政府治理目标生成后，要进行的就是对治理目标的科学、有效明确，以及履行目标责任，这是城镇环境政府治理的一个关键要素。通常来说，城镇生态政府治理责任的实际执行包括三个主要环节：责任主体、责任落实和问责监督。

一是责任主体。一般来说，政府相关部门是城镇生态政府治理过程中的责任主体，主要负责落实和履行在实施和实现生态文明目标方面所承担的责任。当前政府的一项重要职能是进行生态文明建设，在明确生态文明建设目标后，各政府部门要根据功能性质分解和履行城市生态文明建设的任务和职责，进而完成生态文明建设的责任明确。一般认为，只有当生态责任和生态职能得到接受和承认时，才会采取适当的行政措施，因此，城镇生态政府治理责任的确定，是委托人的意愿被责任部门或负责人接受认可的过程，这也是在城镇生态文明建设中居于基础地位的环节。一旦责任确定后，委托人和责任人将采取某种公认的方法，如签署生态文明建设责任书，生态保护和生态安全事故责任书等，这也是生态文明建设的目标责任的确定环节。这项任务与生态文明建设责任主体的实现相结合，进而明确城镇生态治理的主体和任务。

二是责任落实。在城镇生态治理过程中，实施城镇生态治理的主要责任是确定政府对于建设生态文明和管理职能的责任，并明确到各部门进而落实到具体过程。

责任的落实是这一过程的重要组成部分，主要是具体落实生态目标和环境责任。一般而言，实施城镇生态治理的责任包括四个方面：第一，根据生态文明建设的有关要求和职责，制定和落实地方政府有关机构的具体工作要求；第二，按照具体的生态文明建设总目标与具体实际相结合，制定出地方生态文明建设规划，可根据时间节点来制定方案，并确定生态文明建设的目标任务、规范要求；第三，依照生态文明建设规划方案，制定出生态文明建设相关政策，及政府出台对生态治理的法律法规、治理方案、实施细则等；第四，将生态文明建设规划方案具体执行，将城镇生态政府治理责任到部门、责任到人，明确分工、具体落实、严格执行，确保生态文明建设的有效实施。

三是问责监督。作为生态文明发展的负责人，政府必须接受建设者和公众的检查和监督，严格把控城镇生态政府治理的监督过程，以确保生态文明的目标和任务的有效实施。在城镇生态文明建设中，政府部门对相关任务和责任进行明确后，就要开始履行接受相关部门和机构监督的义务，严格按照相关要求执行，以确保政府实施生态文明建设职能的顺利实施，积极主动地推动城镇生态文明建设并经常性地接受相关部门的监督和质询，及时调整在生态文明建设中的不当行为。同时，借助城镇生态政府治理的责任监督机制能有效地把生态文明建设的责任履行和生态文明建设的问责结合起来，有力地促进政府生态文明的科学规范和有效建设。

3.资源配置

对生态文明建设中的政府责任进行分工和明确后，面临的重要问题是在生态文明建设中，政府履行责任的过程中要做到有所为、有所获，必须建立一套科学完善的保障机制来确保有序高效的生态责任履行。保证生态文明建设责任履行是城镇生态文明建设中政府责任保障的基本要求，同时离不开制度的完善和相关部门的设置以及经济帮扶等。

首先是制度上规范。"无规矩不成方圆。"制度的设置是对生态文明建设的制约，创新生态文明建设制度是保障生态文明建设有实效的重要推手，而技术的进步创新的是生态文明建设的方式方法。制度的保障是实现生态政府治理的远大目标、宏伟愿景，保障生态文明建设可持续性有效性的基础，必须坚定不移地按照国家生态文明建设要求，结合城镇特征，制定生态文明具有导向性的政策和制度规范，使环境保护和生态文明建设成为五位一体布局中重要的一环，并且还要在政策上支持城镇的生态政府治理行为，明确违反环境治理中的法律法规。

其次是经费上支持。城镇生态政府治理不仅需要政策上予以支持，也需要在经济上给予充分的投入，作为一项重大的系统工程，不仅是为了满足生态建设的需要，还要考虑到对经济建设发展的影响。因此，建立强有力的资金筹措机制对于确保生态文明建设领域的经济投入充足持久，实现生态文明的可持续发展是必要的。建立城镇生态治理财政机制主要包括以下几个部分。第一，政府财政预算。城镇生态作为一项与人们的经济和生活息息相关的民生工程，必然要求政府至上，凭借其独特的行政权力和管理优势，政府可以通过税收和财政支出等方式为城镇生态文明建设提供资金支持。第二，生态工程资助，包括上级行政主管部门或国际社会组织为城镇生态文明建设提供专项资金支持。第三，环保资金商业来源。政策模式、商业金融模式也为建设生态文明提供外部资金支持。

最后是技术上支撑。科技的发展为人类的生活带来了翻天覆地的变化，而将科技应用于当前的生态建设中是值得关注的问题。技术的创新与生态理念的有机结合，是保护和治理生态环境的新途径，既有效地将科技运用于生态保护，又能实现人类社会和自然的可持续发展。城镇生态政府治理既是对生态环境的保护，也是对生态环境的治理，其中，科学技术的保障极为重要。一方面，在城镇生态保护方面，推进工业技术的优化和现代化，淘汰落后的和导致污染的技术，是体现科学技术的环保化和生态化；另一方面，政府必须改善被破坏的环境，改善生态修复技术，最大限度地对生态进行科学化的保护和修复。

4.考核评价

对城镇生态环境治理的评估是政府负责任地选择具体的部门或人员来监督、检查和评价职能的分配、政府生态文明的绩效，并及时反馈结果的系统过程。考核评价环节是对之前三个环节的总结和反思，它是在城镇生态治理的目标生成、责任履行和资源保障的基础上的补充和完善。除了奖励备受好评的治理结果，并探讨在治理过程中未执行或乱执行的行为问责。因此，评估和评估机制可以细分为生态文明建设的评估目标和标准、生态文明建设的指标和方法、生态文明建设追责等方面。

城镇生态文明评估体系包括：一是生态文明建设的评估目标和标准。城镇生态政府治理考核评价的目的是对政府生成的文明建设目标、目标分解、职能分工以及责任履行结果进行检验。简单来说，评价目的的内容即目标完成情况、责任履行情况这两方面内容，主要是通过细化和量化目标，将目标转化为可量化的指标。城镇生态治理政府对生态文明建设的能力表现在政府对生态保护、修复和改善过程中的效果，也是对城镇生态政府治理的绩效评价。通常来说，在实施生态文明政府治理的过程中，任何手段的实施和责任履行都会在经济层面、管理层面、生态层面等有一定的影响，因此，建立以经济、管理和生态等指标为基础的多维遴选体系是评估建设生态文明城市政府问责指标的参考要素。

二是生态文明建设评估方法与方式。通过探讨最科学、最有效的城市环境治理评估方法，实现治理的城镇生态政府治理绩效评价的最终目标。一般来说，根据评估目标和标准，采用舆情评估、专家评估、检查评估等方式，开展广泛的评估活动，建设城镇生态文明。这些评估分为定性分析和定量分析，考核涉及的内容是从经济、管理、生态三个维度运用 AHP 指标体系的层次结构进行的考核评价，按照定量定性评价的标准是经济绩效、生态绩效和社会绩效。

三是生态文明建设评价的责任追究。绩效评价的主要目的是进行最后的结果考核，从而对生态政府治理中的不足之处进行反馈和修正，政府承担最后治理结果。奖优惩劣，肯定在生态治理中取得的成绩，对于在城镇生态治理中的失职不当责任进行深入追究。责任追究是政府治理的关键点和落脚点，不认真履行责任的部门和个人要受到一定的惩处。而"追谁的责""追什么样的责""追多大的责"这些问题都需要监督检查和评价部门结合责任的履行和最终结果作出判断，通过审查生态政府治理过程中的责任，更好地促进生态政府治理体系的完善和履行。

（三）生态文明建设政府治理机制功能分析

实现城镇生态治理的科学性和有效性是建立城镇生态治理机制的根本目的。通常来说，建立城镇生态治理机制的功能主要体现在以下四个方面：

第一，利益协调功能。尽管影响因素诸多，但在城镇生态治理体系中，影响治理机制中最直接、最本质的因素之一便是权力配置和利益诉求。一般而言，在城镇生态治理中，往往牵涉面积大，治理主体多，从不同区域地方政府到个人参与者等都有涉及。治理主体在城镇生态文明建设中都是治理活动的参与者并作出了一定贡献，同时也是生态文明治理的受益者，享受着生态治理的益处。因此，在治理过程中要解决的关键问题便是各地方政府在利益相关者中的权利决策及行使的问题。本质上，调节利益平衡的问题就是解决城镇生态政府治理中的责任明确、责任行使问题，要避免责任不明、不作为、互相推诿的情况发生。作为合乎规律性和稳定性的体系，该机制可以有效解决利益相关者之间利益失衡的问题。因此，系统和机制共同协调利益相关者的关系，以形成生态治理体系的平衡结构。

第二，行政监督职能。实施监督和行政权力的有效管理是国家治理能力现代化的应有之义。在城镇生态治理实践过程中，由于政府单方面追求经济效益或有效绩效会出现城镇生态治理口号化特征，主要表现为生态治理监督不够，政策责任落实不到位，环境保护和治理能力弱化。扭转这种情况的根本方式是构建和完善城镇生态政府治理机制，从政策法规方面来弥补制度性困境和功能性困境。在生态政府治理机制中，行政系统内部诸要素按照一定的规则和责任由相应的机制安排决定，重点是要明确责任、严格制度和稳定结构等。因此，城镇生态政府治理过程中，治理机制的构建是对政府进行有效监督和控制的途径，同时要对政府的失职、渎职行为进行追责，确保政府生态治理行政行为的有效性和严肃性。

第三，资源优化职能。城镇生态治理的城市可持续发展目标与外部资源和内部合作的支持密不可分。城镇生态与政府治理以各方面的资源需求为导向，包括政府政策资源、制度资源、财政资源、技术资源和人力资源等。虽然生态文明建设得到国家和社会的大力支持，并且随着城镇化的推进，关注度也与日俱增，但相较于实际的生态治理效果和公众期盼度而言，还需要大量的资源投入，譬如加大城镇生态治理中的基础设施建设、提升污染处理设施和技术等都必不可少。因此，彻底深入和根治城镇生态政府治理中的问题，根据仅有的生态治理资源实现效益最大化，最关键的问题便是对生态治理资源进行优化。作为相对统一、协调且结构完善的治理体系，城镇生态政府治理机制促进各类生态资源的整合，加强资源配置方法和形式，有效解决生态治理的总体和地方、长短期、重点和整体的关系，加快利用行政资源、财政资源和技术资源等，实现生态治理有质量、有效益的科学统筹。

第四，绩效提升功能。关于城镇生态政府治理是否能够得到长期有效的发展，关键取决于在城镇生态治理中治理情况和效果能否持续得到改良。一般来说，在城镇生态政府治理过程中将政府资源投入与城镇生态改善贡献之比统称为城镇生态政府治理效益。"治理机制的根本目的是实现治理的有效性"，生态环境的保护和治理逐渐得到广泛重视，中央及各地方政府也投入大量资源进行生态治理，而实现治理的有效性面临的最大问题就是政府如何将有限的资源成本进行合理化配置以达到最优的治理结果。从配置治理机制的角度来看，各种治理方法被有机地结合和共同行动，以实现治理结构和治理效益的最优化解决方案。因此，建立城镇生态治理机制中按照既定政府法规，将提升城镇生态政府治理效益、完善治理结构为推手着力实现城镇生态治理的科学性和有效性。

三、政府治理机制构建策略

生态文明政府治理机制，要坚持观念先行、理念先导，完善制度体系，实现政府职能转变，实现多元共治，推进目标管理，全面提升政府的治理能力和治理体系。

（一）更新思想观念，坚持走绿色发展之路

构建新型城镇化进程中生态文明建设政府治理机制，首先要树立绿色发展的新理念，坚持绿色发展，将绿色作为发展的价值标准，形成绿色生活方式，健全绿色发展制度，从而构建绿色发展的治理机制。

1. 树立绿色发展理念

党的十八届五中全会指出，"绿色是永续发展的必要条件和人民对

美好生活追求的重要体现"。绿色发展的基本目标是绿色富国、绿色惠民。有必要通过聚集政府、企业和社会力量共同致力于绿色发展，从上至下达成共识。党的十九大报告强调，"建设生态文明是中华民族永续发展的千年大计。必须树立和践行绿水青山就是金山银山的理念，像对待生命一样对待生态环境，树立绿色发展方式和生活方式，坚定走生产发展、生活富裕、生态良好的文明发展道路，建设美丽中国"。为人民创造良好的生产生活环境，为全球生态安全作出贡献。

2.践行绿色发展模式

改革开放以来，我国经济社会取得了飞速发展，与此同时粗放的经济发展模式带来了大量的生态环境问题。习近平总书记指出，推动绿色发展模式和生活方式的形成，是科学绿色发展观的革命性变革。因此我们要把践行绿色发展理念摆在极其重要的地位。

第一，坚持"以人为本"。落实节约资源和保护环境的基本国策，坚持绿色发展理念，将生态文明建设要求融入城镇化发展之中，实现可持续发展。第二，坚持以市场为风向标。发挥政府部门的积极作用，遵循市场规律，处理好政府部门与市场的关系，避免发生面子工程。第三，坚持协调发展。统筹城乡发展，贯彻工业反哺农业，城市支持农村的方针政策，逐步缩小城乡发展差距，实行以城带乡，以工促农，城乡互动，协调发展。第四，突出鲜明特色。坚持中国特色社会主义道路，找准特色定位，形成特色竞争力以带动城镇建设的可持续发展。第五，形成集群模式。依托城镇群来推动社会主义新农村建设，合理分配资源，促进城镇间的分工合作，提高城镇的整体运行效率。第六，建设智慧生态城市。遵循生态学原则，实现城市应用与服务管理最新的信息化技术、智能运用，实现人、自然、环境和谐共存，形成可持续发展的宜居城市形式。

3. 贯彻绿色发展的宗旨

规划是行动指南。要把绿色发展理念融入发展的实际行动，必须先从规划入手。在我国全面建成小康社会的决胜时期，党的十九大报告中"生态"一词出现 43 次，"环境"一词出现 29 次，"资源"一词出现 13 次，"绿色发展"一词出现 4 次。全文十三个部分里，有三个部分论述了"绿色发展"有关内容。报告全面概述了绿色发展的背景、现状、理念、建设重点和目标等，并将成为中国绿色发展的引导力量。在未来的发展规划中，要严格遵循"绿色发展"的目标，全面实施主体功能区规划，优化城镇空间布局，确保在新型城市化进程中创建"以人为本"、优化设计、生态文明和文化继承的新发展格局。

4. 坚持绿色化生活方式

当前的生态环境问题不是一时半刻形成的，要想加快推动生态文明建设，就要将绿色化生态理念融入社会大众的生活方式中。社会大众生活方式绿色化既能够从源头上遏制污染的产生，减少废气废物等排放，也能够从衣食住行游多方面引导规范绿色生活方式，以推动生活方式绿色化为抓手，汇集全社会力量，共同保护生态文明环境。因此，推动绿色化生活方式，变革了人民的思想观念，改变了生活方式，又促进了经济发展方式的绿色转型，生态文明的社会治理，为建设美丽中国奠定了广泛坚实的群众基础。

绿色发展的内涵相当丰富，不仅包括绿色经济的概念、绿色环境发展的概念，还包括绿色政治生态的概念、绿色文化发展的概念和绿色社会发展的概念。但是，如果将这些概念转化为具体行动，可以将其概括为生产和生活方式的绿色化。在新型发展中，也必须走绿色发展之路，倡导绿色生活方式。

5. 严守绿色发展的原则

虽然我国生态文明建设取得明显成效，生态治理显著加强，环境条件有所改善，但必须明确的是，一些尚未解决的突出问题仍然存在，生态保护还远未完成。必须坚持建设人类命运共同体，形成尊重自然和绿色发展的生态系统，永远做世界和平的缔造者，为全球发展作出贡献。要坚持节约优先、保护优先、自然恢复为主的原则，营造节约资源，保护环境的产业结构、生产方式、生活方式、空间格局，还自然以平静、和谐、美丽。

绿色发展理念在生态文明治理过程中是否能够得到彻底贯彻，一方面取决于资金的支持。资本能确保城镇环境得到全面管理，并有效加强环境保护设施，是生态修复能够有效推进的重要基础，资金是生态文明治理中的内部要求；另一方面，城镇生态政府治理的监管系统的完善和创新作为外部支持，也影响着从结构设置到长效管理机制的设置。生态环境的综合整治、生态系统的修复和环保设施的建设都需要构建完备的执法监管体系，形成有针对性的方式方法，确保监管实效，才能实现绿色发展的系统推进。

6. 落实绿色发展的制度

党的十八届五中全会将生态环境质量总体改善作为全面建设小康社会的目标之一，而"十三五"期间坚持的五大发展理念就包括绿色发展理念。2015 年中共中央、国务院在印发的《生态文明体制改革总体方案》中，强调建设美丽中国必须先总体部署生态文明体制改革工作。《生态文明体制改革总体方案》的出台及实施，将为保护绿水青山提供重要的制度保障，为发展金山银山提供持续的动力支撑。

《生态文明体制改革总体方案》的实施期正值"十三五"期间，这正是我国全面建成小康社会的决胜阶段。在"十三五"期间通过实施《生态文明体制改革总体方案》，有利于生态环境治理体系和治理能力现代化的快速推进，有利于建立起与小康社会相匹配的生态文明管理体制，有利于生态文明建设成果有效落实，实现真正的天蓝、水清、地绿，为生态文化蓬勃发展提供丰沃的土壤。

制度是绿色发展的重要保障。建立国家空间发展保护体系、评估生态保护机制和生态破坏追责体系，都是推进新型城镇化建设的制度保障。要实现良好的生态环境、保障社会大众生活在宜居的环境中，健全绿色生态保护制度必不可少。

（二）健全法律制度，完善政府治理体系

法律制度是政府执政的依据和基本准则，但法律制度体系的建立要遵循一定的规律，符合国情实际，适应工作要求，体现整体设计和一定超前性，确保行动方向一致和力量协同。

1. 建立完善生态文明制度体系

总的来说，生态文明的制度体系分为两类：一类是开源节流，遏制资源浪费，实现资源有效利用。例如，自然资源管理体系、资源利用控制系统、资源利用补偿系统、土地集约利用和土地资源管理系统等。另一类是生态保护制度，明确底线原则。例如，生态修复制度、生态补偿制度、污染排放许可证制度、污染排放总量控制制度、环境保护管理制度等。

2. 深入实施综合配置制度改革

体制改革是推动城镇化进程的基础。一是推动户籍制度改革。按照党的十八届三中全会的要求，深入学习贯彻习近平总书记关于加强新型城镇化建设的重要讲话精神，对改革过程中带来的户籍制度问题加快改革，扎实推进，对农民赋予自由迁徙权。二是推进土地制度改革。土地

问题是最基本的问题，解决好农民的土地权益，保障农民的土地利益是城镇化建设中的核心问题。要积极破解城乡二元土地制度，推动土地制度的变革。三是加快财政制度改革。在农民市民化进程中，财政问题不容忽视，要鼓励城镇财政转移，鼓励农民参与城市规划并建立适当的金融机构。四是推进城乡公共服务一体化。为了全面覆盖城市和社区的基本公共服务，特别是确保城镇和社区居民得到有效保护，解决住房和养老金等福利保障问题。五是推进行政部门体制改革。对于经济规模达标，人口数量较多的县、镇，适当升级为市、县，并下放相对应的管理权限，推进行政区划制度改革。

（三）转变政府职能，提高政府治理能力

转变政府职能是发展社会主义市场经济的内在要求，是生态文明制度创新的宏观保障。政府职能的转变，使政府由"管制型"向"服务型"模式转变，这种转变是生态文明建设的制度保障。

1. 实现政府由"管制型"向"服务型"模式转变

在一定历史时期，"管制型"政府发挥了很大作用，但随着中国新型现代化道路的开辟与不断发展，市场经济的发展与体制的不断完善，社会的不断转型升级，"管制型"政府越来越不适应现代社会的治理，出现了一些问题，一定程度上阻碍了社会主义现代化建设和生态文明建设进程。加快政府模式由"管制型"向"服务型"转变已刻不容缓。"服务型"政府的主要特征是民主和负责、法治和有效，注重提供社会服务，合理化分权，是适应中国特色社会主义市场经济体制与社会发展的新型模式。"服务型"政府更加凸显人民至上的根本宗旨和人民中心的发展理念，更加强调政府职能、市场主体等关系的科学定位与保障。加快政府职能由"管制型"向"服务型"模式转变就要求政府合理放权，建立

成熟的体制机制，提供良好的社会服务，接受社会监督。

（1）服务型政府要管规则。一是要建立目标责任制。生态文明建设中国家职能转变的重要前提是实施生态环境责任，要对在生态环境建设中的失职行为进行责任追究，例如一些领导干部对于不符合生产要求的工厂或对环境污染严重的企业不闻不问，置之不理。确定目标责任制能够大大改善政府部门不作为、乱作为的情况，也有助于提高对生态文明建设重要性的认识，促进生态文明建设体系的创新和完善。二是要整合机构职能。目前在城市生态文明建设过程中，涉及部门众多，不明确各部门职责所在，容易在生态建设中产生纷争，例如，环保部门重视生态保护，而经济部门意识不够，会存在"职能抵消"现象。因此，对每个主管部门明确的责任分工使各个部门能够完成其任务，形成综合、有效、协调的生态政府治理，避免出现步调不一致，内部不协调的情况发生。三是要完善法制保障。我国坚持依法治国，在社会主义现代化建设过程中，我国的法律体系不断得到改善，虽然系统性和完善性还有需要补充的地方，但生态文明建设的过程中，政府和有关部门要发挥法律法规的权威性，加强立法、严格执法，使生态文明建设能够得到生态法律制度的保护，使生态文明建设职能得到充分彰显。四是制定考核评估机制。在城镇生态文明政府治理的过程中，政府很容易将生态文明治理成果与地方政府政绩联系起来。例如，一些地方政府将 GDP 作为主要考核项目，而对由于经济发展造成的生态环境破坏视而不见。因此，要根据具体实际将生态环境资源归属于经济成本核算中，制定科学全面的政绩考核评估体系，不能只看到经济发展的结果，更要重视过程。

（2）服务型政府要当裁判员。以往通常将政府比喻成裁判员、运动员角色。但随着时代的发展，从全能政府到有限政府，从管制型政府到服务型政府，决定了"政府不能既当裁判员，又当运动员"。政府的角色需要根据社会主义现代化的发展进行新的转变。当前的经济生活中，市场决定了资源配置，政府只是辅助市场发挥作用，保证市场的公平。因此，服务型政府要当裁判员，一是保障政府职能的有限性。将政治与经济剥离开，由市场主导资源配置。二是实现真正的简政放权。政府必须结合生态文明现代化要求与简政放权原则，依法整合和下放相关行政审批事项，简化和规范行政审查程序，进一步提高公共行政服务能力。三是确保政府权责明晰。政府生态文明建设体系相对不完备，导致一部门机构配置、职能权责、人员编制都存在问题。因此，必须明确政府生态文明职能权限。

（3）服务型政府要管监督。政府监督意味着国家行政机构负责监督，监督和管理负责相应事务的责任过程。监督是权力运转的根本保证，是加强和规范党内政治生活的重要举措。政府监督不仅包括政府或政府机构进行检查和管理的具体做法或具体行动。当今社会我们需要运用现代科学技术手段，通过"互联网＋"政府事务模式来监督政府。第一，实施电子政务公开。数据开放即通过建立专门的政务数据开放网向社会和民众提供数据服务，让民众及时有效地了解和掌握政府政策的动向。第二，政府要实现电子政务的规律性。实施电子政务后借助于计算机严格要求行政过程。第三，政务实时性。实施电子政务后借助互联网平台实时发布电子政务数据采集信息，为电子政务的构建提供全方位的专业的便利条件。

（4）服务型政府要提供质优高效的公共产品。服务型政府的宗旨和目的是为社区和群众提供优质高效的公共服务。伴随着生态文明政府建设的推进，作为服务型的政府要做到以下几点：一是树立公共服务理念。这是建设服务型政府的前提，能否满足公共需求是判断政府管理能力的重要因素。政府要明确责任担当，为社会大众提供优质的服务。二是必须加强公共服务职能。作为政府管理的核心问题，政府必须不断满足人民群众的需求，解决好社会大众的利益问题。例如：就职就业、社会保障、基础公共设施，教育、科技、文化、环境等的种种社会问题。三是要创新公共服务体制。体制创新是建设服务型政府的保障。基础配套公共设施的建设、社会大众的公共需求是服务型政府需要解决的基础问题，而体制创新则能够为服务型政府带来生机与活力。

2.政府实现职能转变的手段和方式

（1）政府职能转变的手段要全面整体协调，同时也要综合多样协调。政府不仅要有法律和经济资源，还要有行政和教育资源。

其一要有法律手段。法律手段一般涉及某些政府机构制定法律法规，由国家机关、组织和个人进行实施。政府法律手段的应用是完善相关法律法规，对于在现有发展中不相适应的制度模式进行改变，废除不合理的落后的环境保护和社会治理内容，一是要加快建立起一系列相配套的监督管理办法，制定合理的符合当前社会发展要求的法律法规；二是要加强执法能力，强化政府执法监督体系，整顿执法队伍，对生态文明治理过程中的环境保护及治理行为严肃对待。同时，也要多鼓励科研人员多角度全方位地对环境法进行深入研究。

其二要有经济手段。经济手段通常指经济规律的运用或经济利益的关联。主要表现在劳动、价格、国家财政等方面。在生态政府治理过程中采用经济手段是政府职能转变的有效措施。目前世界范围内经济手段在环境保护上的运用有：环境税、排污收费等，我国自20世纪80年代开始运用，已经做过多次尝试，虽取得成果，但实际上仍存在需要改进的问题。

其三要有行政手段。决策、指挥、监督管理等这些由行政主管部门及其代理人所进行的行政行为活动被称为行政手段。党的十九大以来，我国站在新的历史方位，那些曾经行之有效的行政管理手段已经与新时代新阶段出现的生态环境问题不相适应。我们要根据新时代的生态文明建设要求，对过去的指导方针、法律法规和管理体系进行相应的调整。同时，要积极探索和创造新的环境管理体系，从而适应当前社会市场经济体制的要求。

其四要有教育手段。生态文明建设的教育手段主要是指教育者借助一定的方式和条件对受教育者进行生态文明内容教育的总称，主要包括物质手段和精神手段。在物质手段方面，一般通过一定的具体场所或设备来实现，如在学校、社区、街道等设置生态文明教育活动中心；或借由简单实物如图片海报、书籍报刊、电视网络等进行口头和书面教育。在精神手段上，主要表现在知识传递、思想交流和影响力感召力的激发等。

(2) 转变国家职能的手段和方法必须不断适应当地情况。一是实时更新。根据实际经济发展的不同阶段，我国生态文明的调控手段和方法必须因时而变。受经济发展的影响，目前我国政府职能转变必须系统化、全面化、综合化，相应地，在生态文明建设过程中也需要将经济手段、政治手段、教育手段等结合起来，综合有效加以运用。二是实地调整。不同经济地区的发展水平、经济政策各不相同，转变政府职能也要根据具体的实际来进行适当调整。例如，在经济发展较好的地区，保留基础经济手段和行政手段，还要运用生态文明教育方法。对于经济发展不占优势的地区，应在经济手段上发力，在保证生态环境保护的基础上与其他手段结合。另外，政府职能转变还必须结合具体生态文明建设的客观要求来进行不断创新。政府可采用区间调控、定向调控及应急调控等方式来进行生态文明建设的宏观调控。

3. 加强队伍的培育和建设

政府是由人组成的。要实现政府在生态文明建设上的有效调控，必须建立一支高素质、高效率的生态文明调控队伍。因此，为了加强生态文明，调控队伍必须努力培养正确的生态价值观、环境危机意识，提升生态知识学习能力和生态效益。

一要树立生态价值观，自觉尊重自然。正确的生态价值观是生态文明建设队伍培育和建设的基础。"生态价值"这个概念在党的十八大报告中首次使用，指出"新发展理念"已成为与生态文明时代相适应的可持续发展的先进理念。在目前的生态文明建设的进程中，树立正确的生态价值观才能制定正确的生态文明建设政策。"生态价值"一词内涵丰富，可以有以下几种理解。首先，每个在地球上生活和存在的生物物种都有其价值，每个生命物种都在物竞天择的生态环境中实现自身价值，同时又间接性地为其他生命物种提供了存在的意义，各生物物种和生命个体之间相辅相成，互相成就。其次，没有无意义的存在，地球上所有生命体的存在共同构成了地球整个生态系统的稳定和平衡。这也是一种生态价值的体现。最后，地球生态系统的稳定平衡为人类生存提供了必要条件，是对人类生存具有"环境价值"或生态系统价值的。

二要树立生态危机意识，学习生态知识。习近平总书记强调："推动形成绿色发展方式和生活方式是贯彻新发展理念的必然要求，必须把生态文明建设摆在全局工作的突出地位。"生态文明建设与每个人都息息相关，要强化公民环境意识，推动形成适度节约、绿色低碳、文明健康的发展方式和生活方式，形成全社会共同参与的良好风尚。这些认识是对生态问题的真实反映，是从生态问题的深刻教训中得出的。但目前，人们虽然已经感受到生态问题带给我们的危害，也逐步认识到了环境问题的严重性，但对生态问题产生的根源还认识不足，绿色生活的理念、正确的生活方式、保护环境的方法还未真正深入人心。

三要树立生态文明意识，注重生态效益。我国进入新时代，党和国家极其重视生态文明建设，实施了一系列战略举措，出台了一系列制度措施，形成了"一个办法、两个体系"，初步建立了生态文明建设目标评价考核的制度规范。党的十八大把生态文明建设纳入"五位一体"总体布局的战略高度。2015 年，国家出台《关于加快推进生态文明建设的意见》和《生态文明体制改革总体方案》，确立了我国生态文明建设的总体目标和生态文明体制改革总体实施方案，提出了健全政绩考核制度，建立体现生态文明建设要求的目标体系、考核办法、奖惩机制，把资源消耗、环境损害、生态效益等指标纳入经济社会发展评价体系的要求。2016 年，国家制定《生态文明建设目标评价考核办法》，国家发展改革委、国家统计局、环境保护部、中央组织部四部门联合印发《生态文明建设考核目标体系》和《绿色发展指标体系》。

党的十九大作出了加快生态文明体制改革、建设美丽中国的战略部署。生态文明体制改革是一场涉及生产方式、生活方式、思维方式和价值观念的重大变革。习近平总书记指出："只有实行最严格的制度、最严密的法治，才能为生态文明建设提供可靠保障。"[①] 要牢固树立社会主义生态文明观，摒弃"唯 GDP 论英雄"的发展观、政绩观，更加注重经济社会发展与自然资源环境协调统一，建设人与自然和谐共生的现代化；要完善经济社会发展考核评价体系，使之成为推进生态文明建设的重要导向和约束；还要加强节约资源、保护环境的生态文明意识，积极地防治污染，有效地保护生态环境。通过一些学校以外的教育进行进修及培训，学习有关生态环境科学和循环经济发展的内容，不断构建有利于推动生态文明建设的合理知识结构。

---

① 《习近平谈治国理政》第一卷，外文出版社 2018 年版，第 210 页。

（四）致力多元共治，形成三级联动效应

政府推进城镇化进程中的生态文明建设不能"九龙治水"，管山的治山、管水的治水，要多元共治，形成整体效应和联动效应。通过搭建平台、完善制度、形成机制等，努力探索形成一个多方协同、内外协调、方向一致的上下级政府间、地方政府间和政府内部各部门间的联动机制。

1.加强政府各部门间的协同协作，形成多元共治机制

新型城镇化中的生态文明建设不仅仅是一个部门或某一部分人的事，它是需要全体成员同步推进，统筹城乡协同一体发展的基本政策。坚持"以人为本"，政府各部门、各机构合力推进，形成多元共治格局。推进多元共治的关键是厘清各部门的职责权限，定位功能作用，分配目标任务，既明确分工，又通力合作，通过一系列制度的建立健全，形成合力机制。

2.强化中央、地方和区域间贯通，形成三级联动机制

在推进生态文明的新型城镇化建设进程中，由于自上而下的各政府职责不同，无法形成统一标准，因此，国家制度的完善和中央政策的形成是进行生态文明建设的最高原则和根本遵循。这就形成了中央、地方和区域之间的三级联动机制：中央上，制定制度政策来推进生态文明建设城镇化进程；地方上，结合地方实际情况，因地制宜，对中央政策进行实施；区域之间加强联动，保持生态文明城镇化的一体推进，上下联动。从微观视角来看，三级联动机制的实施中，由于行政区域不能隶属，生态文明城镇化进程中很难达到协同治理，因此重点要确保中央各地方的联动问题，尤其是区域之间的联动，城镇化进程中的生态建设和环境保护治理的协同一体推进必须要建立大规模的跨

省市、跨县域的协作机制。

3.搭建政府——社会资源统筹平台，形成社会合力机制

政府——社会资源统筹平台这一机制主要涉及社会参与机制。在生态文明建设城镇化进程中的显著标志是，政府自我统筹能力和社会资源利用两个重要力量。生态文明建设的多元主体就决定了政府的单独作用是不可行的，必须坚持社会合力、畅通社会参与渠道、统筹社会资源，使新型城镇化居民也能够参与到生态文明治理过程之中，形成全社会参与的共建、共治、共享的社会机制。

（五）实施目标管理，提升政府治理效能

政府职能转变不仅是工作方式和管理形式的转换，也要注重管理内容和工作内涵的变化，要将生态文明建设纳入工作目标和考核要点，实施目标管理，以形成持续推进的效果。

1.加强工作规划，制定各时期建设目标，细化目标任务

目标的制定是整个系统中的核心，是驱动所有要素的原动力。因此，目标的明确是引领生态文明建设城镇化进程的方向指南。目标必须要融入三大机制之中，渗透于生态文明建设的方方面面。政府决定了目标的设立和履行，这就要求政府必须形成相应的制度机制对目标进行行之有效的管理，以确保目标任务的顺利实现。

2.强化过程管理，进行动态化监管，适时调整调控

在目标管理过程中需要采用保障机制的信息反馈系统，对目标任务进行动态监控。作为一种保障机制，信息反馈系统就是要对目标进行动态化的调控和管理，能够及时监察目标的实施情况及各要素之间的配合等。因此，政府不仅要建立目标管理机制，更要重视目标实现的保障机制——信息反馈机制的设置和维护。

3. 健全责任追究，目标完成情况纳入考核，狠抓责任落实

责任追究涉及政府对考核机制的运用。在城镇化生态文明建设进程中考核评价机制相当于指挥棒，它引导着目标管理机制的进一步明确，协助进行目标管理，发挥着不可替代的作用。但同时，为了增强凝聚性，政府部门应及时转变思路，建立新的考核机制，确立以"绿色发展""绿色GDP"为核心价值的政绩考核评价制度，引导政府树立绿色政绩观，推进绿色发展理念深入落实，真正做到城镇化的绿色和谐发展。

第二节　城镇化进程中生态文明建设产业发展机制的构建

产业的粗放型和结构性问题必然带来环境问题。因此，将生态文明建设融入新型城镇化，一个核心的问题就是实现城镇经济结构的优化升级，而解决产业结构不合理的关键点就是发展绿色产业。建立绿色产业发展机制就成为新型城镇化进程中生态文明建设的动力。

一、产业发展驱动机制原理与模型

产业发展驱动是经济杠杆，它撬动的是整个社会经济结构的变化，并会影响到整个社会的发展方式，甚至是影响人们的生活方式，因此，必须要对产业发展的内在原理进行探讨。

（一）构建城镇化进程中生态文明建设产业发展机制的理论依据

城镇化生态文明建设进程中的产业发展机制作为系统工程，内部要素庞杂，涉及范围广泛，大致涵盖政府、资源、企业等社会各要素。系统论观点认为，系统运行包括输入、过程、输出、反馈，并在运行过程中互相作用。系统论之间的要素联系紧密、千变万化，任何一点变动都会带来系统的变化，牵一发而动全身。遵循系统论的观点对生态文明建设中的产业机制结构进行合理的划分，整合内部要素功能，建构起生态文明建设系统驱动机制。政府要积极发挥宏观调控的主导作用，着力推动产业结构和布局合理化，重点加强产业发展的绿色化生态模式，促进第三产业及其他低污染、低浪费的高新技术产业发展。加快绿色经济、循环经济、低碳经济的协调快速发展，着力贯彻国家提出的节能减排要求。对产业结构调整技术升级加大重视，有效提高资源利用率和经济效益，完善市场规则。推动环境监管评价制度，促使企业按照政府要求推动绿色经济发展，发挥市场资源配置主体性作用，合理优化资源配置，从而实现生态保护。

（二）产业发展机制系统模型

推进城镇化生态文明建设进程中的动力之一是产业发展机制。由经济因素作为动力来源，将产业绿色发展融入市场机制，形成创新型、绿色节约发展路径。具体产业机制的系统模型如下：

城镇化生态文明建设的主要动力源自以企业为主体的市场机制，在政府的宏观调控下，严格准入制度，走绿色发展、创新发展、生态经济之路，调整优化产业结构，完善市场保障机制，通过企业的竞争为生态文明

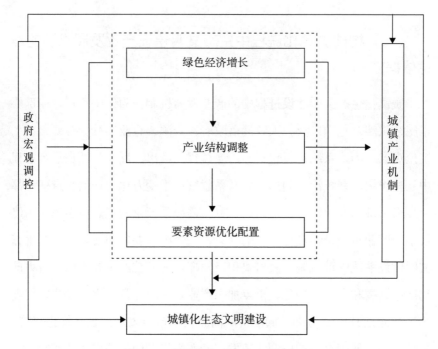

图 5-2　城镇生态文明产业发展机制

建设提供动力。产业驱动力指工厂、企业开展生态文明建设的动力。产业既是发展循环经济、减少污染物排放、转变经济发展方式的主体，也是建设资源节约型环境友好型社会、提高生态文明水平的关键因素。企业的目的是赢利，终极目标是追求利润最大化，这是企业作为一个经济组织的存在方式。但由于现代的社会生产者都将自然资源作为主要因素纳入生产，对自然资源的侵占就不可避免，环境问题日益凸显，企业的生产和经营方式向着生态文明要求的方式发展已迫在眉睫：第一，严格市场准入制度，严格要求企业必须生产符合生态环境标准要求的产品。第二，健全法律责任制度，加强对企业的监管，坚决取缔不符合环保要求的企业。第三，加强宣传工作。在社会的不断发展变化下，全世界的环保意识越来越强烈，在世界大浪潮下加强环保意识的宣传力度，增强全民环保意识。第四，激励机制。政府通过制定政策，监督政策实施，制定补偿措施，鼓励企业的转型，保障企业的生产经营活动。第五，引进先进的管理经验，树立良好的企业形象，鼓励企业承担更多的社会责任，获得公众支持，实现更大的经济效益和社会效益，从而获得更大的发展空间。

二、城镇化进程中产业发展驱动机制要素与结构功能

产业发展驱动包括政府、企业、民众等主体方面，当然也包含土地、资源等资产要素，这些要素在产业发展中具有不同的地位和层级关系。而各要素之间的关系构成一种结构。因此，在进行产业发展驱动机制构建时要深入分析诸要素之间的关系和相互作用方式，提高机制设计的层次性、整体性和针对性。

（一）产业发展机制各要素

为方便机制构建和分析各要素之间的内在关系，按照作用方向，对涉及的主要要素和次级要素进行梳理，它们是机制要处理的对象（见表 5-2）。

表 5-2 产业发展机制各要素

要素类别	作用方向	涉及次级要素
政府	宏观调控、 政策制定和监督审核	法律法规、政策制度、 监督管制、审核准入等
企业	市场运行主体、自主经营	一、二、三产业之间的结构， 经营范围、发展方式等
民众	为产业发展提供消费动力	消费观念、消费能力和消费结构
资源	土地、水、空间等资源	资源开发和市场化配置
环境	整体生态环境	生态保护和污染治理

（二）产业发展驱动机制功能分析

产业发展驱动机制的目标应为促进产业发展与环境保护之间的良性互动，在此目标的引导下，来发挥产业带动作用，进一步推进区域差异化发展，统筹整体与局部，着眼现实与未来的协调发展，从而实现生态文明建设目标。

1.坚持以促进产业发展与环境保护之间良性互动为目标

产业体系与自然生态环境密不可分。一是良好的自然生态环境是产业活动和发展的基础，产业的发展离不开自然环境这一前提。二是产业活动是把"双刃剑"。良好的产业发展能够为当前的自然环境带来良性循环，所带来的资金和技术支持能够推动生态环境的保护和改善；相反地，消耗型的产业发展模式会加剧生态环境的恶化，造成过度消耗。在以往的经济发展中往往是大量消耗自然资源，导致产业生态化进程中只注重资源的节约，从而限制产业扩张，片面追求环境质量优化和自然资源储存。在我国的产业生态化实践过程中，经验很少，主要表现为资源投入的资源压缩型、复合型环境问题的凸显。因此，在我国的产业生态化发展中要把实现人与自然的和谐作为根本目标，不仅是实现工业发展和资源互不干扰。我们需要充分认识产业发展的两面，转变经济发展方式，形成产业结构升级与环境保护协调推进的局面，实现人与自然生态的和谐发展。

2.建立由市场发挥基础性调节作用的生态治理机制

一直以来，我国生态资源保护和治理都是以政府为主导，由政府制定具体的举措去促进资源节约型社会，发展循环经济，而社会大众的思想意识都处于被动接受状态，政府和社会个体之间并未建立主动有效的联系。政府的目标导向作用受到局限。造成这种现象的根本原因在于市场机制在资源合理配置中失灵，对于公共性质较强的资源的自动配置能力有限。当前我国的生态文明建设中可持续循环经济能力的相关政策环境尚不成熟，仅依靠政府作用很难达到有效效果。市场作为稀缺资源配置的最优方式，在完善的市场条件下，可通过价格变动来实现个人效益最大化，也能通过社会资源在生产生活中的合理利用带动整个社会效益的最大限度地满足。

因此，产业生态化的发展离不开政府所创造的良好的制度环境，要进行体制、机制的创新。但产业生态化的实践活动只有在经济体制中，根据经济规律运作，这项运作可以有机地与政府的主导驱动力相结合，从而创造出有利于建设城镇化和生态文明的有效合力。政府对市场参与者的引导主要体现在：一是建立起行为规范性的政策法规；二是加强政策引导措施和激励产业生态化的目标发展。具体实施体现在：首先，保证市场经济活动处于政府所划定的强制性的环境治理法律法规下；其次，利用政府的政策补贴和税收手段等其他经济手段，形成完整的生态文明发展利益驱动机制；最后，妥善将政府给予的信息技术和资金物质支持，转变为市场技术的革新等。

3. 注重区域差异化发展，实现统筹整体与局部、现实与未来协调发展

微观经济独资经营者的生产遵循最大化效益的原则，即生产的边际生产成本对应边际效益时作为最佳生产水平。但这一微观经济学理论并未在目前的宏观经济学实践中得到证明，没有最优的宏观经济增长水平，而经济总量继续增加。产生的原因是宏观经济学和微观经济学有不同的倾向点，微观经济学着眼于局部问题，受限于机会成本；宏观经济学在整体问题上并没有受到机会成本的影响。实际上，宏观经济是以一定量的稳定的子系统来构成的最佳生态系统模型，并非孤立存在的。可

持续发展的核心概念是经济子系统的增长不得超过可持续生态系统支持的容纳范围。

从空间的角度来看，我们必须深刻认识到，任何地区的每一个产业体系都是根深蒂固的，同时也是整体大的生态经济系统中不可或缺的一部分。将具体的空间条件与生态系统问题割裂开来是片面的，要协调平衡好不同区域和层次上的产业结构与生态系统之间的关系，注意生态文明建设中的区域产业差异化。我们不能以牺牲当地环境为代价改善整体环境，也不能期望通过改善当地环境可以防止整个环境的恶化。我国有众多地区性的产业，因产业结构模式统一但地区环境承载能力有所不同而造成的错位现象严重。近年来，西部地区的生态文明与产业发展问题得到大量研究，但鲜有能够站在国家战略层面进行差异化具体分析。因此，在实施产业生态战略时，不仅要考虑特定地区的具体自然环境和环境资源，充分利用好资源容量，保持生态系统的可持续发展能力，而且要结合当地的科技、文化、社会和经济条件来建立起与实际相符合的产业生态体系；我们还必须依靠生态系统的整体性和系统性，从更广泛的空间维度上推动本地区产业结构的发展和自然生态建设的良性循环发展。

从时间角度来看，与西方发达国家相比，我国产业生态化的时间较短，经验较少。所面临的产业结构调整升级难度巨大，经历了一个长期复杂的演变过程，最终实现了以动态的发展战略眼光来选择产业生态化的实施路径。现阶段所运用的以网络建设解决资源环境问题的方法如废物资源回收技术、污染处理技术和清洁技术成效显著，从可持续发展的生态文明建设发展战略来看，进行产业结构、产业布局的调整才是产业生态化的长远之计。

三、城镇化进程中产业发展驱动机制构建策略

构建产业驱动机制既要考虑区域统筹问题，也要强调生态保护，大力发展生态产业，培育绿色产业的市场运作模式，优化产业结构，实现城镇化进程中的绿色产业化。

1.合理统筹区域经济，注重差异化发展

推进区域协调发展的重点是要利用区域特色优势，按照差异化的特点，激发区域发展活力，推动区域生态建设发展。完善区域发展体制机制要建立促进基本公共服务均等化的公共财政体制，健全完善促进区域合作发展的体制机制，建立健全对口支援合作机制，建立资源要素跨区域合理流动机制，建立分类导向的绩效考核评价体系。注重不同城市的差异特点，结合实际的经济发展水平和生态建设承受能力，加强区域之间的协同合作和基础设施建设，建构起完善的区域差异制度及补偿制度，积极调动政府调控力和发挥市场资源配置作用，促进产业结构调整优化发展。

2.强化生态环境保护，实现可持续发展

在推进新型城镇化过程中，要坚持以绿色发展理念为核心的新发展理念，实现永续发展。要将生态理念贯彻到新型城镇化建设的全过程和各个方面，处理好城镇化建设、经济社会发展和生态文明建设之间的关系，发展新能源、节约资源，打造城镇绿色的现代化生态产业化体系，加强绿色建设，减少污染排放，发展循环经济，合理利用土地，创新技术发展水平，积极转变生产方式，推动集约化发展模式。

3.优化产业结构升级，形成生态产业模式

未来城镇发展必须进行顶层设计，将产业结构布局作为重中之重，立足资源禀赋打造生态产业模式。一是确定好区域节点，通过做强中心

城市，培育特色城镇，打造发展聚集点，形成辐射效应和带动作用，以分配效应、辐射能力和收入效益来促进发展，不断提高经济的发展能力。二是优化产业结构。首先定位农业在产业结构中的基础性地位，通过深加工延伸农业产业链，提升农业的就业吸引力；升级传统产业，淘汰落后产能，走新型工业化道路；大力发展服务业，培育和扶持新兴产业，发挥资源优势和文化特色，加快文化、旅游融合发展，形成一批新兴产业和新的经济增长点。

此外，为加强生态城镇建设过程中生态经济的循环发展，应加速推动生态产业化模式的发展。政府也要对其进行相应的大力扶持，鼓励生态产业的聚集发展，加快生态工业园区转型，实现产业生产循环模式，完成循环型产业体系建设。同时，也要对生态资源进行合理有效利用，使产业在能源使用中分阶梯呈现。在产业发展中，生产、分配和消费必须旨在提高资源生产的效率。为了实现再生资源的循环利用，还应建设回收场地、分拣中心和集散市场，以完成"三位一体"的回收网络建设。

4.发挥市场调节机制，推动节约型发展

我国当前的产业改革不到位、市场机制不完善的现状，导致现有的重型产业的产业结构呈现出"高投入、高消耗、高排放"的生产方式。譬如，对于稀缺资源的低成本销售，导致在生产过程中不加节制地利用，造成大量资源使用过度。因此，必须充分利用市场在资源配置和环境资源合理使用中的关键作用，"谁污染，谁治理"的原则应该由"谁污染，谁出钱"向"谁治理，谁赚钱"变化。利用市场手段鼓励企业自发"减排"和发展节约型循环经济，政府应尽快制定和建立起生态资源生产节约型的循环经济模式，将经济生产效益内化，推进企业发展节约型循环经济。

第三节　城镇化进程中生态文明
建设科技创新机制构建

生态问题是现代文明的一个负面后果，一定程度上是科技发展的一个伴生问题。但问题起于科技，也应依靠科学技术的发展来加以解决。因此，在城镇化进程中加强生态文明建设必须发挥科技创新的支撑力量，形成一个科技创新机制来推动生态文明建设。

一、城镇生态文明建设科技创新机制的概念与系统模型

对科技创新概念的理解本身就蕴含着对人与自然直接关系的理解，也内含着对生态环境问题的基本观点和主要看法，因此必须对科技创新有一个清晰的认识和准确的理解。

（一）科技创新的基本内涵

约瑟夫·熊彼特（Joseph Alois Schumpeter）对创新的定义是引入先前未引入生产系统的生产要素"新组合"的过程。技术创新是指发现和应用新知识、新技术或新工艺的过程，根据新的生产和管理模式提高产品质量，并在生产系统中创造新的价值。马克思说："社会一旦有技术上的需要，这种需要就会比十所大学更能把科学推向前进。"在生态文明城镇建设中，科技创新不仅仅是支撑作用，更重要的是创新驱动，通过科技创新来开发新能源、提供新技术，特别是清洁能源的开发利用、水资源的循环、绿色产业的技术引领和污染防治技术的创新等，以科技创新推动新型城镇化进程中的生态文明建设。

一是基础科学创新支撑。城镇生态文明建设是一个系统工程，涉及的方面很多，具有跨领域、多学科、综合性特点，必须有基础学科的支撑。二是应用技术方法创新驱动。这是科技创新的核心，是解决绿色发展和科技驱动的关键。主要涉及产业发展的绿色化、集约化技术，土地、矿藏、水等资源的科学开发利用以及循环利用技术、智能信息化技术、清洁能源、新能源的开发利用技术，以及智能化交通设计、绿色建筑等技术，污染治理和环境保护新技术等。三是科技创新平台和途径的拓展。将基础科学创新、应用技术方法创新在城镇生态文明建设中进行新的实践，城镇生态文明建设对科技实践创新驱动作用的需求主要表现在对产业技术革新、技术研发和科技推广创新上。因此，一方面要为科技创新力量进入发展规划、产业体系、新能源开发利用等环境建立平台和机制，做好引导工作；另一方面，将一些科技型企业、科技型产业示范园区等与市场相结合，达到城镇生态文明建设与科技创新在市场下的融合，以科技创新驱动生态文明建设。

（二）科技创新驱动模型构建

依据各要素之间的系统内生机制关系，结合新型城镇化进程中的生

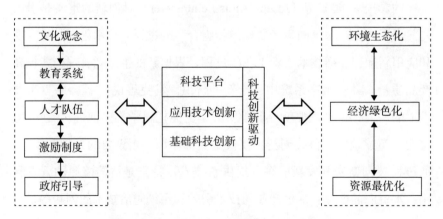

图 5-3 城镇生态文明建设科技创新驱动模型

态文明建设实际，确保科技的创新驱动作用，构建了如图 5-3 的机制模型。

（三）科技创新驱动作用分析

科技创新驱动力来自科研院所等学术机构和科技创新企业开展城镇生态文明建设的动力。学术机构作为优秀人才的聚集地、培育地，能够为生态文明建设提供大量的新思路、新技术和高精尖人才，也由于在理论知识、先进科研、人才培育方面的优势可以对全民生态文明意识起到环境教育作用。在全国全社会各行各业发展绿色经济，进行生态文明建设。城镇科技企业也要参与到绿色经济发展中来，通过科技创新占领市场。一是高校及科研机构充分发挥教育、科研和社会服务三大功能，履行社会职能，参加城镇生态文明建设。二是科技创新是发展的动力，城镇化进程中生态文明建设中的绿色产业发展、新能源开发等都需要技术创新。三是高校、学术机构培养生态科技高端人才，为城镇化进程中生态文明建设提供人才支撑；同时，向社会输出人与自然和谐共处的价值观念，传播生态经济、绿色发展、绿色消费观念，提高城镇居民的生态文明意识。

二、城镇生态文明建设科技创新机制要素与结构功能

城镇化进程中的生态文明建设科技创新工作涉及多个主体，如高校和科研院所、企业和政府，其中政府处于主导地位，高校和科研院所是创新的主体，企业主要是科技创新成果的转化者和受益者，这些要素相互作用、互相影响，形成一个结构体系。

（一）科技创新机制各要素

按照各要素的层次关系和作用方向，进行分类整理如表 5-3 所示：

表 5-3　城镇生态文明建设科技创新机制各要素

要素类别	作用方向	涉及次级要素
高校及科研院所	培养高端人才、创新生态科技、输出生态文明价值观念	人才培养、生态文明观念、科技研发等
科技企业	发展生态科技产品和坚持绿色发展	科技产业园区、生态科技成果转化、科技企业创新平台等
政府	制定相关政策、加强生态科技创新引导、提供财政支持	制度政策保障、激励机制、高端人才成长环境、公众参与渠道建设等

（二）科技创新机制的结构功能分析

科技创新机制首先离不开价值观念的驱动，更要注重内生动力的激发，还需要利益和外部动力的支撑，因此，科技创新机制的构建是一个层次较多、功能协同的整体。

1. 价值观念驱动

先污染后治理的通病、粗放型发展的负面效应，造成"GDP 主义"的严重后果，让我们在推进城镇化建设中必须要生态先行，而生态的建设和环境的保护必须有科技创新的支撑。作为城镇生态文明建设的重要手段，科技创新生态化的发展趋势和价值诉求发挥着重要作用。从生态学的整体观点来看，将科技创新应用于生态建设中，不仅能够提高劳动效率和资源利用率，还能够在生态环境被保护的状态下达到现代社会生产力的发展。"以人为本"的最高价值原则，强调主观能动性在技术创新和经济发展中的主导地位和作用。

2. 内生动力

党的十八大以来，我国科技创新之所以取得历史性成就，关键一步就在于全面深化创新改革。在城镇生态文明建设科技创新中，发挥着关键作用的则是作为市场活动最直接的参与者即各高校和科研院所等学术机构。其中，最关键的因素是科研人员。各高校和科研院所是生态文明建设的内生动力，是先锋队。因此，在城镇生态文明建设的过程中，对于基础科研，我们要发挥完善的制度优势，加强基础科学研究体系的价值取向，落实高校和科研院所的独立权，增加知识导向的分配政策，推动大型项目建设，完善科研人员基础设施和保障机制。

3. 利益驱动

经济利益是实施城镇生态文明建设中科技创新的根本出发点。除了人们对环境保护和资源节约的意识增强外，市场对生态型产品需求提高，倡导绿色型经济消费，这就要求企业要改进生产方式，创新生产思路，不断更新技术，提供绿色环保的新产品。推进科学合理的利益机制构建，为科技创新提供发展道路。

改革开放以来，经过不懈努力，我国的创新能力已接近世界先进水平。但站在国家发展新的历史起点上，我们仍然发现，科技创新仍是我们解决贫困问题、带领群众发展的重要瓶颈和突破方向。这就要求我们在汲取历史经验教训的同时，及时把握市场规律，引导经济利益驱动，加快构建和完善科技创新利益驱动机制，扩大政府对科学技术及科研人员的资金支持，并最大限度地对科技创新成果和知识产权进行保护，通过利益主体的利益驱动激发企业进行技术创新的行为驱动力，带动社会大众创新创业。

4. 外部动力

市场、政府、集群、法律、文化等都将影响技术创新在建设城镇生态文明中的驱动作用。相应的外部力量主要有需求拉动力、政策推动力、社会协同力、法律保障力以及文化引领力。具体表现为：

第一，需求拉动力。城镇生态文明建设的科技创新拉动力主要是由于人们对于环保型产品、绿色型消费的需求，主要体现为市场的竞争性需求与社会公益性需求。

第二，政策推动力。由于科技创新的资金要求较高，回报率较低，一部分地区在城镇生态文明建设进程中受到制约。政府应适当分担科技创新压力，与企业、高校、科研院所建立多方合作关系。因此，政府应充分重视其作为集成者的角色，承担起城镇生态文明科技创新的重大任务，发挥政策作用促进科技发展，相应建立"政产学研"体系，推动科技创新人才培养，加强交流与合作。为构建城镇生态文明创造良好的科技创新政治制度环境，提高创新效率，大力提升科技创新水平，加快科技创新成果转变。

第三，社会协同力。城镇生态文明建设的科技创新需要社会大众积极参与、共同协作进行。每个社会机构的组织和成员都发挥着自己的作用。譬如：社会基金会和民办非企业单位起到奠基石的作用，是社会基础；而科研机构能够发挥教育培训、沟通协调的纽带作用，搭建科技创新与客户之间的桥梁，保证了创新科技产品和绿色消费渠道的畅通。

第四，法律保障力。一旦生态文明建设中的科技创新过程比较复杂，有一定的溢出效应，就需要法律保护。通过法律保障，能够使可持续发展意识通过法律的形式得到重视。法律的政策和各项职能能够保障和规范科技创新的最大利益，促进和维护公平与公正，实现公平与效率的有机融合。

第五，文化引领力。科学技术源于文化基础，在文化中也得到发展，成为文化的重要组成部分。作为建设城镇生态文明的科技创新过程中的软实力，文化可以促进人们形成在建设城镇生态文明中的科学精神，并推动了科技创新在城镇生态文明建设中发挥作用。因此，为发挥该支撑作用，要牢固树立生态文明保护意识，提倡资源节约型理念，弘扬城镇生态文明并构建与之相适应的科技创新文化。

三、科技创新机制的构建策略

科技创新机制的形成要在政府的主导下，注重科研平台的搭建，聚集科技人才，营造生态文化氛围，完善科技成果培育和转化机制，构建一个激励作用强、人才梯队好、文化氛围浓的科技创新机制。

（一）搭建平台，畅通高校等学术机构推动城镇化生态文明建设渠道

科技力量的有效发挥一方面是科技能力的提升，另一方面就是平台的搭建，没有好的平台，再强的科技实力也难以施展。

1. 打造"政—产—学—研"平台，形成高校等科研机构服务地方城镇化生态文明建设机制。充分发挥科技在支持产业发展和绿色经济发展中的关键性作用，应着力从以下方面入手。一是政府引导科研机构、高等院校围绕服务城镇经济发展需求，主动对接企业，激发企业发挥在产学研协同创新中的主导作用，通过经济手段鼓励高等院校、科研机构在协同创新中承担服务企业的任务，深化科技体制改革，建立科研院所、高等院校主动向企业靠拢的机制。二是进一步加强管理，强化技术中介"牵线搭桥"的能力，完善利益驱动机制，促成高等院校、研发机构与企业按照"优势互补、分工明确、成果共享、风

险共担"的原则建立开放式合作模式,"使合作从短期、松散、单项逐步转向长期、紧密、系统"①。作为补充,拓展渠道搭建技术中介服务机构与高等院校、科研院所之间的交流平台,探索建立中介服务机构的政府推荐制,支持知识服务机构发展,积极培育市场化、专业化的中介服务机构,建立一支高层次技术中介服务人才队伍。三是建立创新人才自由流动机制和灵活使用机制,积极鼓励科技人才进行创新创业,注重调整优化科技评价考核体系,鼓励成果创新,充分激发创新活力。

2.加强政策支持,支持高校等科研院所面向城镇生态文明建设培养高端人才。政府管理教育部门,制定政策,鼓励高校在专业设置方面体现出城镇生态文明建设培育人才的指向。增设生态文化、生态伦理、生态工程、绿色技术等方面的专业和研究方向,培育高层次人才。引导高校将先进的生态理念、生态文化等融入大学生思想政治教育和学科教学之中,坚持进教材、进课堂、进头脑。

3.优化文化创新机制,引导高校及文化创新机构加强生态文化创新和传播。引导高校设立生态文化研究中心,组织哲学、社会科学、生态学、城市地理等学科力量,深入生态文化研究,并积极与社会各层面进行互动联动。政府通过设立生态文化创新基金项目、各类纵向科研项目、科研成果评选推广等引导高校等研究机构聚焦生态文化创新和传播。培育社会生态文化服务和传播机构,在人才队伍建设、市场运作、成果推广等方面进行配套改革,为生态文化服务行业的发展提供政策支持、经济支持和产业发展服务。

---

① 陈克宏:《加强产学研用的协同创新》,《文汇报》2012 年 9 月 13 日。

（二）优化结构，激发企业走技术创新之路促进城镇产业结构的调整

党的十八届三中全会明确提出："要健全体制机制，形成以工促农、以城带乡、工农互惠、城乡一体化的新型工业城乡关系，推进城乡要素平等交换和公共资源均衡配置，积极完善城镇化健康发展体制。"这为城镇化进程中的产业结构调整指明了方向。

1.突出城镇化发展特色，合理统筹协调区域经济发展。充分考虑同城镇的经济发展水平、资源禀赋和市场条件、生态环境和生态承载力，合理设计产业梯度，加强区域间技术传播，在城镇化的过程中，注重不同城镇的承接转移能力和条件，加强区域之间、城镇之间的合作，强化区域基础设施建设，建立健全生态补偿制度，充分发挥政府调控能力和市场配置资源的作用，推进城镇化与产业结构协调发展，特别是突出逐步将生态产业培育成支柱产业和增长力量的目标。

2.融入生态文明建设，实现可持续发展战略。在推进城镇化发展的过程中，要从可持续发展入手，着眼于自觉将生态文明建设融入各方面和各环节，合理处理城镇化建设、经济发展、生态文明建设三者之间的联动关系，"以生态型城市化为导向和理念，以新能源为发展基础，合理打造具有低碳、绿色理念的现代化产业体系，同时推进城镇化中的绿色建设，减少污染排放，打造循环经济，合理利用土地，创新技术发展水平，积极转变生产方式，走集约化的生产发展方式"①。

---

① 冉祥云：《我国城镇化与产业结构升级的协调发展研究》，《商业时代》2014 年第 18 期。

3.树立绿色理念，优化城镇化发展模式。优化城镇区域布局，提升中心城市发展水平和建设高度，推进特色镇建设，打造城镇经济发展的聚集点，发挥资源分配、城镇辐射和经济效益等杠杆作用，推动城镇化进程，不断提高城镇经济可持续发展能力和发展质量。深入推进城镇产业结构调整，优化产业结构布局。调整农业产业结构，进一步延伸农业产业链，提高农业吸引力，增强农业就业能力。改造传统工业产业，对落后产业进行更新换代，依靠科技走新型工业化、绿色工业化道路。大力培育和发展新兴服务业，因地制宜，依靠本地资源，积极促进文化、旅游等特色产业发展。此外，也要深化政府机构改革，改进考核评价制度，遏制"GDP 主义"发展，全面推进生态文明建设考核评价改革。营造"双创"氛围，创新形式载体，鼓励城镇各类企业参与生态科技创新应用。

（三）加强扶持，政府加大财政投入支持科技创新和高科技成果转化

科研成果转化受时间长、风险高等因素的影响，突出存在转化率低的问题。因此，推进科技成果转化一方面靠市场的风险投资和企业的力量，另一方面也要求政府加大投资，支持科技成果转化。

1.搭建平台，以示范园区建设为抓手，建立企业与研发机构合作新模式。一是城镇政府应该积极主导建立以企业牵头的技术创新和产业化联盟，加大对科技成果转化平台建设的支持力度，形成以市场为导向，企业为主体，"联盟＋平台＋基金"三位一体的科技成果转化和运营平台，把创新能力、运营能力、工程设计能力和资本相结合。二是促进科技成果有效转化，在资金、立项、土地、税收和人才政策等方面加大支持力度，引导科技创新资源与地区产业优势相结合，促进科技成果转化效率

提升，助力产业转型升级。三是进一步规范科技成果交易平台，对现有的交易平台进行清理和规范，按行业或者领域分类设立，规范专业技术资源和从业人员能力标准，提高平台的服务能力和质量，促进科技成果的有效对接和转化。

2.加大力度，以发展环境改善为重点，完善聚集高层次人才的体制机制。围绕生态产业、生态文化、绿色科技、绿色发展等生态建设的核心问题，搭建广阔平台，形成人才聚集区，建设科技高地。通过制度出台优惠政策，向基层放权，为人才松绑，向科技让利，吸引各方高层次人才。与高校名校对接，建立人才引进和培训提升联动机制，为人才的引进开源，为人才的培养拓展平台。综合考虑在住房保障、随迁落户、社会保险等方面的配套服务，为人才提供高质量贴心服务，跟进解决引进人才在适应环境、享受政策、成长进步、创业创新等方面遇到的困难和问题，营造高层次人才的创业成长环境。

3.创新机制，以培育科技市场为突破，激发创新科技市场的潜力和活力。科技的发展还需要引入市场机制，发挥科技支撑生态产业、绿色科技和绿色生活等生态文明建设作用。一方面要积极引导科技企业的发展，规范知识产权、科技成果的推广转化，搭建科技交易平台，繁荣科技市场；另一方面要拓展途径，促进政府、企业、社会组织与科研机构、高等院校合作，引导高等院校参与科技成果创新转化，鼓励高校科研人员走出实验室，进行创新创业。

（四）文化引领，引导民众树立生态价值观和增强生态意识、参与意识

文化是行走的隐形制约机制，生态行为的发生说到底跟生态意识和生态理念分不开，因此，在城镇化进程中搞好生态文明建设，与生态观

念的更新和生态共识的凝聚有着密不可分的联系。一是借助新媒体新形式，发挥传统媒体优势，大力弘扬生态文明观念，加强生态文明宣传教育，营造良好的舆论和社会氛围，提高人们的节约意识、环保意识、生态意识，做到资源节约和保护是主流价值观。二是倡导"厉行节约、反对浪费"的文明行为，在基本生活方面的各领域，将加快向简约适度、绿色低碳、文明健康的方式过渡，反对形式多样的奢侈浪费等行为。利用价格等手段促进低碳绿色、环保可循环产品的使用，减少一次性产品的使用，限制过度包装。三是拓展渠道提高公众生态建设参与度，通过听证会、新闻发布会、环境信息发布等形式让广大民众知晓生态文明建设的政策法律法规，加强生态保护的危机感和紧迫性，提高环境保护意识，提升对人与自然和谐共生的生态理念、尊重自然等生态价值观的认同度，在全社会营造绿色发展、绿色生活和人人关心环保、人人爱护环境的良好氛围。

第四节　城镇化进程中生态文明建设参与机制构建

城镇生态文明建设是一个系统性、复杂性和综合性的庞大工程，不仅关系到政府、企业，更涉及广大居民群众。一方面，城镇生态文明建设的最根本受益者是广大居民群众，功在当代、利在千秋，在责任上群众应该贡献力量，承担责任；另一方面，工作的复杂性也要求群众积极参与，贡献力量，"众人划桨开大船""众人拾柴火焰高"。但是，要将包括人民群众在内的社会力量纳入城镇生态文明建设，必须建立便利的渠道和高效机制。

一、城镇生态文明建设参与机制内涵与模型

生态文明建设涉及各个主体，如政府、企业、民众等，但各主体在这一进程中的地位是不同的，如政府的地位是主导者。但参与机制的主要对象应该是公众，参与的范围和作用也需要进一步探讨。

（一）参与机制的内涵

公众参与机制是整个体系，是实现一切形式的公众参与。公众参与机制不是一个自主独立的概念。它总结了影响公众视角的所有方法，并进行全面的分析和研究。其结果是检验公众参与路径和方法的一种动态方式，从而可以对整体运作机制进行客观的公众综合评估。公众参与机制有三大体系：社会机制、法律机制和政治机制。第一种机制是指社会体系，即社会中的各种媒体和组织都对公众参与产生影响，在许多领域提高了公众的生态意识。第二种机制是基于法律，具有国家强制力。它以法律和渠道的形式管理公众参与，包括参与权、收入权和追索权。第三种机制是政治机制，是保证和加强群众参与的制度层面的方式方法。

权利相关者的定义在某种程度上也具有公众参与者的重要性。这个概念具有丰富的含义，并且具有广泛和狭隘的区别。总的来说，"权力相关"是指对相对具体的环境决策的研究，任何或多或少都能够受到这一决定的影响，可被视为权利相关。在这种理解层面上，权利相关者和公众之间没有显著差异。但是，也存在一种狭义的理解，意味着与权利有关的人被解释为具有特定组织和规模的群体，并且他们可以享受特定的利益。在制定具体政策的会议中，尤其需要增加具有不同背景和条件的人员和组织的数量，这也将有助于增加决策的合理性。

生态文明的公众参与体系分为广义和狭义。广义的概念是指在政府的引导下，全民参与生态文明建设的过程，以及加强对生态知识的学习和理解。生态问题是一个世界性的问题，我们每个人都依赖生态系统。因此，在环境被破坏，污染日益严重的今天，作为主人翁，我们每个人都应该自觉肩负起维护生态环境，积极参与生态文明建设的责任。作为政府，要负责提高人们的环保意识，不断增强人们的环保意识。环境问题的出现与人们的生活紧密相连，看似不相关的行为可能会对整个环境产生不可否认的蝴蝶效应。因此，每个人都有责任和义务自觉地去践行环保。从我做起，自觉主动强化生态文明意识，调整和改变目前对环境保护错误、有害的行为模式。

狭义上的公众对生态文明的参与可以被看作是民主制度。在制度化的公众参与中，公众有权参与国家和政府的所有环境政策和措施的制定。生态文明制度化的工作参与是指政府和公众密切合作，密切配合，相互作用并进行谈判以解决环境问题。其实施主要包括：1.举办听证会，发布公告，协商讨论；2.民意调查和意见征集等。党的十八大强调，要"健全社会主义协商民主制度"，要"加快推进社会主义民主政治制度化、规范化、程序化，从各层次各领域扩大公民有序政治参与，实现国家各项工作法治化"。公众参与的制度化也体现了社会主义协商民主的优越性。

（二）参与机制的重要意义

随着环境的破坏加剧和资源的日渐匮乏，人与自然之间的关系也逐渐失衡，人类赖以为生的环境带来的巨大改变促使越来越多的人开始关注到生态。调查发现，人们逐渐意识到环境属于每个人，保护环境不仅仅是一个国家或政府的责任，它直接关系到个人的生存和发展。对每个人来说，这是一个不可推卸的责任和义务。在建设生态文明的过程中，无论是发布关于改善环境的政府决策信息还是摧毁对环境有负面影响的个体企业和个人，人们都有知情权。人们有义务主动保护环境，阻止对环境有害的事件发生，及时向有关部门反馈信息。国家环境保护部潘岳在"绿色中国环境公益日"那天指出，公众的力量是解决中国严峻环境问题的最大动力。历史也不断证明，公众是文明社会进步背后的巨大推动力。

公众参与在一定程度上可以减少环境恶化的非法根源，并加强环境法律法规的合法性和完整性。监督和制止环境破坏者的违法行为，加强生态文明系统的运转和推进。法律明确规定了人们对于环境的权利，大大提高了政府和相关部门在群众生态工作的开展效率。这不仅有助于公平和公正地解决生态事件，还将有助于有关部门制定环境政策，平衡利益相关方在决策过程中的利益，提高执法能力，保障决策的正确性。它还将帮助监管机构及时掌握与环境相关的情况，从而适当处理所有环境和生态侵害行为。

第一，促进实现可持续发展的战略目标。生态文明对推动可持续发展的战略目标具有积极作用。从历史发展维度上看，中国的可持续发展过程始终与建设生态文明建设的进程相一致。无论是科学发展观，"两型"社会还是生态文明建设，各个时代的理念和政策都与可持续发展相适应，并与全球可持续发展相辅相成。实现可持续发展目标的重要途径是建设合理使用和保护资源的生态文明，促进自然、经济和社会系统之间的良性互动，协调人口、资源、环境与发展之间的辩证关系。

第二，提高生态文明意识和公众的参与意识。建立公众参与制度有助于提高公民对公益事业的责任意识，提高人们的生态素质，形成正确的生态心理和消费行为。政府的广泛宣传和普及，能够提高全社会的节能意识和对能源的强烈责任感，为全社会建设生态文明的各方创造良好氛围。生态文明已经由政府意识转变为群众意识的增强，形成了消费、生产、发展的新格局。公众参与早、中、晚阶段环境决策的重要性，可以引发体制外矛盾转化为内部矛盾。因此，建立健全制度体系，加强生态文明体系建设具有十分重要的意义。要大力推行公众参与制度，保障人民群众参与生态环境的权利，依法促进人民群众参与生态环境保护。

第三，在政府、企业和公众之间形成积极互动。实现政府、企业和公民之间的积极互动不仅要靠政府的指导和推广，而且离不开企业和大众之间的合作。三方相互支持，互帮互助。政府必须在建设生态文明中代表绝大多数人的共同利益，在政企关系中互相弥补。政府支持和引导企业的发展，企业必须对政府负责，服从政府的合理建议，支持并遵守政府指导方针。在运营过程中，企业依照相关法律规定使用资源，同时也必须对国家和社会的长远发展负责，对大众的安全和健康负责。在企业与大众的关系中，企业必须积极承担责任，公布和披露资源使用和相关环境信息。作为公民，无论是在精神上还是在财力和物力上都要大力支持一切有利于环境保护和建设的活动。当企业致力于建设一个美丽中国时，他们所生产的产品和所做的活动有助于改善我们的环境，人们有义务通过消费来支持和促使更多的企业致力于此。相反，如果公司只顾私利，不顾大局造成我们环境的破坏，对整个生态系统造成损失的行为我们必须坚决加以抵制。

建设生态文明直接关系到人民福祉、国家未来。面对日益稀缺的资源现状、日益严重的环境破坏和生态系统的逐渐退化这种形势，我们应该坚持尊重自然，建立环境意识的生态文明理念，把生态文明放在重要的战略位置，全力支持和积极鼓励美丽中国建设，并争取尽快实现中华民族的可持续发展。我们不仅要关注日益增长的经济成果，还必须认识到改善生活环境的意义和价值。在企业生产过程中，要坚持绿色生产，不把经济效益的提高建立在以牺牲环境为代价的前提上，积极落实政府颁布的法律法规，严格执行生产活动实施指导方针。政府应充分尊重企业自主经营的决策权，公众积极参与健康发展。只有这样，公众参与制度才能得到企业的认可，充分发挥其优势。完善公众参与制度，让公众能够履行义务，影响更广泛的领域。对于认真贯彻政府政策，积极推进绿色生产，引进绿色产品的企业，政府可以采取适当的激励政策，以奖金、荣誉称号等方式奖励优秀企业，树立榜样鼓励其他企业进行学习。引入激励政策的目的是使企业坚持绿色生产和良性生产。企业引入企业所有权机制和公司发布环境信息以促进与公众的良好互动，增加了公司的经济效益，促进了企业间的互动，加强了环境保护，两者都达到了和谐共处。目前，中国适用法律规定的公众参与权范围有限，相关法律法规通常受约束和激励制度制约。在特定情况下，当群众有意识地参与环境保护，尤其是执行监督权利时，外部力量会产生一定程度的限制，甚至承担一定的风险。因此，对于主动作出义务担当的群众来说，应当奖励和表彰其坚持同违法活动做斗争，努力维护环境和生态稳定的行为。只有团结起来，才能促进生态文明制度更好更快地建立。

（三）参与机制的系统模型

依据一般系统论，根据城镇化进程中生态文明建设参与机制涉及的各要素及相互关系，结合城镇发展实际，构建了城镇生态文明建设参与机制形成模型（见图5-4）。

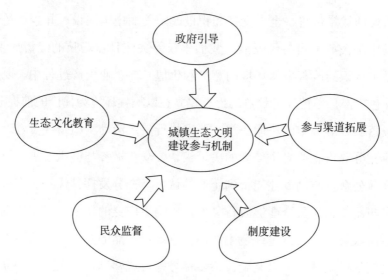

图 5-4 城镇生态文明建设参与机制形成模型

二、城镇生态文明建设参与机制的要素与结构功能

根据系统论观念，综合分析城镇生态文明建设各主体和各要素是进行机制建设的前提和基础。一般来说，城镇化进程中的生态文明建设的参与者以政府为主导，以市场为主体，积极调动多方参与，形成多元参与的机制。

表 5-4 城镇生态文明建设参与机制要素构成

主要要素	作用方向	涉及相关要素
政府	进行制度建设、拓展参与渠道、组织监督考核	保障制度、渠道拓展、考核评价以及接受社会监督
教育机构	生态文化创新和传播	生态意识、生态价值观念的传播和人才的培养
民众	参与决策、参与建设、参与监督	按照程序参与生态文明建设的决策、宣传，以社区为单位参与生态文明建设，加强对政府和企业行为的监督

三、生态文明建设公众参与机制构建策略

构建新型城镇化进程中的生态文明建设公众参与机制，必须从加强法律制度建设、拓展参与渠道、加强参与意识的教育引导等几方面入手，突出重点，以点带面形成浓厚的参与氛围和便捷的参与渠道。

（一）建立健全相关法规政策

当前，我国生态文明建设的参与度还不高，民众虽有认知和相应观念，但由于渠道不多、途径较窄、缺乏引导等问题，公众参与的广度和深度都有待拓展，而造成这一局面的重要原因之一就是相关的法律制度尚不健全。

1.完善公众参与机制相关法律内容

通过增加公民对环境概念的理解和提高各种认识，我国的公众参与相对比较完备，体系也已经达到一定程度，相对规范。但是，目前的情况表明，只有在个别法律法规中才提到促进公众参与的概念，这些涉及公众参与的法律法规的范围是不同的，即我国还没有建立更完整的、公众的、环环相接的、系统化的生态系统。根据现行政策和规定，公民对将参与环境保护作为一项基本权利的事实并不十分清楚。目前，有关中国环境的法律和法规公民只有举报和控告权。有了这两项权利，人们实际上可以履行监督非法活动的义务。但是，公民依照法律规定合理控告和检举后，部门负责人员并没有真正履行职责，而公民很难找到其他方式继续开展环保活动。这种情况的出现将导致公民环保积极性的严重削弱。因此，在汲取他国优秀先进的管理体制后，政府及相关部门有必要立足我国国情，制定颁布相关政策法规，完善和推动全民参与制度，激励广大群众自觉行使权力，积极参与全面建设生态文明体系。其次，要

用两个推动力来双重进行有关法律法规的深入推广。政府及有关部门积极引导群众，实现公众对生态建设的自觉参与，集聚强大的群众动力。同时还要更新公众参与的方式和机制，营造公众参与平台，提高生态文明信息的透明度和公信力，使群众及时获取相关信息。

公众参与生态文明建设的主要权利包括以下四点：一是生态环境状况知情权，人们有权了解生态环境的现状。这是公众参与建设生态文明的基础。公众及时了解当前的环境信息是公众能够发挥主观能动性和积极性的必要条件。二是参与生态文明建设的权利，公民有权参与生态文明的决策、监督和实践等环节。公民参与权的行使事关生态文明建设的结果。三是使用生态文明资源的权利，这是公众参与的基本保障。生态文明理论知识和实验设备等是生态文明的资源，只有充分利用这些资源，公众才能真正地发挥参与生态文明建设的巨大作用。四是损害基本权利后的救济权。如果公众的合法利益受到损害，他们有权获得救济。为了增加公民参与生态文明建设的积极性，有必要与公众共享其成果，即让公众充分行使生态文明成果的享有权。以上四个方面对制定公众参与生态文明建设的法律法规起到了积极的作用。

2. 促进和加强程序执法和过程执法

建设生态文明在中国的首要任务是建立健全的生态法律体系。将可持续发展作为立法的标准，将人与自然的和谐作为立法原则，在立法过程中把生态文明放在首位，例如，"生态文明公众权利与义务"可以写入宪法，公民参与的基本权利可以通过法律层面进行规范。制定有关生态环境状况的具体指导方针，并在制定有关法律后，严格履行执法程序。通过取消所谓的地方保护主义和部门保护主义，做到有法可依、执法必严、违法必究，确保科学执法，落实地方政府和有关部门的执法公正。

加强环境执法，严格遵守有关环境法律法规，严格查处破坏生态环境的各类违法活动，落实各项指令和政策。带领群众参与可控范围内的执法工作，开展监督检查，帮助群众开展执法行动。有必要进一步加强与环境违法行为作斗争的人的奖励制度，相应地扩大举报范围，增强对举报人的激励机制，为群众监督创造良好平台。建立大型环境损害案件听证制度，并邀请利益相关者和相关专家参与案件听证会，并将评议结果作为行政处罚决定的依据之一。

3. 推动和完善相关法规的具体制定

生态文明建设是一场伟大的革命性变革。它涵盖了众多领域，如生产、生活、思维方式和价值观念等。加快生态文明体制改革，严格依法执法，落实源头保护制度、补偿制度、问责制度和生态恢复制度等各种相关环境制度。以健全而有效的制度来保障我们的环境不会遭到破坏。有必要及时更新现有法规和指导方针，纠正与实际建设不符的部分，共同制定法律法规，以保护生物多样性、防止土壤污染、控制废物处置和核安全等。要适当变革管理制度，杜绝各级监督检察机关的形式化。确保执行监督检察工作，树立执法权威，加大执法力度。认真调查处理破坏生态环境的行为，引入高额赔偿制度，追究重大案件的刑事责任。

对于环境信息的实施，应建立公开透明的公示制度，通过公示制度引入责任制，确保公民有权了解当前的环境状况。公示内容应实时、真实、准确并符合基本要求和标准。为了确保公共决策权能够得到有效实施，政府必须激励公众，为整个社会发起以公民为中心的听证会，让人们真正融入生态文明建设。如果公民被剥夺自身参与的权利，可以向法院提起诉讼来维护自己的合法权益。当群众提出对环境合理有效但不被接受的提案时，作为提交人的群众有权要求法院审查有关决策机构的行为，并解释说明其不作为的原因。在此阶段，我国生态文明的基本法律法规中逐步建立如水污染防治、动植物资源等制度，但对于公众参与制度的相关法律法规仍需要改进。例如，在法律制度中，公众在建设生态文明的过程中所享的权利并不明确，而地方法律法规虽然包括环境保护法、水资源、土地等公民权利，但法律制度在建设生态文明过程中需要补充完善。

（二）拓宽公众参与渠道

公众参与渠道是公众直接参与生态文明建设的基本途径，必须在便捷、高效和提高吸引力上下工夫，通过渠道引导广大民众参与到生态文明建设中来，改进生态文明建设。

1.建立多方参与的政策制定机制

制定公众参与建设生态文明的相关政策法规势在必行，加快建立多方参与机制刻不容缓。一是有效界定公众的环境权益，严格执行关于公众参与的规定政策，例如：《环境影响评价公众参与暂行办法》《关于切实加强建设项目环境影响评价公众参与工作的实施意见》等，对于不需要保密、可能造成重大环境破坏和损害的项目，必须定期发布项目情况，并听取和采纳群众提出的科学合理的建议。二是要探索环境公益诉讼。公众环境诉讼过程是公众参与环境保护和保护公众环境权益的重要途径。如果群众的合法权益受到侵犯，可以在法庭上采用公益诉讼程序。政府还需要建立一个公共环境保护机构，依法处理关于公众环境侵权事件及开展环境公益诉讼活动，保护公众合法参与权益。

2.拓宽公众参与的路径

在人类文明发展的各个阶段，无论哪个时期的发展都离不开科学技术的进步。因此，生态文明建设也需要科学技术创新的有力支持，在技术可行性的前提下保证和促进经济合理性，保证公众参与体系发挥其作用和价值。目前，全社会的环保意识增强，过去很多企业因担心经济收益等原因，很少涉及生态建设，如今也开始投身于环保活动，主要原因是这项活动可以提高人们对企业的好感度和品牌信任感。在开展活动时，可以有效地与客户互动，履行作为社会生态公司的义务，有效培育自身企业文化，提升竞争力，从而占领更广阔的市场空间。近年来，一些企业积极加强企业环境系统引进，发布了积极的企业环境报告，并进行了有益的实验，但收效甚微。由于各种原因，如措施不当和成本较高，大多数公司被迫放弃公众参与有利于促进公司信息的环保宣传。由此，可以得出结论，可以进一步加强创新企业开展环境保护和群众参与活动的方式方法。例如，企业可以根据自己的经营范围和特质建立以技术服务为主要手段的技术创新体系和运行机制，以满足公众的需求。通过实践，找到最适合公众认同和参与的社会服务技术创新体系，致力于技术创新服务平台的开发和完善，创建有效和高效的参与和运行机制，促进企业与公众之间的良性互动，逐步实现先进的、开放的网络化公众参与技术服务平台。

3. 健全评价考核机制

在良好的监测机制的基础上，还要完善相应的评估机制。完全按照生态文明建设的要求，制定合理的标准，考核资源利用程度和环境损害程度，并结合当地环境效益开展评价工作，评估结果在全国公示。通过合理的算法获得的研究成果必须得到各级政府的充分重视，并划分环境损害严重的地区领导责任分配问题。加强对奖励和制裁的监督和明确，真正落实和保障各项制度。相关部门的工作人员将负责审计自然资源的处置和建立终身的环境损害问责制度。

评估机制的完善将提高公众参与的效率。生态文明评估体系是促进群众管理的基础。因此，提高生态文明管理的效率必须改进相应的评估机制。一方面，要确保生态文明建设评估和考核机制的科学性。为确保评估标准的科学性，责任环境管理体系有必要"因地制宜"，各地区和行业的评估体系应该有适合本地区或行业特点的标准。同时，环境绩效评估应纳入有关政府和企业人员的评估中，并通过公众参与专家评审的结果向相关政府和企业领导者进行适当的奖惩。在明确建设生态文明的任务中，还要注意各地区的区域特点。领导干部在岗过程中的生态政绩也逐渐成为对其考核和提拔的一部分。对不重视建设生态文明或造成重大生态环境事故的组织和个人，必须坚决追究责任，有关单位的不作为或其他外部力量的不利影响，更容易造成环境破坏和生态失衡。对法律责任进行合法审查，使各部门的官员真正融入生态建设，充分发挥他们的榜样作用；另一方面，通过制定和完善评价内容，确定了生态文明建设的实践方式和公共性质，清晰了生态文明评价机制和问责制度，这也是加强生态文明科学性的一种措施。

4.强化公众监督体制

监督公众对生态环境建设的及时有效性，可以监测生态建设的细节。因此，政府应及时披露环境信息，提高相关政策法规实施的透明度，积极支持人们创造良好的社会监督氛围，发挥媒体和非营利组织的积极作用。各级政府组织推动，通过现场监督、曝光监督、约谈监督、新闻监管等严格全面进行监督，对个人和企业环境违法行为进行严重惩罚。政府有效保护公众的知情权和监督权，自觉采取舆论监督和社会监督，与企业和群众保持良性互动，维持良好的生态环境。加强公众监督并创造积极循环模式。在此过程中，要充分认识人民代表大会的民主集中制的优越性，根据人民群众的意见和建议，加强对群众监督的法律责任，提高公众的监督效率。一是加强对各级人民代表大会生态文明建设的监督。二是加大司法监督力度，从而保障公民能够积极参加到执法过程中来。三是强化公众环境法律法规意识，包括各级社会组织对生态文明的认识，动员群众积极参与生态文明建设，增强社会责任感。四是充分发挥选举部门在生态文明中的作用，加强对社会的监督。如社会群众通过网络媒体、报刊杂志等加强了舆论监督的力量，积极融入生态文明建设，在人民群众、企业和政府之间建立起一个社会监督平台，相互促进相互帮助，推进生态文明建设的进度。

（三）政府加强对公众的引导

近年来，国内曝光了多起企业出现环境污染的社会事件，由于企业盲目追求经济利益，单方面发布了对企业自身有利的相关环境数据，而那些未公开的信息恰恰是环境污染的首要原因。但与此同时，也有像海尔集团这样的绿色公司，能够做到真正对社会和人民负责，每年积极主动地向公众公开环境报告，公示公司的环境信息，引入公众参与和第三方认证机制，增加了认证报告的可信度，促进了企业绿色发展，获得了社会认可，提升了品牌知名度。因此，为了保证企业环境信息的公信力和公正性，NGO 等第三方部门有必要参与保护公众的知情权、参与权和监督权。但是，由于环境问题日益复杂，使得高污染地区的第三方机构更加活跃，可以促使政府和企业在改善生态环境、促进社会进步中发挥作用。公众参与改善环境和治理污染是一种城市新兴力量。这个体系可以与政府和非政府组织合作，为全面实现健康的生态文明开辟新的途径。

1.发挥政府职能部门的主导作用

作为生态文明建设的政府相关职能部门，应发挥主导作用，齐心协力落实既要"金山银山"也要"绿水青山"的目标，同时也是民生发展的需要。同时,建设生态文明是政府实现经济社会和生态环境可持续发展、造福于人民的期望和行动的体现,作为国家的大政方针,政府必须贯彻落实。政府部门要认真贯彻执行《政府信息公开条例》《环境信息公开办法》等规章制度,形成健全、多层次和多形式的环境信息公开制度。这需要从当前的环境管理问题和人们的实际需求两个方面出发。环保部门要及时公布环境法律、法规、规章、标准和其他规范性文件,同时公布一系列环境保护规划、环境管理措施、具体政府行政措施的内容等,以更好地为公众行使权力做好准备。企业有义务配合环境保护部门的工作,及时发布企业运转过程中影响环境的相关信息。

2. 丰富环境信息发布的层次

政府环境部门、社会相关非政府组织和社会各类企业能够利用媒体渠道向社会提供准确及时的公共信息,如网络电视、报刊、杂志等对大众具有特别重要意义的媒介。对环境质量信息精准实时公示,如水、气、土壤等社会大众特别关注的环境现状以及未来的预测数据,意在大大增强公众对环境信息的掌握程度,倡导社会大众积极主动地为生态文明的发展作出贡献。

打造公众参与的坚实平台,加强对生态环境相关信息的披露和宣传。扩大群众参与生态建设的渠道和路径,确保公众享有知情权、表达权、参与权和监督权,解决群众"参与"问题。并将改进信息进行公示,在平台上公布环境保护方面的所有相关法律法规、指导方针和监管审批。实现环境保护程序透明化,每个环节都在群众监督下进行,行政权力不能在封闭的环境中运行,而必须在阳光下开展。利用新媒体建立信息传播网络,使年轻群体通过互联网及时获得有关政府环境保护的信息。所有的环境治理成果都是社会共享的。政府必须确保信息来源的准确性，及时补充信息和维护网站，以防止不法分子利用网站发布有关环境保护的虚假信息。同时，还可以开通环保举报热线。人们可以随时随地对环境和生态的不利影响或行为进行举报。严厉打击违法行为，对举报属实的热心群众给予适当奖励，并将这些信息发布在各类媒体上，鼓励更多热心群众参与这项活动，逐步在全社会建立相互监督、共同维护良好环境的氛围。

3. 注重生态理论与实践相结合

生态文明建设反映了科学精神与人文精神在实践基础上不断完善和发展的新型文明形式。它以科学技术和新型生活方式为基础，与科学技术的发展和传统人类中心主义的超越息息相关，体现出科学与创新的完美结合。因此，为了发展良好的生态文明，我们不仅要学习和研究生态文明理论，还要结合理论和实践，把生态文明理论与美丽中国的建设有机结合起来。

（四）加强对公众生态参与意识的培养

尽管生态文化理念在我国早有表述，但公众对此仍存在诸多误解，所以并未建立一个比较完整的生态文化体系。比如，对于循环经济一词，作为一个重要的生态文明概念，大多数人甚至一些专家学者都单方面理解成生产废气的使用，这是思维片面引起的误解。误解的原因是在一个系统中没有充分考虑资源和环境保护这两个因素。这种理解层面的误解产生了诸多影响，对行政人员的误解会影响到对该地区人民的正确认识，并导致循环经济在实践过程中出现错误的路径。生态文明是一种与以往任何文明都不同的新的人类文明，其产生时间短，发展不成熟，社会大众难以系统地把握和理解。目前，社会大众的生态文明意识尚未完全形成，仍需要逐步推进。这个过程的持续时间与政府和媒体的宣传与教育密不可分。同时，还要在社会上开展多渠道、多视角、多创新的宣传活动，例如，应在媒体上开设公众参与栏目等，并创办有关生态和生态议题的研讨会。调动社会大众的积极性，鼓励群众为形成和建立生态文明体系提供意见和建议，制作和发放便民实用手册进行生态文明知识宣传，使人们了解到生态文明的重要性和参与途径并积极参与其中。政府结合新闻媒体等多渠道，对人们进行广泛的不间断普及教育，使参与建设生态文明的观念深入人心。建立和完善生态文明的相关制度，提高人们的资源忧患意识以及资源节约和环境保护意识。

1. 提升公众生态主体意识

由于政府环保措施有一定的限制，同时环境法律法规的制定有一定的滞后性，因此，广大人民群众应该自觉参与环境保护。在创建生态文明的过程中，群众应当既具有遵守传统公民理念所认可的守法、包容、正直、相互尊重、独立和勇敢的"消极美德"，也应当具有正义感、关怀、同情、团结、忠诚、节俭、内省和其他现代公民所倡导的"积极美德"。作为生态公民，我们也必须清醒地认识到当前我国环境问题的严重程度，加强保护生态意识，主动自觉承担起作为世界公民一份子应当承担的义务与责任，为生态文明建设尽绵薄之力。

2. 增强生态文明宣传教育

建设生态文明要求全体人民积极参与、主动行动，而所得到的成果也会共同在全社会分享。宣传教育有助于加强生态文明建设，树立群众自觉积极参与意识，引导全社会培育生态观念和生态道德，塑造和形成绿色低碳消费模式，促进文明生态的生活方式，将生态文明保护和建设融入人们的日常生活，提升意识理念。在推进生态文明建设过程中，广大群众的生态文明意识的提升是重要的一步。但需要进行长期的积极引导，群众对生态文明的积极认识，可以大大提高群众生态文明建设的参与性。在对群众加强意识培养时要让群众对我国基本国情和现状有清醒认识，开展相关环境科学活动，帮助人们认识到建设生态文明的紧迫性和重要性，建立系统而完备的制度化生态文明体系也能使群众更深刻地理解并支持我国的生态文明建设。在群众中大力宣传和普及正确的生态文明价值观，使其成为人人都认同并践行的主流价值观，为生态文明建设奠定广泛和坚实的群众基础。

一是用专题讲座提升生态文明意识。利用各种媒体宣传优势促进全社会的积极气氛，适时举办《中华人民共和国环境保护法》和地方环境保护条例等专题环保知识讲座等。民众生态文明意识的提高，有助于营造积极良好的社会整体舆论氛围，这种氛围对于抑制人们的言行起到一定的约束作用。确保舆论氛围的整体一致，创设积极良好的环境，对社会大众间相互帮助、共同作用起着重要作用。同时，要加强公众生态文明意识。政府要帮助人们创造生态文明的积极氛围，让人民真正行动起来。

二是加强生态文明教育。政府和有关部门要认真对待生态环保教育宣传的任务。宣传教育可以通过各种媒体完成，例如建立环境宣传教育机构。以学校为例：从幼儿园、中小学到高中，应该根据不同年龄的学生的理解力，安排适合该年龄段学生的生态课程。同时根据不同地方的差异组织生态教材，要具有地方特色。生态文明教育质量和评估学校总体地位的参与程度已被用于关注环境教育的各个方面。对于不同行业，特别是各级政府部门的社会团体，要积极引导和开展组织生态文明建设活动。

三是丰富生态文明传播形式。通过传统媒体如电视、广播或互联网传播，或通过创造新的载体和内容，如流行卡通人物、公共书籍和微电影的制作等，传播生态知识。举行评选活动，鼓励大家参加到生态文明建设中来。

四是要开展生态文明创建活动。促进新时期环保理念和社会实践的有效整合，从绿色生产、绿色消费，到深入实践绿色城市、绿色家庭、绿色学校、绿色社区和绿色企业的举措，创建共享共建的生态文明社会氛围。

五是引导生态文明指向。有针对性地举办"进机关、进学校、进社区、进企业、进农村"等重点主题宣讲。以多种形式开展"最美家庭""最美社区""最美学校""最美企业"等评选活动，在全社会营造浓郁的生态文明建设氛围。

第六章　新型城镇化进程中生态文明建设导引机制构建策略

新型城镇化进程中生态文明建设行为需要有明确的方向和源发的动力。在这一进程中，要积极抓好生态文化建设，增进思想观念的认同、达成生态伦理价值共识，激发内在认知，为生态文明建设提供动力之源。同时围绕生态文化建设机制，发挥考核评价的引导作用，自觉将长效机制融入其他工作机制的构建过程，为新型城镇化进程中的生态文明建设明确方向，提供动力。

第一节　新型城镇化进程中生态文化机制的构建

生态文化机制的目的是为生态文明建设提供理念先导，来深化人们对人与自然之间关系的认识，凝聚生态价值共识，进而引导生态文明建设工作和人们的生态行为。生态文化机制的构建从内涵与模型、要素与结构功能、机制构建策略选择等几个方面进行研究，从而得出相应的制度措施。

一、生态文化的内涵与机制模型

文化的发生机制和运作模式是内在的，是有价值内核的，可以说，文化的引导作用源自生态伦理的价值驱动和生态理念引导力，因此，建设生态文化导引机制的目的就是通过制度规范的建设，构建一个文化价值导引模式，发挥生态文化对生态行为的引领和规范作用。

（一）生态文化的内涵

一般意义上的生态文化，是指人类创造的一切积极的物质财富和精神财富的总和，也可称为生态文明。狭义的生态文化是指以生态价值观为指导的社会意识形态、人类精神和社会制度，着重突出生态文化的内在规则、行为规范和行为模式。

文化是人类独有的现象，是人为了生存而建立的符号世界。文化一旦形成就具有价值引领作用和规范作用，可以说，一定的文化就是一定的生活模式，正是在文化的指引下，人类改造自身，进而改造世界，建立生活世界。"人类新的生存方式，即人与自然和谐发展的生存方式。"[1] 但文化作为一种社会意识或意识形态，是由经济基础决定的，也就是说，有什么样的经济基础就有什么样的文化形态。工业发展形成工业文明，其文化就是以人类为中心的工业主义文化，其价值核心就是以人为目的，其他都是手段，为了人类生活更美好就要征服自然、统治自然。这样一来，自然在人类的眼中就成了一座取之不尽、用之不竭的资源宝库，成了一匹需要驯服、为我所用的野马。历史发展证明，日益严重的环境问题证实，以工业文明而建立的生态文化本质上是反自然的，同时也就是反人类自身的，从根本上，否定自然也就是否定人。为了经济的发展，人类史无前例地在疯狂地向大自然掘进，以至于汤因比和池田大作在对话中将现代文明定义为：人类对自然的损害程

---

[1]　余谋昌：《生态文明论》，中央编译出版社 2010 年版，第 10 页。

度。因此，随着现代化进程的不断深入，人对自然的征服和无限制进发，将人与自然的关系高度对立起来，截然分割开来，造成一系列生态问题：自然资源枯竭、资源和能源危机、环境污染、生态系统失衡等。在这些问题面前，人们开始思考环境问题，逐步认识到环境问题根本上是人的问题，是人对自然的认识问题，是世界观问题，是哲学问题，是人与自然的关系的本质认识问题，由此产生生态文化。生态文化，就是从传统的人统治自然的方式转向"天人合一"的思想、重新确立自然的主体地位，倡导遵从自然、敬畏自然、保护自然，转变发展理念和发展方式，走可持续的绿色发展之路，形成人与自然和谐共生的绿色生活方式。

当前阶段，工业文化形成的话语体系未得到转换，工业文化仍然发挥着主导作用，这种文化的消极方面还不能有效控制和根本去除，与之相应的思维方式、生产方式及生活方式远未得到转变，因此，我们可以看到，生态文化虽然已经提出，但尚未成为引导力量和规范约束机制。

（二）生态文化机制模型

根据文化形成发展的一般规律和一般系统论，以及新型城镇化进程中生态文明建设的要求，制定了城镇生态文化机制系统模型，如图 6-1 所示。

就特定生态系统而言，相应的生态文化应包括：生态物质文化、生态制度文化、生态经济文化等多种层面和不同样态，物质文化的主要内容为生产方式和生活方式的总和，制度文化的内容则是人类为了自身更好地生存和发展，而主动创制出来的有组织的规范体系，生态精神文化是以生态哲学和生态伦理学为核心的理论形态，在生态文化构建过程中，生态物质文化是基础，生态制度文化是保障，生态精神文化是灵

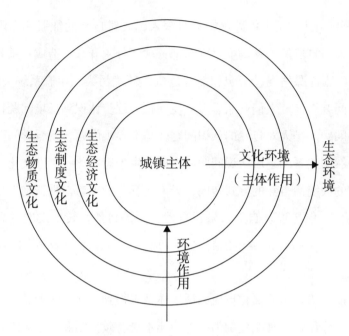

图 6-1　城镇生态文化机制生成模型

魂。这些文化体系之间不但具有交叉重合的复杂关系，而且这些"亚生态文化"也作为整体或个体与内外部生态环境发生复杂关系，形成一个有机整体。

二、生态文化机制的要素与结构功能

构建新型城镇化进程中的生态文化机制的关键在于对生态文化涉及的各层次要素进行结构性的分析和功能定位，从系统论的角度进行重塑和整合。在生态文化中，生态价值是内隐内涵的基核，是最为核心的要素，但在机制构建中却无法直接对其进行调动和作用，只能通过措施去激发激活它，从而发挥它的驱动作用。因此，这就涉及外在的要素问题，也就是涉及文化各主体的确定、结构分析和功能定位。

（一）生态文化机制要素构成

生态文化机制主要涉及政府、居民等几种要素，机制的目标就是调节这几种要素以及深层涉及的各环节，形成合力，引导城镇化进程中的生态文明建设。

表 6-1　生态文化机制各要素构成

构成要素	作用对象	涉及要素
政府	支持价值观念创新、形成制度文化、引导和管控生态文化	制度、生产主体、宣传机构
城镇居民	参与生态文化传播、树立生态文化观念、践行生态文化价值观	各城镇居民
学校和文化机构	高校创新生态文化、各级各类学校培养学生的生态文化意识，文化机构传播生态文化	高等学校及各级各类学校
社会组织	参与生态文化的创新和传播	环保协会等民间组织

（二）生态文化机制运行系统

按照系统科学的理解，文化的产生有其内在的发生机制，是在一定的社会条件下，在一定范围内由社会各要素相互作用而产生，文化的生成是一个由多种因素、多层次关系相互影响、相互作用的整体性制约性关系，也是一个持续创新和不断发展的动态关系。生态文化作为一种文化形态，它涉及诸如物质驱动、知识供应、社会参与、行为评价、政治保障等机制的相互作用，既要求个体行为变化的微观机制，也必须考虑到整个文化系统的社会宏观背景，因此，发展生态文化、发挥生态文化对生态行为的塑造和引导作用，既需要有整体眼观也要有个人视角，既需要整体性把握也必须从细节着手，将生态文化的层级结构、作用特点和运作机制把握清楚。

　　具体而言，构建生态文化首先关注内核的生成，也就是生态文化的知识产生与供应，这是任务文化形成首要解决的认识问题和价值问题，是生态文化的知识体系和价值体系的构建，文化的内涵体系要源源不断地提供生态文化知识，并广泛传播，进而影响人们的行为，形成约束机制和塑造机制。生态文化知识体系和价值体系形成了，内涵丰富了，并逐步向外传播，但仅靠自己的传播力量极其有限，这就需要物质平台即生态文化的物质驱动机制。生态文化的知识体系和价值体系需要创造，生态文化的物质驱动也需要技术手段，要通过定向设计来发挥生态文化引导人们日常行为模式和生活模式的作用，这相对于生态文化的知识供应机制来说是向外的影响，同时也会向内来影响生态文化供应机制，促使生态知识不断完善和更新、生态技术不断改进和发展。

　　生态文化的知识产生和供应机制、物质驱动机制的运行还需要一定的保障体系作为支撑。这一保障体系主要包括生态文化的社会参与机制和生态文化的社会评价机制等。生态文化的建设不仅要靠政府的主导作用和文化传播机构的宣传推广，更需要全社会的积极参与，而生态文化的社会参与机制的运行，主要依靠生态技术、生态教育、生态制度等条件来保障，并通过教育活动、文化生活、交互生态行为等活动将人们紧紧地联系起来，形成并逐步增强生态文化的话语体系，从而通过生态文化的社会参与机制的运行，促使生态行为甚至"生态人"的形成，进而构建一个生态的绿色的文化世界。更进一步来看，政府、文化教育机构和生态文化的社会参与的成效和作用发挥也需要价值引导，更需要督促评价，即形成生态文化的社会评价机制。生态文化的社会评价机制是一种综合性的管理方式，虽然这个评价机制有很多的层次，但它的形成、运行和发展既与人们的生态文化素质相关，也与社会生态文化建设制度密不可分，是各种力量博弈的结果。但是生态文化评价机制的约束作用与激励作用并存，更注重激励作用的发挥，也就是通过政府评价、社会评判和公众舆论等方式，肯定符合生态文化、生态价值、生态伦理的行为，对达不到要求的生态文化行为提示其不足，指示改进目标，指明改进方向，也为生态文化知识的产生与传播、生态文化物质驱动和生态文化的参与机制提供动力支持。

三、生态文化机制构建策略

民众生态观念水平与社会经济发展水平、国民受教育程度、社会政治等因素存在不可分割的内在关系。对生态意识塑造的实质而言，应从制度层面、行为层面、思想层面着手塑造我国国民的生态意识，建立生态文化，形成生态行为。具体思路是：坚持以马克思主义生态思想为指导，特别是以习近平新时代中国特色社会主义思想中的生态思想和绿色发展理念为指导，不断创新生态知识，构建人与自然和谐相生的生态价值体系，充分发挥政府在生态文化建设中的主导作用，积极提高社会生态文化建设的参与度，有效引导人们形成生态行为方式和绿色生活方式。

（一）坚持马克思主义生态思想对生态文化建设的指导

马克思对人与自然之间的关系具有极其深刻的认识，不仅深刻地从辩证法的本质将人视为自然界发展的高级阶段，更将自然界理解为人的无机的身体，认识到人的全面发展是人和自然的真正和解。对人的本质、自然的本质和人与自然之间关系的本质的认识是一种哲学高度的思维，是一种理性对事物的深刻把握，是生活文化形成的最基本的认识前提和价值设定。习近平新时代中国特色社会主义思想是马克思主义中国化的最新成果，其绿色发展理念和人与自然和谐共生的思想是马克思主义生态思想的新发展，为我国进行生态文化建设提供了思想武器。

1. 以马克思主义生态文明思想为指导

马克思主义哲学本质上是一种人学，是从人的生存出发而又在更高层次返回到人的解放、人的全面发展的批判的理论。因此，其生态思想也为从人的角度来看待自然和理解人与自然之间的关系。马克思主义从历史唯物主义立场出发，以辩证思维方法来理解人与自然之间的关系。人是自然的产物，而自然是人的无机的身体，是人类赖以存在的物质家园，为人类的存在和发展提供物质基础；人与自然之间不是对立关系而是经历了一个物我不分到相互分离后，必然要走向统一的过程，也就是人和自然的真正和解。因此，人类不应该一味地向自然索取，视自然为满足人自身发展的手段，而是要将自然作为自身的无机的身体，尊重自然、善待自然，而这就是尊重人类本身和善待人类自身，因为人与自然是一种和谐共生的内在关系。从更深一层来看，现代性是造成环境问题的原因，而现代性的问题是建立在现代形而上学之上的科学技术和以资本为核心的经济制度之上的。资本的本质就在于对利润的追求和占有，因此它是造成环境问题的根本原因和制度根源。那么资本的本质又是什么呢？是人与人之间的关系，在资本主义社会里，人与人之间就是一种以资本为中介的剥削关系，在我国社会中，资本运作的领域有不断扩大之势，必须要对资本进行控制，否则就会因其资本的本性而造成人与人之间关系的异化，进而对生态造成危害。

马克思历史唯物主义深刻揭示了人与人的社会关系是人与自然的生态关系的实质，认为在人与自然剑拔弩张的关系深处，实质上的内涵是人与人相互矛盾、相互对立、彼此分割的关系。人与自然关系和谐的前提是人与人之间的社会关系的和谐，而前者生态关系的和谐可极大地促进后者的社会关系和谐。因此，我们在认识、分析、解决任何生态问题时，必须坚持马克思主义生态思想，不可脱离社会、离开人与人之间关系来谈论生态问题和生态文化。

生态文明作为继农业文明、工业文明之后发展出来的新的文明形态，是在总结传统文明形态，特别是基于生态问题、环境危机而深刻反思工业文明的一种智慧结晶。党的十七大报告明确提出，要"基本形成节约能源资源和保护生态环境的产业结构、增长方式、消费模式。循环经济形成较大规模，可再生能源比重显著上升。主要污染物排放得到有效控制，生态环境质量明显改善。生态文明观念在全社会牢固树立"。对建设生态文明的基本内涵和重要任务进行规定，指明了建设生态文明要解决的根本问题：经济增长方式、发展方式、产业结构和消费模式。

我国进入新时代，生态文明建设纳入总体布局，绿色发展理念成为新发展观，党的十八大报告明确指出："建设生态文明，是关系人民福祉、关乎民族未来的长远大计。面对资源约束趋紧、环境污染严重、生态系统退化的严峻形势，必须树立尊重自然、顺应自然、保护自然的生态文明理念，把生态文明建设放在突出地位，融入经济建设、政治建设、文化建设、社会建设各方面和全过程，努力建设美丽中国，实现中华民族永续发展。"① 生态文明建设被纳入"五位一体"总布局，战略地位是空前的，是社会发展进入新时代党对社会发展规律的最新认识成果，是新时代党中央治国理政的新举措，标志着党对社会主义社会发展规律的认识和把握进入了新阶段，开辟了新境界。

党的十九大报告首次将"美丽"作为新时代社会主义现代化建设的

---

① 胡锦涛：《坚定不移沿着中国特色社会主义道路前进　为全面建成小康社会而奋斗——在中国共产党第十八次全国代表大会上的报告》，人民出版社 2012 年版，第 39 页。

重要目标并写入报告，并在多处强调"富强、民主、文明、和谐、美丽"的整体建设的战略目标，并提出了很多新表述、新论断和新成果。如"必须树立和践行绿水青山就是金山银山的理念，坚持节约资源和保护环境的基本国策，像对待生命一样对待生态环境。现代化是人与自然和谐共生的现代化。现代化是世界发展的大势，人与自然和谐共生，既是现代化发展的不竭动力和力量源泉，也是生态文明、人类文明发展到更高阶段的体现"。党的十九大还明确，要"加快生态文明体制改革，建设美丽中国"，强调"我国要建设的现代化必须是人与自然和谐共生的现代化，既要创造更多物质财富和精神财富以满足人民日益增长的美好生活需要，也要提供更多优质生态产品以满足人民日益增长的优美生态环境需要"。这是党和国家首次针对现代化的"绿色属性"所赋予的更加符合生态文明核心要义的界定，也是重大的理论创新和科学论断。

习近平新时代中国特色社会主义思想中的人与自然和谐相生的思想和绿色发展理念是我国建设生态文明的思想武器，是生态文化建设的基本内核和核心价值，为生态知识的产生和传播提供了认识论前提，确定了价值追求。

2. 深入挖掘传统文化中的生态思想

与西方追求世界二分的柏拉图传统不同，我国传统思想崇尚"天人合一"、道器不分，蕴含了极其丰富的生态思想。因此，中国传统文化的起点就是要追求"天人合一"达到"任自然"的状态。中国生态伦理道德文化历史悠久，中华民族仁爱自然、崇尚天人和谐共生共处的思想源远流长，独有的传统生态文化孕育出了特有的中华民族生态精神和独特的生态民俗生活方式。特别是这种朴素的生态思想源于悠久的农耕文明，经过儒、道、释三家的融合后，使得中国古人"仁者乐山，智者乐水"，敬畏自然、追求自然，甚至将花鸟虫鱼、松梅竹菊，山川大河、日月星辰作为艺术对象孜孜以求，视为精神寄托千古吟诵。可以说，"戒奢崇俭"的生态生活观、"物无贵贱"的生态平等论、"天人合一"的整体自然观和"道法自然"的精神境界构成了中华民族的精神结构，体现了中国古人的生存智慧，成为了传统中国人的生存方式，为中华民族种族的繁衍生息和代代延续构筑了精神实际，提供生态环境，为我们建设生态文化提供了巨大的文化宝藏。

当今，随着人类在更大范围内展开的对自然的开发和利用，生态环境问题已然成为全球共同关注的重要问题。人类要建构新的生存方式，这就需要向中国传统生态智慧寻求帮助。当然，中国传统生态思想中不乏有不合理的因素，因此，回归中国传统生态思想，采取批判的态度是十分必要的，也是不可不为的，在新的历史时期，我们应取其精华，弃其糟粕，批判继承，深入挖掘，大力弘扬，实现融合，发挥传统生态思想的滋养作用，积极创新，赋予传统文化以新的时代价值。坚持以马克思主义生态思想为指导，立足中国实践，一方面将马克思主义生态文化与中国特色社会主义的生态文明建设相结合，实现马克思主义生态思想中国化；另一方面将传统文化中的生态思想与马克思主义的生态思想相结合，实现中国化马克思主义生态思想，互相融合形成中国特色社会主义生态文化，发挥其在生态文明中的建构作用、导引作用和引领作用。

（二）充分发挥政府在城镇生态文化建设中的主导作用

毫无疑问，构建生态文化机制必须在政府的主导下进行，通过充分发挥政府的主导作用，积极调动知识创造、文化教育、文化传播等因素，吸引社会民众积极参与，将生态文化的生态知识和生态伦理观念灌输到人们思想之中，在全社会倡导生态文明，营造生态文化氛围，形成绿色生活方式。

1. 进一步明确政府在城镇生态文化建设方面的职能

社会生态文化和人们生态观念的形成是一项系统工程，需要政府、企业、学校、文化研究机构、媒体传播机构、环保组织和大众等多种主体、诸多要素、各个社会方面的积极参与。但各主体在生态文化的形成过程中的地位是不同的，如政府就是主导性作用，它不仅能够调动各种社会资源，发挥组织、引导、协调、督促等作用，还可以通过其无可比拟的公信力而将民众团结起来，主导文化价值。

我国人口数量庞大、社会发展不平衡不充分的问题在一段时期内还将存在，建设美丽中国的战略举措还需要政府加强组织引导，提供强大推力，投入大量物力人力，凝聚社会力量，奋力实现"中国梦""强国梦"，建成美丽中国，也在全社会形成生态文化，特别是在推进新型城镇化的进程中发挥生态文化的导引作用，加速推进生态城镇建设进程。在推进城镇生态文化建设过程中，地方政府要发挥好以下几个角色的作用：

第一，地方政府要成为城镇生态文化建设的战略决策者、计划制定者、政策制定者和督促落实者。在城镇生态文化的建设过程中，各级政府毫无疑问要居于主导地位，要主动地将生态文化建设涉及的各种因素进行考虑，逐步实施生态文化建设的目标。一是要集中民意，科学论证，积极制定和及时完善城镇生态文化建设中长期目标和具体工作方案，将生态观念的塑造和生态文化建设的思路、原则和方法贯彻到具体工作之中，同时向社会宣传生态文化建设的目标和实现途径，征得广大民众的支持和理解，凝聚社会合力。二是围绕城镇生态文化建设目标，充分发挥政府在法律政策制定、经济行为干预、社会生产管控等方面宏观调控的手段，以生态文化建设提供物质驱动为出发点，统筹社会的物质和精神生产、社会和经济效益、生态和环境效益，以保证民众生态观念塑造高效率进行。

第二，地方政府要发挥城镇生态文化建设的投资主体作用。城镇生活文化建设涉及生态知识的创新和生态价值的建构，主要是由高校和科研院所等知识创新机构来完成，无须更多的额外资金投入，即使投入也可采用科研立项引导、科研成果购买等形式进行，但也可进行科研项目的结构性调整而降低生态文化知识创新投入。但生态文化的教育传播就需要更多的社会投入，"十年树木，百年树人"，教育是人类社会最复杂、也是最庞大的社会工程，更何况终身教育、终身学习已成社会共识，教育对投入的要求日益增大。生态文化教育会耗费相当数量和规模的人力、财力和物力，需要政府加大投入，而这一数量巨大的投入也只有政府能够完成。

第三，地方政府要成为城镇生态文化建设的管理者。社会生态观念的形成必然关系到城镇中政治、经济、社会等各个领域和诸多因素，更与个人、企业、政府等利益主体间的利益冲突相关。这些问题可能是多层次的和多方面的，错综复杂、纵横交错，处置不当或放任不顾必然会弱化民众生态价值的认同，影响城镇生态文化的建设。因此，地方政府应担任起民众生态观念塑造和城镇生态行为形成的管理者，对城镇生态文化建设活动和社会生态观念的塑造活动进行系统化、规范化和制度化的管理。

2.不断健全城镇生态文化培育制度体系

城镇民众生态观念塑造、城镇生态文化建设既需要城镇既有的政治经济和社会制度自发促成，更需要依靠法规和制度的强制力量。1973年，我国召开了第一次全国环境保护会议，国务院颁布了《关于保护和改善环境的若干规定》，首次确立了"全面规划，合理布局，综合利用，化害为利，依靠群众，大家动手，保护环境，造福人民"的保护环境方针。10 年后，在第二次全国环境保护会议上，环境保护被确定为我国的一项基本国策。1989 年，第三次全国环境保护会议提出要加强制度建设，以制度推动环境保护工作，同年 12 月国家就颁布了《中华人民共和国环境保护法》，具有重大的历史意义，《中华人民共和国环境保护法》成为我国第一部环境保护的专门法律。此后，我国不断加强环境保护立法工作，前文已经进行了梳理，此处不再赘述。

目前，我国已建成相当完备的环境保护法规体系，但生态文化建设方面的法律法规建设还有待加强。一是要构建民众生态观念培育执行制度，加强顶层设计和宏观指导，确保生态教育有计划、有目标、高效地进行，加强城镇生态文化建设管理；二是构建城镇生态文化和民众生态观念培育评价制度，制定能够及时评估、反馈培育状况的制度，以保证民众生态观念塑造可持续发展；三是构建城镇生态文化和民众生态观念以培育资金支持制度，形成以政府财政投入为主，以民间资金为辅的资金支持机制；四是构建城镇生态文化和民众生态观念以培育师资队伍建设制度，最大限度地保证师资队伍的质量。

（三）积极培育城镇居民生态观念和生态文化行为

城镇生态文化行为的形成需要培育，而培育的方式往往是正方向和反方向相结合进行的，即一方面要从生态观念、生态认识中产生生态文化行为；另一方面也要通过生态文化行为深化生态观念和生态文化，二者双向进行，辩证发展，最终形成和不断发展生态文化。

1. 转变生产方式：从线性经济到循环经济

工业革命以来，以机器化大生产为基本特征的生产技术的革新迅猛发展，推动工业生产方式不断提升，使得"生产资料和生产实质上已经变成了社会化的了"，市场化、技术化、规模化、高效率等工业化的生产方式成为基本生产方式，成为社会生产生活的支配力量，深刻决定着人们的生产生活方式，也形成了相应的文化。但这种生产方式是以征服自然、无限制开发自然为基本前提的，它认为自然是一座可随意索取的资源宝库，自然资源取之不尽、用之不竭，因此，它的生产方式是"矿物—产品—废弃物"的线性非循环生产工艺，实行资本专制主义，仅考虑以资本的"指数级"增值为基础的最大利润实现。为实现最大利润，工业文明的生产方式一方面加紧了对工人的剥削，另一方面加剧了对自然的剥削，无序开发自然、肆意掠夺自然，造成自然生态失去平衡、资源难以再生。两种剥削同时进行使生态危机和社会危机全面爆发。因此，这种粗放型的、浪费型的和低效率的生产方式，具有"反自然"的性质，虽然在一定历史条件下可以提高生产效率，但是从长远来看是不可持续的。

工业文明的生产方式破坏了生物栖息地，减少了生物多样性，损害了其他生命和生态系统的持续生存，还损害了后代人生存和发展的权益。对人类文明持续发展所依赖的自然基础的损害将人类的生存和发展置于一种可怕的威胁境地。为了摆脱危险的处境，半个多世纪以来，全世界投入巨额资金，挑选最优秀的科学技术人员，运用最新的科学技术成果，建设庞大的环保产业工程治理环境。尽管人类如此付出艰辛和努力，事实上却并不能从根本上改变世界整体环境问题日益恶化的现状。

马克思主义唯物史观表明，生产方式是社会发展的关键和决定因素。因此，走出生存困境，就必须采用经济发展和环境保护兼顾的循环经济模式。从微观角度看，循环经济是对物质循环流动经济的简称，本质上它是一种生态经济。循环经济的前提思想是人与自然和谐共生、相互依存，它是把经济活动组织成"资源—产品—再生资源"的反馈式流程，并在这一持续的经济循环中，将所有的原料和能源实现合理利用，原则上没有废弃物在这一经济过程中产生或出现，使经济活动对自然环境的影响最小化，最终实现人与自然生态的良性循环。循环经济要求企业生产应遵循 3R 原则，即减量化（Reducing）、再利用（Reusing）、再循环（Recycling）。减量化原则坚持任何污染环境的废弃物在成为废弃物之前都是初始原材料、能源的一部分，从源头上减少资源的消耗和污染物的产生。再利用原则首先要求企业在生产产品过程中，尽可能地增加产品的耐用强度，便于重复利用而不影响其功能、作用的发挥。再循环原则针对输出端，把废弃物再次变为可用资源，以减少最终处理量。

在我国，发展循环经济是实现经济社会可持续发展的必然要求，有利于形成节约资源和环境保护的生产方式，有利于提高经济效益和质量，建设资源节约型社会和环境友好型社会，进而实现人与自然和谐发展，促进人与自然和谐共生。在推进新型城镇化进程中，推动城镇经济发展走循环经济发展路子是必然选择。城镇通过技术革新促进产业结构优化升级，大力发展生态经济和循环经济，从根本上改变经济增长方式，为生态城镇建设提供物质基础，为生态文化的形成提供物质驱动机制。

2.转变生活方式：从高消费到低碳生活

现代生产方式决定消费方式，在经济增长的利益驱动下，社会不断改进生产方式，社会产品的供应量急剧增加，也要求消费能力不断提高。因此，大众文化、消费文化兴起，消费社会到来。产品生产者和销售者纷纷鼓吹消费主义，人们竞相购物又不用考虑节约的问题，创造了一种高消费的生活。资本主义国家率先掀起了消费的潮流，并且资本主义生产方式的全球化使这种势不可挡的消费狂潮席卷了整个世界。在高消费的社会里，"消费取代生产成为社会目的，社会物化水平高。快捷、便利的消费信息，发达的物流及销售模式将'顾客是上帝'的理念根植于消费者。消费是普遍逻辑，人们不再信奉生产什么就消费什么的理念，普遍遵从消费什么就生产什么的市场法则，消费作为生产的起点和终点俨然成为社会体系的轴心"①。

随着社会对消费的需求，消费主义意识形态不断泛滥。其中，广告扮演着异常重要的角色。广告成为制造时尚、诱导欲望、增强需求的不可或缺的手段，渲染着一个又一个消费的美梦。而一切商业信息一旦被披上鲜丽的文化外衣，广告将迅速地转变为社会财富。铺天盖地、推陈出新的广告超速地更新人的消费意愿，人们在消费中忘记了生活的本真。由于符号价值具有消费者建构主体认同的特征，因此商品的符号价值使消费行为意义化，人们似乎也清楚，消费物品不是为了使它具有多么大的使用价值，而是为了借助消费品所具有的档次标榜个人存在的价值和意义。

在高消费的社会，个性消费已然混淆了社会阶层意识，消费者个性化倾向加剧，青年人，尤其是年轻的女性是个性消费的主力。消费者试图通过个性化的消费释放生活的压力，满足虚无的精神世界，甚至是体现人生价值。不同阶层的消费者在光怪陆离的商品面前摇身一变成为"上帝"，依靠消费获得了些许慰藉。殊不知，不恰当的消费心理导致的非理性消费行为必然加剧社会财富的不合理流动，社会贫富分化加剧。

无度消费使人的一切外在行为及内在意识发生了异化。人的价值必须求证于物的价值，因此，后者能"合乎理性"地确证和彰显着人的价值。

---

① 王丹、路日亮：《消费社会物质丰富与精神匮乏的悖论》，《北京交通大学学报（社会科学版）》2013 年第 12 期。

"信奉消费主义的人认为，只有物质生活的丰富和感性欲望的满足才是最重要的、有价值的，只有人所占有和享用的物质财富才是人生意义和价值的象征。"[①] 而当消费成为了人们的一种生活方式、生活态度、生存信仰时，消费主义价值观便得到了"彰显"。从本质上说，消费主义是一种物质主义、享乐主义和个人主义，它为大众提供普遍的生活范式，诱使他们追逐趋同化的非理性消费观念，导致社会生产、消费关系紊乱，人的物质需求和精神需求失衡，人的幸福感在物质世界中逐渐遗失。

在我国，改革开放以来，随着经济的发展，人民收入不断增长，受西方的消费观念和消费方式影响，出现了一些问题，如因追求商品符号价值，而疯狂追逐奢侈品，攀比之风盛行；为提高商品符号价值，肆意增加"附加值"，对商品过度包装；在商家的策划下，集中的大规模、无序的购物；广告文化泛滥，误导消费、欺骗消费时有发生。改变这种消费方式，就是要提倡生态型生活方式，让人们过一种简约、节约和低碳生活。简朴低碳生活是以实现基本需求的满足和提高公民生活质量水平为主旨的合理适度的消费生活方式，在物质上坚持生活舒适和便利原则，提倡简朴生活，而强调精神生活追求。与享乐主义和物质主义不同，简朴生活主张节约，反对奢华无度的高消费。低碳生活，就是过简朴节约的生活，倡导低耗能与低消耗、低污染和低排放，引导人们从高消费转向适度消费。低碳生活是一种可持续的生活方式，它的目标是实现可持续发展，是一种有意义的生活。

在新型城镇化建设中，改变传统生活方式，提倡低碳生活、绿色生活方式，既体现了人与自然的本质共生关系，也形成了生态文化的行为模式。

---

① 卢风：《论消费主义价值观》，《道德与文明》2002 年第 6 期。

（四）大力开展生态文化教育

民众生态观念塑造是一项系统的教育工程。《全国环境宣传教育行动纲要》明确指出："环境教育是面向全社会的教育，其对象和形式包括：以社会各阶层为对象的社会教育，以大、中、小和幼儿为对象的基础教育，以培养环保专门人才为目的的专业教育和成人教育等四个方面。"民众生态教育，包括正式生态教育和非正式生态教育，从幼儿阶段到成人阶段，需要教育者、受教育者和全社会的共同参与、共同努力。

1.构建完善的生态文化教育体系

要坚持生态教育从娃娃抓起，让儿童尽早接触环境保护，让生态教育进入学前教育环节和家庭教育。幼儿时期是情感培育与行为养成的最好时期，幼儿对自然生态的认知处于一种懵懂状态，应该运用丰富多彩的活动向幼儿介绍大自然，通过感官让幼儿感知大自然中的绿色植物，感受大自然的变化，关注细节，激发幼儿好奇心和探索大自然的兴趣，从小处着手培养幼儿探索自然的兴趣、热爱自然的态度和保护自然的习惯。

要加强小学生生态教育，将丰富多彩的多种具体的自然现象与事物纳入教材，增加小学生对树木花草、鸟兽虫鱼、江河湖泊、空气和水、阴晴雨雪、日月星辰等自然现象的认知，初步对学生进行自然观教育，从感性和情感上，促使学生走进大自然，认识和探索自然界的各种事物和现象，从而激发他们探索大自然的好奇心和求知欲望。但是，在引导学生体验自然界和探索学习多种多样的自然知识的同时，应注重通过课外实践教学来引导学生认识并关注自然事物的发生和变化，培养他们丰富的情感体验、感性认识，积极指导学生积累所获取的感性经验，帮助他们树立科学的自然观，包括"自然界里的事物相互联系""自然界里的物质是运动变化发展的""物质的运动发展变化有规律可循"等科学知识。在潜移默化中,使学生明白自然界里的事物之间都是相互联系的,掌握自然的客观规律,进而认识到人类有能力认识自然并能够实践于自然,更能够在遵循自然客观规律的前提下开发利用自然和更好地保护自然资源及生态环境。

对中学生生态意识的培育有三个主要阶段,即初中阶段、高中阶段和职业中学阶段,主要是进行生态环境现状、生态环境面临的问题及问题怎么解决方面的教育,初步培养学生的分析和评估能力,使他们的行为与生态文明建设的要求相符,是这一阶段生态意识塑造的主要认知目标。生态意识塑造的情感目标是培养学生热爱环境,勇于承担保护和改善环境的责任和义务的态度。生态意识塑造的行为目标是能促使学生从自己做起,从身边的小事做起。通过积极开展各种形式的以生态为主题的行为习惯培养塑造活动,使他们养成不扔果皮纸屑、不随地吐痰、不乱涂乱画等良好习惯和爱护环境的生态行为。除课堂生态知识教育外,学校要将校园作为教育媒介和育人环节,可以通过校园媒体宣传、生态文化主题活动、生态氛围营造等形式开展生态教育,提高学生的环境保护意识,形成合力促进中学生养成关注生态、爱护自然、保护生态环境的自觉意识和良好习惯,增强环保的道德感和责任感。

大学生生态意识的教育主要以生态意识、生态知识、生态伦理和生态行为的培育为主,注重生态问题解决能力的培育,将生态意识培育和生态建设专业能力教育结合起来。环境科学与工程、环境保护、环境设计等环境专业教育要培养学生科学的思维方法,熟悉国家环境保护、自然资源综合利用、可持续发展的动态,充分了解环境科学理论前沿的知识以及应用动态。应着重培养他们专业的环境知识和环境技能,如环境学、环境影响评价、环境监测、环境规划、环境管理、环境生态学、环境管理信息系统、循环经济学等，使之具备一定的环境工程管理和研发技能，以及创造性思维能力、创新实践能力、生态科技研发能力，学成后能成为在科研机构、企事业单位以及行政部门等从事环境监测、环境影响评价、环境规划与管理等工作的专业型人才。非环境专业的学生，应开设"环境保护与可持续发展""环境伦理学""生态文明与循环经济"等与环境教育相关的公共选修课或必修课，教师应讲授生态伦理学、生态美学、可持续发展等知识，使学生树立生态世界观、生态价值观、生态伦理观。

目前，生态意识培育已经纳入九年义务教育，但对于大学生的生态教育，仅限于环境专业的学生，非环境专业学生的生态教育还比较欠缺。而且就环境专业学生的生态意识塑造来说，应不断完善生态教育的内容，不断更新、创新生态教育方法，不断调整生态教育的目标和原则，这些都有利于学生的行为更与生态文化发展和生态文明建设的需要相符。因此，我国要加快将大学生生态意识课程列为高等教育的一个必要组成部分，帮助更多的学生认识生态的多重价值，如经济价值、社会价值、伦理价值、审美价值等，引导学生关注经济社会可持续发展问题、关心生态保护问题，增强他们学习解决环境问题、进行生态文明建设的能力，激发学生生态环境保护的道德责任感和现实使命感。

除此之外，还需要大力加强校园生态文化建设，如邀请生态学专家到学校开设专题讲座，组织学生开展生态文明建设学术沙龙，举办以保护自然生态环境为主题的科普展览等。与中学生生态意识培育相比，大学生生态意识培育应更加关注我国经济社会发展过程中的深层次生态问题，甚至是整个人类共同面对的生态问题，使大学生掌握科学的、全面的生态知识，牢固树立保护生态环境、实现经济社会可持续发展的生态意识，牢固树立人与自然的生命共同体意识。具备一定的生态参与能力，能够积极参与生态文明建设实践，参与推动绿色发展方式转型升级，自觉践行绿色生活方式。

社会生态教育也是民众生态观念塑造的必要组成部分。社会生态教育是面向全社会的，其对象非常广泛，涵盖各个阶层的成年人，目标是提升他们的生态素养。对于每一个社会个体而言，接受教育应该是一个持续的、渐进的过程。因为随着年龄的增长，人们对层出不穷的社会问题的认知是不同的。生态问题具有伴随经济社会发展而逐渐变化的特点，人必须从新的生态知识中汲取可持续的生存理念。社会生态教育符合现代教育的发展要求。现代教育的理念是教育要伴随人的一生，即人不仅要在学校受教育，也要接受社会教育。

20世纪中期以后，终身教育的理念在全世界广泛传播，很多国家构建了比较完善的终身教育体系，已经成了当今世界上最具影响力的教育思想之一。关于社会生态教育，《第比利斯政府间环境教育会议宣言和建议》强调："环境教育应是一种全面的终身教育，能够对这一瞬息万变的世界中出现的各种变化作出反应——环境教育应面向各个层次的所有年龄的人，并应包括正规教育和非正规教育……环境教育必须面向社会。它应促使个人在特定的现实环境中积极参与问题解决的过程，鼓励主动精神、责任感和为建设更美好的明天而奋斗。环境教育本身也能为教育过程的更新作出重要贡献。"[1]通过社会生态教育，可以进一步提高国民对生态环境及其生态问题的认知，使他们承担其生态环境保护的责任。

总的来说，国民生态教育是面向全社会及其各阶级、各年龄段的教

---

① 田青、胡津畅、刘健编译：《环境教育与可持续发展的教育联合国国际会议文件汇编》，中国环境科学出版社2011年版，第49—50页。

育实践。不同阶层和年龄段的教育对象，民众生态观念塑造的内容、目标、原则、方式和方法，也都应有所差别。应坚持与时俱进的精神，制定生态教育内容，教育目标也应与实际情况相适应，严格遵循教育原则，以及采取科学的教育方式和方法。比如，以幼儿和儿童为教育对象的群体，应将教育重心放在引导感知和体验自然上，培养其从小事做起的意识，以树立他们的浅层生态意识为主要目标；以青少年为教育对象的群体，要注重生态知识的传授，组织他们进行有目的、有计划、有层次地积极参加保护生态环境的实践活动；以成年人为教育对象的群体，督促他们践行生态理念是重点，使他们有意识自觉地学习并掌握新的生态知识和理论，充分调动他们生态环境保护的积极性和能动性。

2. 着力提升生态教育师资队伍素质

教育大计，教师为本。当前，我国大力推进生态文明建设的根本要求是建立一支稳定的、高素质的生态教育师资队伍，这是进行民众生态观念教育的关键环节所在。生态教育教师至少应具备以下基本素质：

一是具有丰富的生态知识。要具备相应的生态知识，牢固树立生态世界观、生态价值观，能够清楚地认识到人类赖以生存的地球是由自然、人、社会共同构成的统一的复合生态系统，是一个相互联系、相互作用的统一整体。经济社会的发展应兼顾经济效益、社会效益与生态效益，兼顾眼前利益与长远利益，兼顾局部利益与整体利益。个人的发展应兼顾物质需要与精神需要。二是具有很高的道德素质。他们应树立生态伦理观，能够将道德对象的范围从人与人的社会关系扩展到人与自然的生态关系，能够尊重自然、善待自然，认识到保护环境即是在保卫我们自己。而能够能动地确认自然的价值和权利，人与自然和谐共处，则是人类社会可持续发展的重要前提条件。三是具有较强的法律素质。生态教育者应当对我国的生态法律法规、环境保护的制度机制具有一定的了解。四是具有丰富的实践能力。生态教育者本身要主动地承担生态环境保护的责任，积极投身于生态文明建设的伟大实践，尤其是要积极促进环境保护政策的不断完善。

现阶段，我国国民生态教育师资队伍仍然处于探索阶段，并且大都由国家组织或者非政府组织发起、资助和引导。研究生态文化和生态文明的科学院所学者，从事环境科学和环境工程教育的高校教师，讲授生物、地理、物理等学科的中学教师，与教授自然和地理的小学教师，是国民生态教育师资队伍的主要参与对象。生态教育培养时间较为短暂，无持续性，另外，生态教育培养方式较为僵化，局限于知识和理论的灌输。

教育者接受的培训在很大程度上仍然受到我国教育体制的影响，我国生态教育培训应进一步加强。《塞萨洛尼基宣言》明确指出："所有的学科领域，包括人文和社会科学，都需要考虑环境和可持续发展问题。可持续性要求一种整体的、跨学科的方法，在保持各自基本性质的同时，把不同的学科、机构结合起来。"① 也就是说，我们首先必须要使生态教育者具备跨学科的、整体的思维方式，进而使受教育者也具备这种思维方式。具体而言，建立一支高素质的生态教育师资队伍应从以下四个方面展开：

第一，加大提高生态教育培训水平的投入力度。政府应加大生态教育培训投入，给予教育培训强有力的物质保障，使尽可能多的生态教育者参与培训。同时，还应加强生态教育培训体制和机制建设，促使生态教育培训可持续。

---

① 转引自朱蕾：《简论生态文明教育与高等教育的融合生长》，《江苏高教》2017年第6期。

第二，将生态文明课程纳入教师进修培训体系。教育主管部门应结合我国当前大力推进生态文明建设和建设美丽中国的实际情况，将有利于生态文明建设和有利于国民生态观念确立的生态哲学、生态伦理学、生态美学等相关课程纳入培训体系，进一步提高教育者的生态知识素养。

第三，增加教育者到生态文明建设水平较高的国内外高校学习交流的机会。20 世纪中叶以后，环境保护运动首先在发达国家兴起和蔓延，进而使环境保护的理念、制度、技术等在发达国家形成和发展，公民的生态素质和社会生态文明程度较高。尤其是发达国家的高校，大都具有独特的校园自然环境和浓厚的人文环境，如果国内的生态教育者能够有机会到这些高校进行参观和学习交流，必将增强自身对于生态文明建设的直观感受。当前，国内一些高校也在创办绿色大学，取得了一定的效果。因此，在注重外派学习的同时，也应组织人员前往已经走在国内生态教育前沿的高校进行学习交流。

第四，应促使生态教育者参加生态文明建设。生态教育者的生态思想观念本身也是形成和发展于实践和认识的循环往复过程，符合认识和实践规律，即生态实践—生态认知—生态再实践—生态再认知……在很长时期内，由于生态教育者的工作和生活的范围较为狭窄，他们对我国的经济发展缺乏全面和深刻的认识，其掌握和传授的知识、理论和实践出现脱离实际情况，这对生态教育的发展非常不利。因此，应尽可能创造机会，促使教育者走出校园，走近社会，亲近自然，如参加世界环境日等宣传活动，进一步强化对生态文明的认识。

（五）引领民间环保组织健康发展

民间环保组织是指在地方、国家或者国际层面建立起来的不以营利为目的非政府组织。民间环保组织具有非营利性、公益性和独立性特点。民间环保组织具有相当高的"公信力",已经发展为规范化和定型化的组织形式。在我国,随着政治经济的改革和发展,民间环保组织已经成为推动我国环保事业发展与进步的重要力量。

1. 大力发展民间环保组织意义重大

按管理的不同方式,可以将我国现有民间环保组织分为四种类型:一是由政府部门发起成立的,如中华环保联合会、中华环保基金会、中国环境文化促进会,各地环境科学学会、环保产业协会、野生动物保护协会等;二是由民间自发组成的,如自然之友、地球村,以非营利方式从事环保活动的其他民间机构等;三是学校等社会机构组织的,如学校内部的环保社团、多个学校环保社团联合体等;四是国际民间环保组织驻华机构。

1978 年 5 月,中国环境科学学会成立,这是最早由我国政府部门发起成立的民间环保组织,标志着我国民间环保组织的诞生。之后,我国民间环保组织相继成立。1994 年,在北京成立了"自然之友",标志着我国民间自发组织的环保组织诞生。20 世纪 90 年代,各个高校和国际环保组织的驻华机构纷纷成立,并得到政府的支持和肯定,民间环保组织将环保工作延伸到社区与基层,并逐步迈进了快速发展阶段。

20 世纪之后,我国民间环保组织的活动领域逐渐扩展到组织公众参与环保、为国家环保事业建言献策、开展社会监督、维护公众生态权益等方面上来,环保 NGO 步入成熟阶段。尤其是近些年来,干部与群众不断提高关心环保和生态的自觉性、参与意识,政府与民间环保组织在环保领域的合作范围越来越广泛,合作也更加有深度,这已经成为我国环境保护领域的一个重要特点。我国民间环保组织越来越成为加强环境保护、推动生态文明建设的一支重要力量。

中华环保联合会发布的《中国民间环保组织发展状况报告》指

出，截至 2005 年底，"我国共有各类民间环保组织 2768 家，其中，政府部门发起成立的民间环保组织 1382 家，占 49.9%；民间自发组成的环保组织 202 家，占 7.2%；学生环保社团及其联合体共 1116 家，占 40.3%；国际民间环保组织驻大陆机构 68 家，占 2.6%"。民间环保组织已经在提高全社会环境意识、开展社会监督、倡导环境保护方面为国家建言献策，以及在扶助贫困、推动发展绿色经济、保护生物多样性等方面发挥了重要作用。报告同时指出，民间环保组织存在认可度有待进一步提升、组织经费无法得到保障、国际交流合作欠缺等问题。

2008 年，中华环保联合会发布的《2008 年中国民间环保组织发展状况报告》指出，在我国政府的重视下，在公众的支持下，"截至 2008 年 1 月，全国共有民间环保组织 3500 余家，较 2005 年增加近 800 家。其中，由政府发起成立的民间环保组织 1309 家；学校环保社团 1382 家；草根民间环保组织 508 家，数量增长尤为明显，尤以北京、广东、湖北、云南、西藏、新疆等地的草根民间环保组织发展迅速；国际环保组织驻中国机构 90 家；港澳台地区的民间环保组织约 250 家。2005 年以后，随着民间环保组织的壮大和发展，民间环保组织在影响政府环境政策、监督政府更好地履行环保职责、从事环境宣传教育、推动公众参与等方面都起到了积极作用，成为政府环境保护工作的有益补充"。报告同时认为，虽然我国民间环保组织在经费保障和办公条件上有所改善，但是仍面临着筹款能力弱、人才短缺、组织能力不强等问题。

总体而言，我国民间环保组织起步比较晚，但是在党和政府的正确领导下以及在民众的支持下发展迅速。民间环保组织在开展社会环境监督、开展环保宣传教育，倡导公众参与环境保护、提升民众生态观念方面发挥着重要的作用，已经成为扩大生态文明公众参与、形成人与自然和谐的生态精神、凝聚生态文明建设合力的重要载体，是联结政府和社会的重要桥梁和纽带。但是，我国民间环保组织在发展过程中也确实存在一些问题，如政府组织的民间环保组织管理不严格、工作不规范、独立性不够；自发民间环保组织数量少、组织松散、内部机构不完善、工作随意性大，活动面窄且不活跃；学生环保社团热情高但不稳定；发展地区间不平衡、人才专业化程度不高。

为此，我国上级政府部门要抓紧制定激励和引导民间环保组织可持续发展的机制和制度，鼓励国民积极参加民间环保组织，提升民众参与度。下级各环保部门要高度重视，加强对民间环保组织的科学领导，支持民间环保组织有序发展，鼓励民间环保组织参与政府环境决策，发挥它们参与资源节约型和环境友好型社会建设的精神力量和物质力量。

2.注重民间环保组织作用的充分发挥

2013年12月2日，以"民间力量——助力绿色新路"为主题的2013年中华民间环保组织可持续发展年会在北京举办。原国务委员、全国政协原副主席、中华环保联合会主席宋健在贺信中指出，保护生态环境、建设美丽中国是功在当代、利在千秋的事业，关系到现代化建设的成败、人民福祉、民族未来，必须动员全社会力量，全民参与才能成功。中华环保联合会副主席、全国妇联原副主席洪天慧在年会致辞中表示，不久前闭幕的党的十八届三中全会把加快生态文明制度建设作为亟待解决的重大问题和全面深化改革的主要任务，民间环保组织应充分认识到当前发展的机遇与挑战，按照三中全会关于推进国家治理体系和治理能力现代化的总要求，加强能力建设，发挥桥梁作用，为生态文明建设作出更大贡献。

首先，我国环保部门、民政部门要及时掌握民间环保组织发展动态，加强对他们的引导、鼓励、帮助和支持，促使民间环保组织积极为政府部门制定和完善环境保护政策和制度建言献策；支持他们开展环境保护政策、法律、法规宣传等环保公益活动；支持他们监督政府部门环保政策的贯彻落实情况；支持他们为维护公民环境权益所做的具体工作。对确实作出突出成绩、群众认可度高、社会影响力大的民间环保组织要适时给予表彰和奖励，对制约民间环保组织可持续发展的重大问题、复杂问题、疑难问题要及时地科学分析研究，并提供必要的帮助予以解决。尤其是要加强对民间环保组织核心成员进行跟踪培养，鼓励热衷环境保护事业、生态文明建设和发展的社会名人加入环保组织，充分发挥他们的示范引领作用，营造良好的社会氛围。

其次，进一步明确民间环保组织的法律地位。民间环保组织的健康、可持续发展离不开明确的法律地位和强有力的环境政策支持。从法律层面来看，有必要通过完善的法律法规对民间环保组织的性质、开展活动的范围、开展活动的方式等加以界定。根据发达国家民间环保组织发展的状况，只有民间环保组织的地位、性质、活动方式能得到法律认可和保障，民间环保组织的群众基础才能牢固，公信力才会更强。"各级政府及其有关职能部门应确立促进我国民间环保组织健康发展的总体思路，坚持积极引导、大力扶持、加强管理、健康发展的方针，改革和完善现行民间组织登记注册和管理制度，研究制订有利于公众参与、公益捐助等政策鼓励措施"[①]，为推动我国民间环保组织的进一步发展提供强力的法律支持与政策保障。

再次，进一步改善民间环保组织的发展环境。发展民间环保组织需要相应的社会环境和相关环境法律法规支撑，要发挥政策与服务设施、财政投入等公共资源的综合效益，激发形成促进环境保护组织发展的最

---

① 《记者观察》杂志：《环保 NGO——推动绿色经济发展》，2007 年 7 月 2 日，见 http://news.sina.com.cn/c/2007-07-02/145213357636.shtml。

大合力。也就是说，政府应进一步转变职能，将部分环境公共服务职能交由民间环保组织实施，完善促进民间环保组织发展的法规和政策，为民间环保组织注入一定的资金，加大民间环保组织发展必要的公共资源投入。以此为基础，"运用市场机制优化配置环境公共资源，实现环境公共资源的社会化和资本化，这是提高环境公共资源的使用效益，解决我国目前人民群众日益增长的环境需求与环境事业供给不足矛盾的有效途径"①。这就为民间环保组织的发展提供了良好的条件，从根本上讲，这有利于"充分发挥民间环保组织提供环境公益服务的社会功能，从而为我国民间环保组织的健康发展提供坚实的资金和物质基础"②。

最后，必须加强对民间环保组织的监督管理。事实证明，民间环保组织的建立和发展是符合经济社会发展规律，符合人民享有更好环境权益的根本要求，符合我国生态文明的发展趋势的。但民间环保组织的发展必须接受政府的监督管理，"按照健全党委领导、政府负责、社会协同、公众参与的社会管理格局的要求，加强社会管理法律、体制、能力建设"③。作为民间环保组织，应该将政府想做而暂时还来不及做的事情或没有精力做的事情做好，积极帮助政府解决一些关系人民群众环境权益维护、关系生态文明建设的重要现实问题，积极开展国际化的民间环境保护交流与合作，有选择地吸收和借鉴国外环境保护民间组织关于生态环境保护方面的优秀经验，为增强我国国民的生态意识作出更大的贡献。

---

① 《记者观察》杂志：《环保 NGO——推动绿色经济发展》，2007 年 7 月 2 日，见 http://news.sina.com.cn/c/2007-07-02/145213357636.shtml。

② 《记者观察》杂志：《环保 NGO——推动绿色经济发展》，2007 年 7 月 2 日，见 http://news.sina.com.cn/c/2007-07-02/145213357636.shtml。

③ 周耀虹：《促进社会组织参与公共服务》，《党政论坛》2010 年第 12 期。

第二节　城镇化进程中生态文明
建设考核评价机制构建

在新型城镇化进程中，生态文明建设的主导力量是政府，而生态文明建设也是政府的重要职责。政绩考评是政府为保证发展任务和工作要求落实的引导手段，发挥着指挥棒作用。因此，要增加对城镇生态文明建设的引导力，就必须把城镇生态文明建设纳入地方政府政绩考核范围。

一、新型城镇化进程中生态文明建设政绩考评机制的内涵

政绩考核是政府机关对各级政府进行管理的一种常用也是行之有效的管理方法，一般是指，上级政府对下一级政府及领导干部依据一定的工作指标和标准、按照一定的工作程序和方法，进行定性和定量相结合的评估和考核，并注重考核结果的运用，将其作为干部奖惩、提拔和任用的重要依据。随着时代的发展和社会的进步，根据政府阶段性工作任务和工作重点，政绩考核的内容和方式也在不断变化。随着生态建设任务的逐步加大，各级政府都肩负着生态文明建设、生态环境治理和生态文化建设等任务，因此对生态建设的考核也就势在必行，生态政绩和生态考评也就需要纳入政绩考核体系。

生态政绩考核，是指在习近平新时代中国特色社会主义思想的指导下，上级政府和相关机构根据生态文明建设要求和阶段性工作目标，将生态治理、环境保护等生态文明建设内容纳入政绩考核体系，形成

考核评价工作标准，按照一定的程序，对下一级政府或有关部门进行政绩考核评价，并注重结果的使用，将其与经费划拨、干部调整等进行挂钩，发挥引导和督促作用。当然，生态政绩考核可以综合地按年度进行，也可以根据需要适时进行专门或专项考评，同级政府内部也可以进行自我评价，将自我评价和上级考评结合起来。生态政绩考核评价的目的在于引导各级政府、各政府部门树立生态观念、强化生态意识、树立正确政绩观、转变政府职能，发挥主导作用，积极推进生态文明建设。

二、新型城镇化进程中生态文明建设政绩考评机制的构成要素与功能

构建生态文明建设的政绩考评机制不能简单地把生态文明作为考核内容纳入考核体系，更重要的是通过这一考核手段发挥指挥棒的作用，进而取代传统的唯经济增长指标、"唯 GDP"的政绩观。

（一）新型城镇化进程中生态政绩考核机制的构成要素

生态政绩考核机制的构成要素主要由考核主体、考核对象、考核内容、考核程序和结果运用等构成。考核主体和考核对象其实就是"谁来考核"和"考核谁"的问题。一般情况下，都是上级对下级进行考核，考核对象主要是各级政府及其领导干部，考核主体则是上一级政府部门。这种上级对下级的考核推动了政府工作的完成，但容易出现由于作为上级政府的考核主体有时相对较为集中而出现过于注重政绩，甚至一切看政绩而忽视群众意见的问题，且单一的考核主体也容易造成考核结果的失真，使政府工作的公信力受到影响。目前正在改变考核主体由单

一的上级部门担任的现状，转向吸收下级部门、群众、利益相关者以及专业的第三方考核评价机构等多元化考核主体发展，使考核评价更为科学合理，考核结果更为可靠。

考核内容即考核指标，也就是"考核什么"。考核内容的设置对工作的重点及方向有明确的导向作用。上级政府为了贯彻落实国家一定时期的工作任务，一般会制定工作要点或年度工作计划进行统一目标、统一思想、统一步伐，按照上下级关系，为确保上级工作的落实，下级政府要依据上级分配的工作任务和工作要求制定工作计划、重点工作和努力方向，一般而言，上级政绩考核会结合重点工作、年度计划和经常性工作，注重工作业绩和工作实效。随着生态文明建设工作的逐步展开，生态建设考核内容被纳入考核体系中，成为重要内容和重要方面。

考核需要确定考核方法，也就是考核过程所采取的考核方式，即通常所说的"如何考核"的问题。在考核过程中，因考核方法是连接考核主体和考核对象的主要纽带，所以考核方法的选择对考核结果的影响很大，如果方法选择不当可能直接导致考核主体作出错误的评判，无法真实反映政府真正的政绩。目前运用最多的考核方法是目标管理、平衡记分卡与360度绩效反馈考核法，其中，目标管理是政府生态政绩考核最常用的考核办法。

考核程序是指考核过程中应遵循的步骤和环节，一般由考核的前期准备、方案的设计、实施、收尾四个环节组成，这也是对考核结果的有力保障。考核的前期准备环节主要工作包括：确定考核对象、选择考核主体、明确考核目标、准备考核资料。方案设计环节包括：确定考核内容、设计考核方法、完善考核指标及确定指标权重等。考核实施环节包括：遴选考核要点、收集考核对象的相关资料、对考核数据进行统计处理、对考核资料与数据进行分析、综合上述材料形成考核结论等。考核收尾环节包括：考核结果的分析与反馈、考核对象的褒奖惩罚、总结问题和经验。

所谓考核结果，指的是考核工作完成情况的展示。考核主体和考核对象都可以通过对考核结果的分析，掌握考核对象工作任务完成情况、工作效果等基本情况和状态，方便上级政府查找问题，加强指导；利于考核对象在发展中认识自己、找准定位，使其弥补不足，发挥优势。政绩考核机制的最终目的不在于考核结果，而在于怎样使用考核结果，结果的运用才是政府政绩考核机制的关键所在。因此，要充分发挥生态政绩考核的机制作用，就需要将生态政绩考核结果与工作人员的"升降奖惩"相结合，鼓励他们主动履行生态责任，为生态文明建设和可持续发展作出贡献。

（二）新型城镇化进程中生态政绩考核机制的基本功能

政绩考核的是政府加强管理和进行自身调控已完成工作任务、达到工作目标的重要手段，生态政绩考核作为政绩考核的一种，其基本功能为：一是有利于形成正确政绩观。正确政绩观的形成和发展离不开政绩考核机制的引导。过去很长一段时间，我国地方政府把经济增长作为政绩考核的主要指标权重，导致政府官员忽视了生态环境问题，形成了不正确的政绩观。目前，生态环境问题日益严重，生态文明建设任务艰巨，城镇化进程中生态文明建设的机制尚未形成。因此，以经济增长为主的政绩考核机制必须得到根本的转变，而要建立正确的政绩考核机制，就应该从根本上摒弃不正确的政绩观念，树立生态政绩观，也就是促进各级政府树立科学发展观，树立经济、社会、生态全面、协调、可持续发展的政绩观。

二是有利于政府生态工作任务的逐级落实。政绩考核是上级政府对下级政府工作是否履行职责及是否取得成效的考核评价，考核的内容、形式和结果的运用对政府及其干部的执政行为将会产生直接的影响。生态政绩考核机制将生态文明建设纳入考核范围，并作为政府工作的重要标准，考核结果与政府工作人员的"升降奖惩"直接挂钩。生态政绩考核机制把城镇化进程中的生态文化建设纳入政绩考核，促使地方各级政府、职能部门和领导干部主动关注生态文明建设，注重生态治理和环境保护工作任务的落实，更自觉、更主动地履行生态建设职责，致力于生态文明建设任务的落实。

三是有利于增强政府公信力。生态环境关系到每个人的切身利益，是人类生存和发展的前提和基础条件。当前生态问题已成为影响人们生活的突出问题，对美好生活的向往是人们的共同追求，这就使政府的奋斗目标生态政绩考核机制将城镇政府关注的焦点转移到了生态文明建设上，促进政府把工作重心放在改善人民群众的生活环境、提高生活质量和拓展发展空间上，为人民群众对美好生活的向往而努力工作。建立完善的生态政绩考核机制体现了地方政府建设生态文明的能力，增加了人民群众对政府工作的信任和认可，有利于提升地方政府在人民群众中的权威和形象，增加了政府公信力。

三、新型城镇化进程中生态政绩考核机制构建策略

生态政绩考核机制的构建离不开政绩观的改变，而树立科学的政绩观，需要地方政府领导干部思想观念的转变和政府职能的转变。转变思想观念和政府职能都需要一定的外力，即一定的制度安排和相应的措施，加强引导，积极施压，形成制度性、机制性安排。

（一）加强新型城镇化进程中政府生态政绩考核动力机制建设

政绩观，指的是对政绩的总的态度，它对政府的发展起着指引作用。我国人民群众日益增长的对生态环境的需求，迫切要求政府加强生态文化建设，构建生态政绩考核机制，实现人与自然的和谐发展，从根本上找出经济发展与生态环境的平衡点，转变发展理念，摒弃唯 GDP 的片面政绩观。

1. 树立科学的生态政绩观

生态政绩观"以科学发展观为指导思想，以生态文明为价值取向，以生态价值优先、整体利益最大化、未来利益至上为原则，以经济增长、社会公平和改善环境质量为目标，实现生态、经济、社会全面、协调、可持续发展的政绩理念"①。因此，政府领导干部必须树立生态政绩观，履行生态职责。生态环境与每个人的切身利益息息相关，人民对美好生活的向往促使人民群众更加强烈地需求良好的生活环境，这就需要政府牢固树立科学的生态政绩观，更好地落实"执政为民"政策，切实以"为人民服务"为宗旨。摒弃错误的政绩观念，树立生态政绩观，必须加强学习，转化执政理念，树立为民思想和尊重自然的价值诉求，为人民群众的切身利益创造政绩，真正认同生态政绩观，将生态文明建设和人与自然和谐共处纳入政绩考核的范畴，完善地方政府生态政绩考核机制，使政府生态政绩考核更加全面和科学。

---

① 华春林：《摆脱政绩困境：政绩观的科学发展》，2014 年 5 月 29 日，见 http://www.93sc.gov.cn/wwwroot/News.aspx?WebShieldSessionVerify=tKZ4XvWMmt9rTDqc8r47&id=6109。

2.切实增强生态文明建设责任意识

长期以来我国法律制度和相关政策将保护生态环境作为政府的职能，但片面追求经济增长，GDP"一俊遮百丑"的问题长期存在，地方政府对生态环境缺乏关注，忽略了应承担的生态责任。因此政府应当切实增强生态文明建设责任意识，自觉将生态责任的主体地位、承担生态职责、履行生态职能等纳入政绩考核体系，明确政府的生态职责，完善地方政府生态政绩考核机制和强化政府生态责任。而要建立相应的责任意识，就要形成生态价值理念。生态价值理念是在生态问题的基础上提出，强调肯定生态环境自身的价值，推动生态责任的落实，主导政府干部确定发展方向、作出生态决策、执行生态职能，增强政府的生态职责意识。强化政府生态文明建设责任意识还需要明确政府关于生态责任的划分。解决生态问题的方式不是单一的，需要多方协同进行，对责任划分不明确，很容易导致政府对生态责任的错误理解，明确生态责任，合理划分责任，有效提高政府干部的生态责任意识，积极地在生态文明建设中作出成绩。

3.深入培养社会公众的生态理念

政府是落实生态建设，是进行生态政绩考核的主体，但也需要社会公众的广泛参与。民众对生态理念的正确认识，能够有效地促进政府完善生态政绩考核机制，为加强新型城镇化进程中的生态文明建设注入广泛社会力量支持。

第一，加强教育培训，提升公众生态保护意识。教育管理部门要将生态教育融入各级各类教育的课程体系，既要将生态教育作为独立课程或专门内容进课堂，也要将生态力量融入各类课程教学之中，进入学生头脑，真正把生态教育当成素质教育的重要内容来抓。同时，通过拓宽教育渠道、丰富生态教育的形式和培训，加强生态教育，深化大众对生态的认识，消除民众的错误生态观念，唤醒人们的生态保护意识。

第二，丰富宣传方式，营造生态社会氛围。随着时代的发展，新媒体以其便捷、速度快、覆盖广等优势大有取代传统媒体之势。因此，在宣传生态文化的方法手段选择方面，政府既要注重广播电视、报刊杂志等传统媒体，也要充分发挥"两微一端"等新媒体向社会发布环保信息、宣传生态知识、传播生态理念、丰富生态生活，营造人人关注生态建设、人人爱护环境、人人学习环保知识、人人参与环保的良好社会氛围。

第三，开展实践活动，拓宽民众参与渠道。从民众关注的生态问题入手，多组织形式多样的、生态教育主题鲜明的实践活动，拓宽社会参与渠道，在具体实践中培养公众的生态理念，促进生态文化建设。

（二）健全新型城镇化进程中政府生态政绩考核运行系统

在实际操作中，生态政绩考核对象具有特殊性，不能简单地整齐划一，搞"一刀切"，这不符合矛盾的普遍性和特殊性规律和实事求是的要求，也难以对一个考核对象进行真实的、准确的评价，因此，必须采取政府生态政绩分类考核的办法，科学设计考核体系。

1. 实施政府生态政绩分类考核机制

分类考核，指的是根据考核对象的实际情况，对考核对象设置有分类、有差异的考核指标标准。生态政绩进行分类考核包括科学分类考核对象、科学设置考核指标、合理安排指标权重三个方面，具体工作流程如下：首先，科学分类考核对象，即根据自然条件、地理位置、区位优势、产业结构、资源环境状况、生态承载力、经济社会发展基础等不同的具体条件，因地制宜地对考核对象进行科学划分；其次，科学设置考核指标，即上一环节确定的考核类型分类。一般将考核指标体系分为统一和特殊两类，制定相适应的指标内容、考核要点和相关操作说明，适当设置特色项目，保持考核体系有一定的弹性。最后，通过科学的统计方法设定指标权重，即根据考核期内的工作重心和引导方向，对指标进行赋权，确定不同的指标权重的分数占比。

实际上，由于考核对象的不稳定性和发展变化性，考核指标体系也不可能一成不变，因此，为保证分类考核的科学合理性，分类指标与指标的设置会随着考核对象的现实改变而进行调整。分类管理的科学性主要表现在更加强调有针对性的生态发展，即要有较强的方向性和指导性。

2. 科学设计生态政绩量化考核机制

地方政府生态政绩考核的内容很多，涉及面较广，要素也很复杂，考核结果有的能够直接进行量化赋分，有的难以换算成数量。因此，生态政绩注重量化，但不是任何业绩都必须量化，搞形式主义，而是强调定性基础上的量化。进行生态政绩量化考核要从以下三个方面入手：一是必须确保所采集数据的准确性，特别是第一手资料，这是考核结果的正确性和可信度的最基础的保证，也是考核结果经得起推敲、质疑的基础工作。二是讲究综合性，确保数据的全面性和代表性，要充分考虑生态政绩考核内容的复杂性、综合性和整体性特征，确保考核数据收集的全面性和准确性，避免遗漏，否则考核结果将失去意义。三是坚持适度原则，确保数据的真实性，避免"过度量化"。

3. 建立生态政绩区域联动考核机制

生态环境不同于人为的行政区划，它是一个自然形成的巨大系统，系统内各要素之间相互制约、互相作用、相互影响、互相联系，牵一发而动全身。因此，在政府生态政绩中，要充分考虑到区域协同、区域联动，注重整体性所要求的区域政府的协作机制运行状况的考核。在实际生态政绩考核工作中，建立生态政绩区域联动考核机制是很困难的，要注重以下三个方面的工作：一是必须明确进行联动的各地区的生态责任范围，界定区域政府间的职责范围，突出工作中出现的整体性和任务的明确性要求，避免在生态文明建设工作中出现相互推诿与相互扯皮、"九龙治水"与"互踢皮球"等责任难以落实的问题。二是注重问责制度的配套落实，如河长制等制度安排就有利于解决河流治理难的问题，要将这些制度创新与生态政绩考核进行结合配套。三是注意平衡区域之间、同一区域不同部位之间的生态文明建设水平任务、地区发展水平和政府的政策执行能力的不平衡现象，因地制宜，一切从实际出发，既公平公正又不搞平均主义、"大锅饭"，上级政府要对下级不同区域政府的实际情况掌握清楚。

（三）创新新型城镇化进程中政府生态政绩考核结果运用机制

在生态文明建设中，政府领导干部是领导者和管理者，发挥着非常重要的作用。建立健全生态政绩考用结合机制极为重要，这不但能够促使政府官员重视生态政绩，还能推进政府官员创造生态政绩，对生态文明建设的发展具有重要意义。反之，若考核机制的"考""用"环节脱节，对政府官员自身来说，考核结果无任何效益，将使他们误认为"生态政绩考核无意义"，这对他们参与生态文明建设的主动性和积极性会产生消极的影响。

1.健全政府生态政绩考用结合机制

政绩考核关键在于结果的运用，生态政绩的考用结合机制，就是要把结果的作用放大，把生态政绩考核结果与政府官员的"升迁奖惩"紧密联系起来，促进政府官员落实生态责任。真正突出考核结果的运用，要把握好以下几点：一是要重视生态政绩考核结果，确定考核结果为奖励选拔官员着重考虑的方面。二是要确定考核结果作为调整惩罚失职官员的重要依据。三是要把考核结果作为改进工作的依据。加大生态政绩考核结果的透明度，及时大范围公布结果，使考核对象及时了解自身情况，认识工作中的不足之处，及时制定措施改进，提高工作质量和效率，形成持续改进的工作效果。

2.完善领导干部生态责任追究机制

随着我国对生态治理、环境保护等生态文明建设工作的重视，相关法律法规和制度不断完善，初步形成了责任追究机制，但现行的环境保护制度体系还不够健全，责任追求机制还不完善，地方政府和政府官员以牺牲生态环境换取经济利益的问题，还不能通过责任追究杜绝。建立生态责任追究机制，明确地方政府和官员的具体责任和义务，追究为了盲目追求发展而不惜一切代价的官员的责任，对其施行相应的惩罚。建立生态责任追究机制的初衷并非问责，而是通过责任追究制，督促地方政府和官员依法履行相应的职责，保障生态政绩考核顺利进行。

随着生态文明建设力度不断加大，近年来我国对生态责任追究机制进行了探索性的研究，并取得了一些成绩。2014 年、2015 年相继出台发布了《关于加强环境监管执法的通知》和《党政领导干部生态环境损害责任追究办法（试行）》，明确指出，应对地方政府及相关负责人没有尽到相应职责的或违纪违规行为进行责任追究，追究领导干部的生态责任。这些办法和通知的出台，体现了国家对生态环境保护的信心和决心，为加强追究生态责任的力度提供了工作遵循。完善生态责任追究机制，地方政府作为主体要积极作为，坚定不移地贯彻落实中央政策，结合地方实际将责任追究工作的责任落实到位，建设并完善地方生态责任追究制度。完善生态责任追究机制还必须通过制定法律法规，完备追究程序，确立追究标准，界定追究范围，保障生态责任追究制的公平性。

3. 推行领导干部生态责任离任审计制度

《中共中央关于全面深化改革若干重大问题的决定》明确提出："探索编制自然资源资产负债表，对领导干部实行自然资源资产离任审计。"生态责任离任审计制度是一种反向思维，也是一种责任制度，深入推行生态责任离任审计制度，将促使地方政府、相关部门，特别是领导干部在执行政府职能、作出决策、创造政绩时考虑生态环境相关因素，积极采取相应的措施，防止盲目追求经济增长而透支生态资源，杜绝不履行生态文明建设职能，不落实生态文明建设和环境治理工作责任等问题的发生。生态责任离任审计制度相比一般的审计制度更明确了政府官员的生态相关责任，关注官员在任职期间是否以破坏生态文明建设来换取政绩。这对审计人员要求更高，现有的审计人员对生态环境相关知识太缺乏，很难顺利完成生态责任追究。因此，在推进生态责任离任审计制度中，要加强专业化人才培养，强化生态领域专业设备使用技能等相关业务能力的培训，建设一支素质高、能力强的生态责任离任审计专业队伍，确保生态责任离任审计发挥作用。

（四）强化新型城镇化进程中政府生态政绩考核保障机制

政府生态政绩考核不仅是技术问题、领导干部职责问题和政府管理问题，更需要信息统计、信息公开、法律法规等制度的保障。完善信息制度的重点是信息的沟通机制，制度建设的重心在于形成制度体系，法制建设则是托底的保障措施。

1. 建立健全政府生态政绩信息统计制度

提升生态政绩信息的质量水平，建立健全的生态政绩信息统计制度是关键。一是应构建生态政绩信息统计体系，以保障生态政绩信息统计机构的独立性。通过施行垂直管理体制理顺上下级统计工作隶属关系，保证统计机构的独立性，维护生态政绩信息统计工作的公正性、客观性，以确保信息的准确性。二是完善生态政绩信息统计调查方法体系。通过方法的改进降低全面普查的工作强度，克服普查成本高和周期长的难题，探索专项调查和抽样调查、典型调查和重点调查相结合的调查方法，运用大数据分析，形成综合统计调查体系，减少统计消耗，提高工作效率。此外，还要充分利用新技术开展诸如 APP 调查、即时调查、网络调查等现代化调查手段。三是要加强生态政绩信息统计工作监督。建立信息统计责任制度，明确信息统计人员职责，坚持"谁管理，谁负责"的原则，实行生态政绩信息统计责任制，保障政绩信息的准确性；将信息工作纳入政府监督范围或建立专门监督部门，将监督融入政绩信息统计全过程。

2. 完善政府生态政绩信息公开制度

生态政绩信息公开是增进政府与人民群众之间沟通和理解的重要渠道，大部分地方政府已经开展了此项工作，获得了群众对政府生态工作的广泛支持、理解和认可。当前，生态政绩信息公开已经成为政府生态政绩考核工作的一个不可或缺的组成部分，发挥着越来越重要的作用。生态信息公开的内容主要包括两个方面：首先是政府生态政绩信息，它包括政府所承担的生态责任、履行生态职责方面的具体工作事项、工作重点、项目工程、工作成效等；其次是政府生态政绩考核信息，包括生态政绩考核对象、考核主体、考核内容、考核方法、考核结果及其运用等。

当前，健全政府生态政绩信息公开制度，一是要加强社会公众对生态政绩信息公开的认知度，让社会公众了解生态政绩考核的各环节和全过程，消除他们对生态政绩工作的疑虑。二是要创新方法完善落实生态政绩信息公开的具体措施。采取更为积极的态度公开一般性的生态政绩信息，将信息公开的时间表制定准确，明确信息公开的准确时间，以及公开生态政绩信息采取的方式，推进信息公开常态化、制度化。三是依托新媒体构建信息沟通平台，推动生态政绩信息公开，实现信息共享。

3. 健全政府生态政绩法律保障制度

政府生态政绩的实施要法制化，这既是全面依法治国的要求，也是保障政绩考核机制形成的基本支撑。只有制定相应的法律法规体系，才能保障生态政绩考核的顺利正常开展。

当前，政府生态政绩考核的法制建设方面存在法制化程度不高、法制体系不完善、法律制度不健全等问题，推进政府生态政绩考核机制建设，必须正视当前面临的诸多难题：一是要积极完善生态法律制度体制建设。通过建立最为严格的法律制度，才能从根本上扼制住某些基于利益出发而忽略和破坏生态环境的不道德行为。二是要从法制角度对生态政绩的科学性予以肯定，明确生态政绩在政府考核中的重要地位。关于生态政绩考核的主要对象，应赋予他们相应的法律权力，让他们有权评价和监督地方政府执行的生态职能、创造生态政绩的过程及结果等。三是要尽快出台《地方政府生态政绩考核办法》，对有关生态政绩的各方面因素均进行详尽的设置，如考核的内容、考核的方法和途径、考核指标的设置、考核结果的兑现等，以保障法律对政府生态政绩整个过程的指导和正常运行。四是要实现国家生态政绩法律法规与地方政府地方性法规和制度的相互衔接和同步推进，快速推进地方政府生态政绩考核实现常态化、制度化、法治化。

第三节　城镇化进程中生态文明
建设长效机制构建

在城镇化进程中，生态文明建设长效机制的根本目的在于解决建设行为的不连续性，形成持续发力、连续推进的永续过程。但构建长效机制的重点却不在机制本身，而在于这一机制的理念，进一步讲，就是要将这一机制融入整个"一体两翼"的整体机制和各个操作层面，达成共识，明确方向，凝聚力量。

一、城镇化进程中生态文明建设长效机制构建框架

城镇化进程中生态文明建设长效机制以引导作用发挥其主要职能进而成为方向性机制，并从三个方面作为主要环节——以决策系统为核心，以运行系统为主体，以保障系统为支持，引导城镇化进程中的生态文明建设"以人为本"，达到绿色发展、低碳发展以及人与自然和谐相处的目的。城镇化进程中生态文明建设的长效机制具有科学配套的逻辑体系，主要包括三个系统：一是决策系统，依靠顶层设计的主要功能，也就是解决战略层面的问题，涉及发展的顶层设计、战略规划、路径选择等推进信息城镇化进程中生态文明建设的谋划系统；二是运行系统，在目标确定后，在思路和路径的规定下，采取一定措施，充分调动人、财、物等资源解决问题，化解生态文明建设各个主体之间产生的利益冲突，维护生态决策系统贯彻到底；三是监督系统，主要是生态文明建设的约束力问题，解决的是反方向的问题，即保障措施，一般通过科学透明的考核评价体系对生态长期建设的合理监督加以实现，重视考评体系

的合理性与严谨性，主要从制度层面明确监督的手段、方法和效果，构建全方位立体的监督系统。

二、城镇化进程中生态文明建设长效机制三大系统结构

城镇化的进程涉及社会和自然的诸多层面，但就生态文明建设来讲，就是一个复杂的博弈过程。而要对城镇化进程中的生态文明进行科学规划、统筹管理、加强控制，就需要通过在长远目标的导引下，从运行系统、决策层面和监督体系等几个方面来形成合力推进的长效机制。但这一长效机制的构建是以其他机制的构建和良好运行为基础的，它是一个自然形成的过程。只不过要树立"以人为本"的绿色发展理念，牢牢把握住顶层设计和目标设定这个根本问题。具体来看，城镇生态文明建设的长效机制，包括生态的决策系统、运行系统和监督系统，以保障生态文化的长期有效推进。

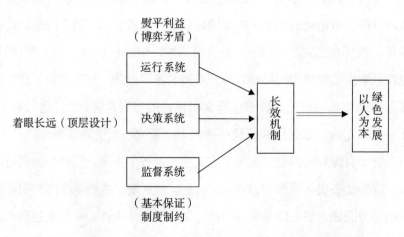

图 6-2　城镇化进程中生态文明建设长效机制三大系统结构模型

286

三、城镇化进程中生态文明建设长效机制构建策略

构建生态文明建设长效机制的重点是将导引机制、驱动机制、保障机制等进行系统化、整体化考虑，既立足当下更要着眼长远，将各种机制建成持续提升的工作机制，形成长效性。

（一）着眼长远发展，注重顶层设计，不断深化优化生态文明建设的决策系统

生态文明建设的决策系统，必须以顶层设计为依托，为确保生态的长期健康发展，应采用科学性、前瞻性和战略性的顶层设计。进行顶层设计需要着重强调以下几点：一是要强调差异化，也就是要充分结合实际，将理论与实际高度契合，在此基础上就会产生特色化的功能定位，只有根据实际情况制定符合区域发展的战略，将设计具体化、特殊化，才能突出特色化、差异化和个性化；二是要围绕产业发展做文章，将经济发展的布局结构进行基础性和优先性设计，致力于构建产城特色、产业特色和产品特色"三位一体"的顶层设计模式，为生态文明建设打下物质基础，为转变经济增长方式奠定基本前提；三是要坚持"以人为本"的宗旨，将人民群众对美好生活的向往作为生态文明建设和经济发展的最大目标和基本价值目标。因此，必须制定出符合城镇化进程中生态文明建设要求的决策系统成为中央政府、地方政府以及当地的微观主体共同构建生态文明长效机制的工作关键，要求在战略层面上保障生态的长期平稳运行，避免由于顶层决策的失误而出现扭曲，必然要通过科学合理的顶层制度设计。

1.顶层设计要充分结合区域实际

一个区域的生态环境要健康和稳定发展，合理的顶层设计是首

要保证，而符合地区发展的生态建设顶层设计需要从生态自身发展的特殊性和优势性出发，充分考虑我国各级行政区划和特殊生态环境所具有的区位差异、生态资源、自然禀赋以及经济发展模式、政策环境等诸多因素，形成与区域发展实际相适应的生态文明建设顶层设计，对区域生态建设的目标、路径选择和措施保障进行科学设计，为生态文明建设提供发展框架。在此基础上，地方政府凝聚各方智慧，发挥社会各方面作用，制定区域生态文明建设模式，并制定综合推进措施。

为形成集约高效的生产空间、宜居适度的生活空间和山清水秀的生存环境，生态文明建设要根据区域自然条件、城镇发展状况和大中小城市的不同规模区别对待和开发利用，通过合理布局来构建城市融入自然的生态格局。作为地方政府，应按照不同地区的不同特征，更应该制定出合理的生态顶层设计，使其与当地的发展规律与建设模式相适应，最终提高生态建设的工作效率。

2.顶层设计要优先布局产业结构

生态文明建设的顶层设计要优先考虑产业发展，要按照可持续发展理念，走绿色发展的道路，大力发展绿色产业，根据地方产业发展实际，通过优化产业布局升级产业机构，为当地生态长期稳定发展提供充足的内在动力。粗放型发展模式带来了一系列环境问题，造成了自然环境的破坏，而对环境的破坏反过来已经造成了对人本身的伤害，环境问题已经表明粗放型的经济增长方式已经行不通了，必须予以抛弃，必须尊重自然规律，坚持走可持续发展道路，实现人和自然和谐共生。当然，转变经济发展方式不是彻底忽略和否定经济发展的重要作用，而是为经济的发展寻找一条可持续的绿色发展道路，造福人类，实现"人和自然的真正和解"。

3. 顶层设计要以人为价值设定

在城镇化进程中，提高城镇居民的福利水平是生态文明建设的最高宗旨，要努力改善"人"的生存环境，提升"人"的生活质量。因此，以"人"为本，是政府在生态的顶层设计中必须始终遵循的原则，同时以"人"的发展为出发点，应将此原则延伸到生态文明建设的各个方面。作为生态建设的参与者和受益者，在城镇化进程中的生态文明建设与发展中，"人"才是整个过程的核心主体。如果忽略以"人"为本的原则去发展生态，将使生态的长期建设脱离最初的轨道，也会导致在长期建设中人的地位无法得到提升。

因此，要坚持以"人"的发展为基本价值前提，在重视产业机构调整走绿色经济发展的道路外，地方政府还必须充分考虑涉及人的一些设计，如社会保障体系、社会医疗服务体系、国民教育体系和公共文化服务体系等基本设施和保障，围绕"人"发展的各个方面，提高综合福利，提升城镇居民的生活水平，进而真正实现在城镇化进程中生态文明建设的最终目标。

（二）立足整体协调，形成各方合力，改进生态文明建设的良性运行系统

在生态文明的长期建设中，生态的运行系统是其重要保障。而构建制度体系，则是运行系统的核心。要使生态的发展始终处在良性的轨道之上，就需要通过完善的制度体系来保障。当前形势下，全面认识生态文明建设各要素和参与主体之间的利益冲突，是制度体系构建和设计的核心。通过制度的协调作用，能够有效化解生态各方利益的矛盾，使生态各参与主体在生态保护阈限内找到经济社会发展环境中的最高平衡点和最大公约数。改革开放 40 年来，我国经济建设所取得的伟大成就，

世所公认，但长期以来，我国经济的增长体现了帕累托改进理论，经济增长使得人人分得红利，使得改革顺利推进，但随着环境问题的凸显，"帕累托最优"情况将出现，这就是我们经常说的改革进入深水区，人们的利益将面临深刻调整，也就是说，深入进行的改革将可能损害一部分人的利益，因此改革的阻力将增大。那么这些因素将由哪个方面带来呢？我们认为将来自生态环境的压力，来自产业结构调整对传统生产方式的挤压所产生的产能过剩和失业压力，这是产业结构调整必然带来的阵痛。所以展开来看，在城镇化进程中，生态各方参与者的利益在整个生态文明建设过程中涵盖面非常广泛，生态建设能否顺利实施的重要问题，就是怎样去协调代内代际间、利益主体间以及人与自然之间的各种利益冲突。而要解决这些问题，就要实现发展方式的转换，从制度层面化解二元经济结构产生的矛盾，加强产业内部协调并不断增进协作，积极寻求城镇化进程中生态文明建设的最高平衡点和最大公约数，利用完善的代际、市场和生态等体制有力解决参与者之间出现的矛盾。

　　生态制度体系以化解生态各参与方之间的利益冲突为目的，它由三个方面的制度组成：一是经济和产业制度。这是维护自然环境的核心制度体系，针对的是生产行为和经济活动，限制了资本对自然资源的掠夺，主要是综合运用财政、税收和金融等宏观手段，约束和激励政府、企业以及消费者的经济活动和社会行为，为各经济主体划清环保红线，确立生态文明建设的责任，约束经济行为，引导它们遵循自然规律，维护生态环境，参与生态文明建设。二是资源环境保护制度。生态文明建设必须要有完善的制度保障，对耕地、水、大气等所有自然资源进行保护。资源环境保护制度的目标是，提高城镇化建设用地集约化水平；明确环保责任，建立环境保护责任追究制度；确定环境价值标准，建立环境损害赔偿机制，施行资源有偿使用和生态补偿制度；通过法律制度的手段，突出环境的价值，形成环境价值认同，规范社会主体的环境行为。三是社会保障制度。社会保障制度是生态建设稳定发展的重要保证，它也是涵盖面最大和潜在影响力最大的制度。在新型城镇化进程中推进生态文明建设，必须要进行综合配套改革，也就是说，新型城镇化不是单打独斗，需要综合配套措施，如"三权分置"的土地制度改革、户籍制度改革、社会保障制度改革等，赋予农民更多的财产处置权和资源的经营处置权，深入打破"城乡二元结构"，真正解决"三农问题"，实现城乡协调发展。

经济产业制度、资源环境保护制度和社会保障制度并不是相互孤立、自成一体的，而是三位一体、一体三面，且作用面不同的制度体系和运行模式，如图6-3所示。

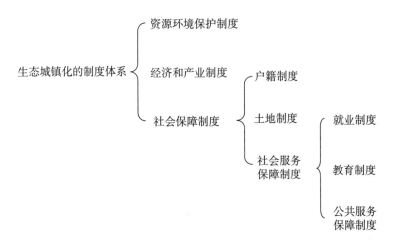

图6-3　城镇生态文明建设的制度体系

1.构建资源环境保护制度

生态文明建设制度体系的核心是资源与环境保护制度，其关键在于生态文明建设运行是否长期符合城镇化进程中生态文明建设的标准。资源与环境保护制度直接规范生态文明建设的进程和生态各参与主体的生态行为，使其行为与生态文明建设标准相符合，不断促进生态环境的改善。使城镇适合人们居住，是生态文明长期建设的主要目标，生态友好型的建设方式也逐渐代替了粗放型的生态方式。而完善的资源与环境保护制度，是生态的长期健康发展的有效保障，能够使得我国的建设与生态经济的标准相适应，最终实现人与自然的和谐共生目的。资源与环境保护制度，也是生态文明建设的重要保障。只有建立健全资源与环境保护制度，形成长效机制，才能确保"十三五"时期的生态文明建设目标顺利实现，从而将生态文明建设各参与主体的行为控制在资源与环境保护制度规定的范围之内，进而在生态框架内从制度上合理、客观地约束生态的主体行为，以实现生态文明建设的长期目标。

2.健全经济产业制度

产业是社会发展的内在动力，是社会物质文明的创造者，为人们的生活提供物质基础，不合理的经济产业制度对自然环境必然造成不同程度的损害。我们要建立绿色的生产方式，实行可持续发展的经济产业制度，这种经济产业制度是促进生态长期建设的内在动力，也是保证生态建设长期有效运行的关键保障性制度体系。可持续发展观指导的经济与产业制度设计，可以有效地将生产行为控制在一定范围内，限制其对自然环境的破坏，走可持续发展的道路，实现经济增长和自然环境改善的双向目标。另外，对于社会各经济主体，经济产业制度也可以发挥引导生态行为、凝聚生态价值的作用。

另一方面，从社会发展的角度来看，绿色经济产业的发展是生态文明建设的推动力。生态经济的发展是以生态保护为前提的，与之相对应的经济产业制度将保护生态环境作为制度目标和基本标准，将立足点和工作重心转向生态环境标准和环境保护，在此基础上才考虑满足各参与主体的经济利益。健全的经济产业制度，能够为生态文明建设各主体提供准确信息和明确方向，制定完善的生态补偿制度，从根本上把生态文明建设中的自然、人和社会等诸多要素都纳入决策过程之中。因此，当前工作的重点是：划分生态文明建设责任，进一步明确地方政府和参与主体应承担的环境任务和责任，深入调整和完善传统的保护粗放型经济发展的产业制度，健全生态惩罚、生态补偿等制度体系，划定生态文明建设红线，通过经济产业制度与资源环境制度的配套融合和相互支撑，构建起保障生态文明建设长期推进的长效机制。

3. 完善社会保障制度

在生态文明建设中，社会保障制度是托底配套的制度安排，涉及面最广，要求全覆盖，直接影响城镇居民的生活质量和福利水平。新型城镇化进程涉及户籍制度的改革、农村土地制度难题的破解和社会服务保障制度覆盖面扩大至全体居民，这些问题本身就是新型城镇化要解决的"三农"问题，但是反过来我们会看到，这些问题也直接决定了城镇化的进程和成败，在更高的层次上也决定了生态文明建设的成败。

如户籍制度是历史形成的，在我国历史发展过程中形成了人口管理模式，对城市和农村居民进行分开登记管理的制度。可以说，户籍制度是我国城乡长期割裂的一种体现，城乡居民拥有不同的户口，当然在一定的历史时期内，两种户口的居民享受的经济待遇和相应的社会待遇也不尽相同。因此，对户籍制度的评价要历史地分析和看待，不能脱离中国实际和历史发展阶段。但目前，推进城镇化就必须对现行户籍制度进行改革，破解城乡二元结构的难题，将城乡居民从户籍的束缚中解放出来，将与户籍绑定的土地制度、住房制度、福利制度、保障制度等放开，为新型城镇化进程提供配套改革支撑，为生态文明建设提供基本支撑。

在生态进程中，农民的经济收益与福利保障密切相关，而农村土地制度的配套与完善是保障。因此，土地流转制度必须进行深刻的改革，在生态的建设进程中切实赋予并保障农村居民对土地的处置权和流转权；同时，实行合理和对等的经济收益补偿政策安抚失去土地的农民，并结合户籍制度，以保障在生态文明建设进程中居民的权益，坚持社会保障全覆盖，逐步提高居民的福利水平，增进人民福祉。生态文明建设还必须健全社会服务保障制度，全方位保障居民的福利水平，增进人们对生态环境的保护意识。提供完备的社会公共服务，如医疗保障体系、教育体系和公共保障条件，通过与新型城镇化的发展速度密切关联，共同开创与提高居民福利紧密结合的新局面。

（三）重在全员参与，保障制度底线，不断完善生态文明建设的监督系统

生态监督系统，是对长效机制设计的强力补充。而科学完善的监督系统，能够对生态的各方参与主体的行为进行有效规制，在生态文明的建设过程中，使各方都能够对生态参与者进行监督，有利于促进他们制定与生态标准相符的决策。构建立体化、综合性和全方位的监督系统需要从以下几个方面着手：

一是厘清主体，划清层次。监督系统涉及政府、市场与企业、社会组织与民众等诸多社会主体和城镇化进程中生态文明建设中的利益相关者。在这一进程中，各方的地位和角色定位要厘清，如政府是生态文明建设的主体，应该主要是监督对象，但其内部也存在监督和被监督的关系，而且更具有强制力和监督效能，如监察机关等；市场与企业主要是发展生产、追求利润，其行为的生态环境风险也最大，因此主要是被监督对象；非政府组织和民众作为社会的非权力组织或个人，主要是监督者，要发挥监督作用。

二是生态监督系统的核心是科学完善的考评体系。管控生态文明建设各参与主体的关键在于建立科学、严谨及合理的考评体系。首先，生态文明建设所要求的考核办法、奖惩制度、激励指标和约束指标，都要纳入监督系统进行综合设计，形成严谨科学的监督体系。其次，生态文明建设监督系统需要扩展渠道，吸收各方面主体共同参与，形成多领域与立体式、多层次与多形式的监督体系，积极引导民众关注生态文明建设，广泛参与监督政府和企业。这就需要从三个方面构建监督体系：建立生态绿色发展评价体系以体现生态目标要求；建立绩效考核和目标责任落实的绿色发展导向的指标体系；建立公众参与和多方协作体系来保障生态补偿制度的实施。

三是发挥生态补偿制度在监督系统中的作用。将可持续发展和绿色发展理念融入经济发展，一方面优化产业结构，推进企业走绿色发展道路；另一方面遵循市场经济体制的运行规则，将经济手段纳入资源环境保护的生态补偿制度，明确生态资源市场价值，确定生态补偿标准，推行生态保护前提下的自然资源有偿使用制度，并将其作为监督系统监控的重要内容。因此，要建立生态补偿的监督系统，明确监督任务、补偿标准以及补偿范围，保证生态补偿程序的合法性和原则性以及市场化运作方式，防止生态补偿制度自身具有的约束力弱化，遏制经济主体为追逐更大利益而"有偿"损害自然。

从本质上说，新型城镇化进程中生态文明建设的长效机制是对导引机制、动力机制和保障机制的强调和相互配合协作的要求，并无更多的建设方面的措施，只是进一步强调三大机制在设计时要具有建设性，以保证制度建设和机制构建的长期性和持续性；进一步强调三大机制在运行中要具有协调性，以保证各种机制在运行过程中保持各操作面之间的联动性，形成推进生态文明建设的合力效应。

第七章　新型城镇化进程中生态文明 建设保障机制构建策略

新型城镇化进程中生态文明建设的顺利推进，既要由导向机制发挥生态价值、生态文化和评价机制来指明方向，凝聚力量，更需要生态文明建设各参与主体从不同方面提供动力，形成推进合力，还必须有保障机制，通过协同联动机制、生态补偿机制和信息沟通机制来维持整个系统的平衡与协调发展。

第一节　新型城镇化进程中生态文明 建设协同联动机制的构建

城镇化进程中生态文明建设协同联动是生态文明建设的区域内与区域间有效协同的瓶颈问题与薄弱环节，也是推进生态文明建设的支撑系统和基本保障机制。

一、城镇化进程中生态文明建设协同联动机制框架

协同是各要素之间的协作关系，是系统理论在操作层面的运用，其

目的是形成合力，减少各要素、各主体间的相互干扰，发挥目标导引作用，形成更大的发展合力。

（一）协同联动机制界定

协同联动机制是把协同治理理论与系统论、协同论相结合而制定的工作机制。协同治理理论指的是采用协同的基本思想及方法，通过研究生态文明建设多元主体间的协同规律，而协同治理生态建设的一种理论体系，实现生态文明建设中多元主体协作是其目的，取得部分整体合力大于部分力量之和的治理效果，也就是实现城镇化进程中生态文明建设多元主体间的协同效应。一般来说，工作机制是人们为达成管理目标构建的机制。构成机制的各个要素之间呈现静态关系结构，各要素之间的相互作用呈现为动态联系。机制的这种静态稳定性与动态规律性相互作用产生的功能大于各要素功能之和。因此，城镇化进程中生态文明建设协同治理机制，是在协同治理目标和生态文明评价中共同作用，以及它们产生的协同动力驱使下，政府—企业—社会利用协同合作和有效沟通的方式，整合与优化配置区域环境资源，从而为整个城镇化进程中生态文明建设提供支撑力和保障。

（二）协同联动机制模型框架

基于一般系统论、协同治理机制理论以及与其他机制直接的关系，结合城镇化建设进程中生态文明建设的实际，我们研究设计了协同联动机制框架。

根据城镇化进程中生态文明建设机制模型框架可知（见图7-1），城镇化进程中生态文明建设机制包括以下几个系统：

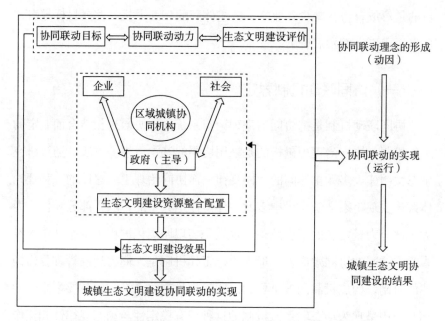

图 7-1　城镇化进程中生态文明建设的协调联动机制模型框架

1.城镇化进程中生态文明建设协同联动机制的形成系统

形成系统指的是城镇化进程中生态文明建设协同联动建设理念或观念被认同的机制，涉及"四位一体"的驱动机制、以生态文化建设为核心的导引机制、保障机制中的生态补偿机制和信息反馈机制的交叉互动的复杂关系。从内部看，协同联动机制形成的内驱动力来自城镇化进程中生态文明建设的目标驱动和对生态理念的认同，而机制的形成关键在于制度的整体设计和严格落实。

2.城镇化进程中生态文明建设协同联动机制的运行系统

所谓运行系统，指的是在城镇化进程中，生态文明建设主体通过协同合作对生态资源优化配置及目标管理控制，以达至协同治理的预期目标和效果的基本过程。城镇化进程中生态文明建设运行系统由相应的活动和措施构成，其基础是促进多元主体间的协调合作，目的是通过环境资源的优化配置与整合，实现城镇化与生态文明的协同发展。

3.城镇化进程中生态文明建设协同联动机制的支撑系统

城镇化进程中生态文明建设实现的重要手段是支撑系统，它贯穿于整个城镇化进程中的生态文明建设过程。

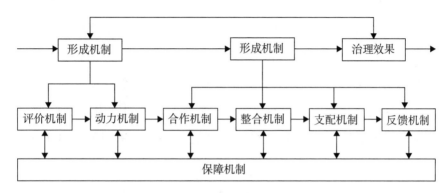

图 7-2　城镇化进程中生态文明建设的协同联动机制的支撑系统

城镇化进程中生态文明建设各机制之间共同作用的结果，最终促使城镇化进程中生态文明建设多元主体协同发展效应的实现。城镇化进程中生态文明建设运行系统的前提条件，是城镇化进程中生态文明建设的形成系统。在该形成系统的基础上，通过城镇化进程中生态文明建设、环境资源的整合优化等操作，确保生态文明建设体系的稳定有序发展并最终达至城镇化进程中生态文明建设的预期目标。将城镇化进程中生态文明建设形成系统中的理念或观念上的协同，进而进行现实意义上的转变，是其最终目标。城镇化进程中生态文明建设的支撑机制保障了生态文明的实现，它始终存在于整个的城镇化进程中生态文明建设过程之中，既贯穿于形成系统中，也存在于运行系统中，在所有进程中保障机制都有着非常重要的作用，为城镇化进程中生态文明建设过程中多元主体协同行为及策略的顺利实现提供了保障。

（三）城镇化进程中生态文明建设的协调机构

构建城镇化进程中生态文明建设协同联动机制，必须建立一种能够处理各主体间资源与利益分配的协调机构。首先，设立城镇化进程中生态文明建设的协调机构，解决和化解生态文明建设过程中存在的协作困境、结构锁定和利益固化等问题，为利益相关方提供协商讨论的渠道，为政策制定提供科学依据，为制度落实形成合力。其次，构建城镇化进程中生态文明建设的协调机构，可有效解决生态补偿机制中的跨区域问题和生态防治的单兵作战难题。协调机构沟通上下级、协调左右各部门，可在城镇化进程中实施生态建设进程监控和环境评

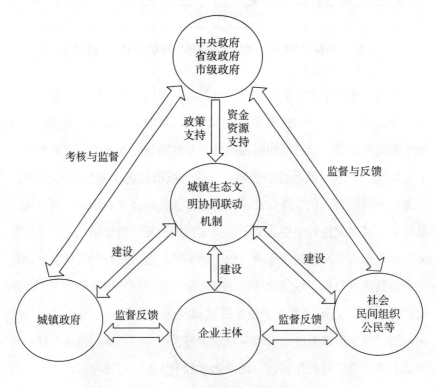

图 7-3　城镇化进程中生态文明建设的协调机制

估，一方面为政府以"绿色GDP"为核心的目标考核、政绩考核提供依据；另一方面可为生态补偿机制的作用发挥提供评价支撑，并发挥沟通和提高效率的作用。最后，城镇化进程中生态文明建设发展环境的协同治理，涉及区域内多个利益群体和多重利益团体。因此，构建城镇化进程中生态文明建设的协调机构，为不同利益相关者搭建一个直接对话、协商汇通和共同研判的平台，从而为协同推进环境问题的解决节约资源。

在城镇化进程中生态文明建设协调机构中，法律法规和制度的制定者是政府，负责制定生态文明建设的方针政策、长期规划、责任划定和质量标准等。主要职能实际上是发挥动力机制的功能，负责政策制定、制度建设（包含法律制度建设和治理制度建设）、管理体制等正式制度，也发挥推动文化建设、生态生活方式倡导、促进社会监督等非正式制度的引导职责。政府一方面要建立健全横向跨区域城镇生态建设、统筹城镇生态建设和其他方面生态文明建设的法律制度支持，形成区域间政府协同机制；另一方面政府要加强内部治理能力和治理体系建设，对城镇化进程中生态文明建设中的各主体的不同权限进行界定，依据法律手段确立权责边界，协同内部各部门之间的职能和工作机制，确保上级方针政策得到落实和机构有序运行。

二、城镇化进程中生态文明建设协同联动机制的形成

新型城镇化中生态文明建设的协同联动几乎涉及所有主体和各个要素，层次多、对象复杂，但关键在于要紧紧抓住评价系统的导引作用，激发动力系统，汇聚强大的社会支持力量。

（一）评价系统

所谓评价系统，是指城镇化进程中生态文明建设各主体在进行建设前对建设目标所应达到的效果进行比较，评估两者之间的差距所采取的行为方式。推进城镇化进程中生态文明建设，首先进行的是建设主体对生态文明建设的现状、体制机制运行情况和目标达成进度等方面进行评价和评估，真正认识到建设进度与各阶段目标之间的差距。城镇化进程中生态文明建设评价系统的要害在于科学构建城镇环境评价指标体系。而这个指标体系的核心在于发展理念的贯彻，也就是贯彻绿色发展理念和生态文化，落实生态城镇建设模式，将生态文明建设融入新型城镇化建设进程中。在协同机制建设过程中，评价系统在统一思想、形成共识、统一行动中，激发价值导引作用，发挥凝聚共识、聚集人力资源等合力作用，为构建生态文明建设的协同机制提供了聚集效应。

（二）动力系统

生态文明建设系统机制中的动力系统是指各主体在同一生态理念引导、职责任务和利益驱使中形成协同关系的作用机制。根据动力系统可知，城镇化进程中的生态文明建设的主体涉及政府、市场（企业）、科技和社会民众四个主要方面，只有充分发挥"四力驱动"作用，生态文明建设才能顺利推进。而多元驱动机制的内生动力又各不相同，如政府的动力来自政府的职能，即权利和义务的统一；企业的动力源自经济利益的追求；民众的参与热情来自对环境问题的关切，也是出于生存、生活利益的考量；科技的创新驱动源自理论对实践问题的关切，也即是说科技的动力来自实践，而又要回到实践中去。

1. 构建协同联动机制的政府职能作用

毫无疑问，政府是城镇化进程中生态文明建设的主导者，负责目标设定、工作规划和组织实施，在这一项工作中有着不可替代的主体作用。在协同机制中，政府的角色定位应有新的理解。一是合作身份的确认。在城镇生态文明建设过程中，政府应转变职能和角色，成为多元共建共治的合作者，确立与其他建设主体在地位上的平等关系；二是主导者和宏观调控者角色的作用发挥。在多元协同共建共治的主体中，政府在此项工作的各个方面无可替代地担当着宏观调控者的角色，必须提供稳定的方针政策、法律法规、制度规则和和谐有序的社会环境；三是提高其他主体的话语权。城镇化进程中生态文明建设的根本动力源自环境恶化和生态问题，而要治理首先进行的是认识的深化和理念的更新。理念和认识问题也是达成共识、凝聚力量的前提条件。但是，由于认识的局限和职责界定，在不同地区和不同主体间存在着冲突和矛盾，制约了生态理念的认同和环境治理、生态建设共识的达成，也就不利于生态文明建设中各主体协同行为的产生。因此，政府不仅要建立健全相关方针政策、法律法规和体制机制，还要提升其他参与者的话语权，调动他们参加建设与治理的积极性，进而提升其他主体对城镇化进程中生态文明建设理念的认同度，达成共建共治、协同推进的共识。

政府在城镇生态文明建设协同机制形成中具有主导性的推动作用，主要表现为：一是通过规制性要素推动城镇化进程中的生态文明建设，主要包括方针政策、法律法规、规章制度、行业标准、审核准入等制度环境的营造。政府通过规制性手段干预和调控城镇化进程中生态文明建设主体的行为，对建设主体的意志和理念施加影响，进而促成建设合力的形成。规制性要素的作用主要表现在，通过建立相应的各方建设主体互动的稳定性结构来增强生态文明建设的前瞻性，降低其不确定性。在城镇化进程中的生态文明建设过程中，规制性要素占比最大、力量最强，主流意识形态、国家法律规范、城镇生态文明建设体制机制等多重规制性因素都极大地制约着城镇化进程中生态文明建设的结构和运行。二是通过规范性要素促使形成城镇化进程中生态文明建设协作机制，其中价值观念和行为规范是工作推动的重心。规范性要素是一种非权力因素，它主要通过共同愿景和价值观将生态城镇理念内化到城镇生态文明各主体建设的行动中，为城镇化进程中生态文明建设的稳步推进奠定思想基础。

规范要素的功能主要表现为两个方面：一是规范城镇化进程中生态文明建设秩序。就是规范城镇化进程中的生态文明建设主体的理念和行为，从而摆脱以往环境治理局限于政府行政干预的困境。地方政府、企业及社会对城镇化进程中生态文明建设的价值导向、理念等起到相当大的推动作用。二是提高建设主体的参与度。主体参与度与其建设成效高度相关，规范性要素的运行需要政府适当放权，增加城镇化进程中生态文明建设权力执行的公开度、透明度和各主体的话语权，保障各主体的权益，激励它们积极投入生态文明建设、减少和避免对生态环境的破坏。

2. 构建协同联动机制的利益驱动

城镇化进程中生态文明建设的协同机制的目的就是将各种力量进行凝聚，发挥"1+1 > 2"的作用。利益可分为经济利益和非经济利益，利益驱动是生态城镇建设中达至目标的推动因素，通过投身于生态文明建设来维护切身利益，实现各自的建设目标，进而实现城镇化进程中生态文明建设的整体目标。因此，利益目标的确定和分步实现就为构建协同机制提供了强大动力。利益驱动促使政府、企业和社会等多元主体在生态文明建设中的交流、互动与协调，以保证生态文明建设在行为上协同。利益驱动有利于促成生态文明建设中的利益协调系统，全面调动各建设主体的参与，从而提高各主体对生态文明建设理念的认可度和认同度。

在推进城镇化进程中生态文明建设的过程里，政府的公共利益需求、企业的营利需求和公众的个人利益需求各不相同。各建设主体的利益目标的共识来自于生态危机意识和对美好生活的向往。相关主体有利益共识，但也有很多利益的分歧，这就是资源的有限性和职责边界冲突的问题。因此，激发各主体的价值目标和共同利益动力，减少和克服理念差异和最大化共同利益，是构建系统机制的动力基础。

3. 构建协同联动机制的社会力量支持

民众的参与源自生态理念的认同和共同愿景，这是构建协同联动机制所需社会内聚力的必要条件，也是城镇化进程中生态文明建设深入开展的重要体现。因此，社会认同所提供的支持力量是政府、企业、非政府组织参与城镇生态文明建设的又一动力。虽然说，社会公众关注并参与城镇化进程中生态文明建设是出于人们对生态危机的共识和对美好生活的向往，但明白问题是一回事，具体参与则是另外一回事。

多元建设主体是否参与城镇化进程中生态文明建设关键在于：一方面是城镇外部压力，即生态环境提出的课题和我们面对的生态问题，甚至是危机，这决定着各主体参与的方向及内容；另一方面是内部激励机制，这决定着各主体参与生态文明建设的力度和积极性。所谓城镇外部压力，主要是来自社会认同的压力，是人们对生态环境的担忧和对美好生活的向往。各建设主体地位和利益的目标，推动不同建设主体间增进共识，缓解以政府强制力推行的生态文明建设模式的压力，且因此使城镇化进程中生态文明建设的理念观念、政策措施在政府、企业、社会和民众等不同建设主体中得到普遍认同，获取广泛支持。

三、城镇化进程中生态文明建设协同联动机制的运作

由于协同联动机制的作用方式不同于其他机制，有必要对其内部的合作系统、整合系统进行说明，分析它们的工作原理和运行方式。

（一）合作系统

城镇化进程中生态文明建设的合作系统，是指以生态文明的理念和价值观念被建设主体认可并接受为前提，多元建设主体的地位对等地组成联动力量一起参与城镇化生态文明建设，并通过信息交流和沟通来完成生态文明建设中主体目标协同与行为协同的过程。前已述及，城镇化进程中生态文明建设关涉到政府、企业和社会等不同的利益主体，其中政府既包括中央政府和地方各级政府，也要考虑政府中不同部门的职责范围和责任边界；企业则涵盖市场中的国有企业、合资企业等各种经营实体；社会主体则包括一定区域内非政府组织和民众等。在多元协同联动的机制中，政府是主导，企业是核心力量，社会则是重要支持力量、监督者和有力推动者。

实际上，这些分类只是简单的划分，真正深入协作联动机制的内部关系就显得非常复杂。在城镇化进程中推进生态文明建设，建设主体之间的关系层次多样，相互影响、互相制约、彼此勾连的关系错综复杂。协同联动推进城镇生态文明建设，需要有效协调并有机融合各建设主体间的错综复杂的内在和外部关系，确保生态文明建设相关政策的制定实施、环境资源的整合配置以及信息交流等的畅通，降低运行成本，提高生态文明建设效率。

政府在多元主体的协同联动机制中居于主导地位，负责协调组织与顶层机制设计，并对生态文明建设的合作系统进行引导监督。一是解决

地方政府、企业、社会等各主体因利益追求而"各自为政"的问题，需要建立具有独立性和权威性的跨区域城镇化进程中的生态文明建设机构，使其畅通政令，上传下达，协调各方，搭建平台，凝聚力量。这一协同联动机构，一方面统一协调管理区域内的生态文明建设，另一方面，为城镇化进程中生态文明建设的多元主体搭建稳定交流平台，加强交流沟通，增加协同联动能力。二是通过协同联动机构促进城镇政府之间、企业及社会之间沟通和交流，增强信任。城镇化进程中生态文明建设以相互信任为基础，使政府、企业、社会各个主体之间相互学习、交流与互相促进，以提高政府公信力，发挥其主导作用，增强企业与公众在生态文明建设中的话语权。同时，民众还需要从自我做起，积极选择绿色出行、低碳生活等绿色生活方式。三是在多元沟通交流的基础上，多元建设主体角色定位与协作联动分工，形成合力系统。根据不同建设主体的角色和行为特点，在信任机制的作用下建立不同主体、同一主体不同部门、多元角色和功能定位相互协同的机制，在生态文明和生态价值共识的引领下，引导各建设主体的行为聚焦城镇化进程中生态文明建设的目标，形成协作联动机制。

（二）整合系统

城镇化进程中生态文明建设的整合系统是指影响其实现区域环境治理和资源优化配置的各种资源整合的过程和各种关系的统称。推进城镇化进程中生态文明建设，应建立有效的环境治理资源整合系统，改变当前政府"单枪匹马"、环保部门一家"单干"的状态，激发其他利益相关者的主观能动性及主体地位，使有限的生态文明建设资源最大限度地发挥作用。资源包括人力、物力、财力和信息等要素的集合，是生态文明建设的保障。资源的配置主体、客体和力量，是资源整合系统三个主要部分。

政府、企业和社会既是生态文明建设主体，也是资源整合配置的主体。不同城镇政府之间、企业和社会通过协同合作可以实现环境资源在不同城镇整合和优化配置，提高环境资源配置效率，使不同城镇生态文明建设系统产生自组织，实现协同效应。城镇生态文明建设资源的整合配置客体，由生态文明建设的人力、财力、物力和信息等资源所构成。其中，环境治理的核心要素是人力资源，财力资源为其他资源提供资金支持，物力资源为其他环境资源提供物资支持，信息资源是城镇化进程中生态文明建设的基础。

在整合系统中，系统作用的发挥需要市场、政府、社会三者的合力。以市场作为资源调配的平台，政府对市场配置资源进行规范和引导，社会承担起监督职责，在三者共同作用下，实现资源配置的有效性。

1. 生态文明建设资源的市场整合配置力

企业是市场的主体，企业对生态文明建设资源的整合配置主要是通过市场实现。市场利用价格机制调节资源供需平衡，进而发挥其资源配置功能，具体表现如下：一是进行生态文明建设人力资源整合配置，为了提高人力资源利用效率，市场通过价格机制实现人力资源的区域间配置；二是整合配置生态文明建设中的财力资源，为了提高生态产业资本的综合效益，继而提升生态产业资本的利用效率，市场在政府监管下能够引导生态产业资本转向具备良好环境效益的技术领域配置；三是进行物力资源配置，这一配置需要市场为其提供交易场所和环境，以提高流动性和共享性，从而降低城镇化进程中生态文明建设成本，提高物力资源的利用效率；四是进行生态文明建设信息资源的配置，市场为环境治理技术或科技成果提供推广交流平台，为实现生态文明建设技术或科技成果效益最优性转化，应通过价格机制调节生态技术或科技成果转化供需。

2. 生态文明建设的政府制度整合配置力

由于生态文明建设活动的多重特征，如正外部性、非排他性、信息不对称等，因此，在生态文明建设资源整合配置过程中，经常出现市场的调节作用失灵。政府可以利用法律与制度干预市场，弥补市场缺陷，提高资源配置效率。政府干预在资源配置中发挥着重要的作用。第一是激励功能。正外部性是生态文明建设行为的特点，健全的生态文明建设政策和法律法规可以有效保护环境建设主体的利益，提高生态文明建设资源整合配置主体的积极性。第二是分配功能。政府制度能够按照政策及法律法规在市场资源配置的功能丧失后，整合配置生态文明建设资源，以弥补市场缺陷。第三是协调功能。生态文明建设行为对不同地域和主体间的分工协作有较强的依赖性，出于对信息对称的需求，需要政府在不同地域与主体之间进行协调，营造互动写作的环境。第四是引导规范功能。为了保障资源整合配置的健康有序开展，对环境治理人力资源的行为方式和价值理念，政府政策及法律法规需要给予引导和规范，还要对生态文明建设资源整合配置主体的行为进行规范引导。

3. 生态文明建设的社会文化整合配置力

文化自身具有约束性。在生态文明建设资源整合配置过程中，社会文化发挥着重要功能。通过对人们价值观和行为的影响，间接实现对资源的调配。此外，其他的社会文化，如伦理道德和思想观念等也会影响和制约资源整合配置主体的行为。因此，社会文化能够对市场和政府制度的建立提供有效的补充，以完善资源配置的整合系统。

4. 三大整合配置力的协同联动作用

市场、政府制度及社会文化的合力作用，为实现资源的优化配置提供支撑，从而提高生态文明建设资源的配置效率。三大整合配置力的协同联动作用具体表现为三个方面：一是生态文明建设活动的外部性会使市场配置失效，这就需要政府和社会文化通过政策制度和文化价值来引导和规范，以弥补市场的不足。二是政府制度与社会文化的结合程度决定了其参与合力配置资源的成本与效率。三是社会文化的整合配置力在生态文明建设资源整合配置中对市场和政府整合配置力起着补充和完善的作用，政府制度在不断完善和市场机制在逐渐发展的同时也会促进社会文化整合配置力的提升。

四、城镇化进程中生态文明建设协同机制构建策略

了解生态文明建设协同各方面和各种力量的作用方式后，探讨协同机制的构建就顺理成章，其重点就在于协同系统、约束系统和操作系统的形成。

（一）构建协同系统

所谓协同联动机制的协调系统，指的是在一定条件下由协调主体通过多样化的协调手段发挥协同联动作用，它是城镇化进程中生态文明建设保障机制的重要组成部分，贯穿于城镇化进程中生态文明建设的全过程，主要目的是保证生态文明建设的健康展开。协调背景、协调内容、协调主体和协调手段是组成协调系统的四个最主要因素。协调背景是指城镇化进程中生态文明建设中问题或矛盾产生的社会、经济和文化等的环境问题，其核心问题是分析城镇化进程中生态文明建设下经济发展与环境保护之间矛盾的根源，为解决矛盾提供支持。协调内容是城镇化进程中生态文明建设中的协调对象，主要协调城镇地区间的权力和权益分

担不平衡问题。协调内容可再细化为各级政府、企业与社会之间的权力协调和利益协调。协调主体是城镇化进程中生态文明建设中协调行为的执行者，是生态文明建设中协调系统得以运行的前提，主要包括上级政府、协同联动机构、城镇地方政府的协作组织和各种非政府的协调组织等。协调手段是城镇化进程中生态文明建设的协调过程中所采取的具体行动和措施，主要有法律手段、行政手段、经济手段等。

协同系统是联动各方形成合力的管理机制，它厘清了城镇生态文明各建设主体的职责权限和运行方式，加大沟通协作，可以减少分歧阻碍，极大提高工作效率，降低能耗。

（二）构建约束系统

实现生态文明建设中的协同效应是协同联动机制的主要目标，协同联动机制能够提升整体效果，进而推动城镇环境的可持续绿色发展。因此，必须建立相应的约束系统以确保生态文明建设协同联动机制的形成和生态文明建设目标的实现。约束系统是指在生态文明建设过程中，建设主体协同行为的发生并实现生态文明建设协同效应的制约机能。约束系统贯穿于城镇化进程中生态文明建设的全过程，具体可分为形成系统中的约束和运行系统中的约束。

1.城镇化进程中生态文明建设形成系统中的约束系统

形成系统是整个城镇化进程中生态文明建设机制的开端，它的内在运行方式与后续协同行为的产生和环境治理协同效应的实现有着直接关系。必须对城镇化进程中生态文明建设机制的形成过程进行有效的约束和控制，保障形成系统的实现。形成系统的约束和控制主要表现在两个方面，一要进行科学评价生态文明建设现状以及现状与建设目标之间的差距，确认建设的必要性、紧迫性；二要加强生态文明建设主体间利益与权力的协调，强化驱动力和合力。

2. 生态文明建设运行系统中的约束系统

生态文明建设运行的约束和控制系统的主要功能是对建设主体的合作、序参量选择管理和信息反馈及资源整合配置进行协调约束和制衡管控。一是通过约束建设行为，加强信息沟通，以提高主体间的信任度，促进主体间合作系统的建立。在形成相互信任的基础上，制定相应的惩罚手段，对有悖于协同行为的主体进行相应的惩罚，发挥刚性约束作用，维护生态文明建设的共同利益、公共权力和价值共识。二是通过约束主体的行为，增强政府、市场和社会文化的配置合力，保障生态文明建设资源整合配置的科学合理。以优化配置为目标，积极营造良好的氛围和环境，通过一系列的治理手段和治理方法，产生城镇化进程中生态文明建设所期望的序参量，确保建设的有序运行。三是通过建立畅通的环境信息反馈渠道，客观评价生态文明建设效果达标情况，并及时反馈至各建设主体，及时进行分析研判，依据实际对现行政策和措施进行加强或调整，以确保城镇化进程中生态文明建设协同联动效应的实现。

（三）操作系统

根据当前新型城镇化进程中生态文明建设现状，结合实际，构建生态文明建设协同联动机制需要进一步"强政府、活市场、大社会、凝共识"，通过制度的完善和责任的深入落实，逐步形成合力共建机制。

1. 拓展参与渠道，推进决策民主

协同联动机制的形成，首先政府要畅通渠道，积极调动各建设主体的积极性，把推进决策民主作为突破口，提高生态文明建设决策的科学性、合理性。这就需要在发挥政府主导作用的情况下，积极发挥其他各建设主体的作用，形成"一主多元"协同联动机制。如何放权？就是要进一步协调中央和地方生态文明建设管理机制，除中央必须保留的权力外，应将管理权限重心下移，逐级下放到地方政府，理顺生态文明建设主体责任和管理权限。在横向联动方面，特别是对于跨区城镇化进程中的生态文明建设，上一级政府应当发挥牵头协调作用，并与下级政府、城镇所在政府建立协同联动机制，对生态文明建设进行统一规划、监测、监管、评估及实施。

2.发挥资源配置作用，构建现代市场体系

当前生态环境恶化跟产业发展模式和市场机制的不完善有重要关系。可以说，粗放型经济增长方式和企业的逐利行为对自然环境的破坏是最大的，也是最直接的。因此，生态文明的建设离不开市场和市场中的企业，一方面限制对环境的破坏，走绿色发展道路；另一方面要积极参与到城镇生态文明建设之中，承担起应有的社会责任。在协同联动机制的构架中，要充分发挥市场机制功能，加快现代市场体系建设，注重协调政府和市场的关系。

3.引导公众参与，形成多方合力

引导公众参与，需要从加强生态文明教育、加强政府与非政府之间的联系、拓展公众参与生态文明建设的渠道三个方面着手。一是加强生态文明意识塑造。要保持广泛、深入、持久的生态文明教育，关键在于精选生态文明教育内容。通过教育树立生态文明观念，形成保护环境、爱护生态的理念，养成绿色的生活方式，增加参与生活文明建设的积极性。二是形式灵活，增强政府与非政府组织之间的联动。非政府组织是生态文明建设的重要力量，如环保协会、以生态保护为宗旨的志愿者组织等，都以极大的热情积极地关注生态环境，热切希望参与生态文明建设，政府应当增进与他们的联系。

4.践行核心价值观，培养价值共识

城镇化进程中的生态文明协同联动机制的形成，需要通过上文论述的合作系统和整合系统来整合各主体利益的诉求与价值共识。生态文明建设的价值共识内在于社会主义核心价值观，即内在于"富强、民主、文明、和谐"中的"文明"之中，这个"文明"既包括精神文明也包括物质文明，也必然包含生态文明。因此，在城镇化进程中的生态文明建设的协同联动机制的构建中，加强凝聚各建设主体的价值共识是一个前提性和基础性工作，它对这一机制的凝聚力、评价判断、调节规范作用是无可替代的。

第二节　新型城镇化进程中生态文明
建设信息反馈机制的构建

任何系统的运行都离不开信息的沟通，特别是在复杂系统中，信息是保障系统有效运行的重要条件。生态文明建设涉及的主体和要素十分复杂，特别是在城镇化进程中进行就更增加了参与面，增加了沟通难度。这为构建城镇化进程中生态文明建设机制提出了紧迫的任务，即必须对信息反馈机制高度重视，并将其视为保障条件进行建设。

一、城镇化进程中生态文明建设信息反馈机制的概念与要素分析

所谓信息化指的是一种由计算机和互联网生产工具的革命而引起的

工业经济向信息经济转变的社会经济过程。这一概念于 20 世纪 60 年代在日本首次被提出，70 年代开始被西方社会普遍接受和运用。

随着我国改革开放的不断深化，我国信息化建设也取得了极大进展。2010 年 1 月，全国首次环境信息化工作会议召开，认真总结了环境信息化建设经验，深入分析了环境信息化建设面临的新问题。对我国环境信息化建设工作规划的开展，致力于全面提高环境信息化服务水平，进一步明确为环境保护提供信息服务的功能定位。[1] 从党的十七大开始，国家开始关注生态文明建设。党的十九大报告提出："确保到二〇二〇年基本实现机械化，信息化建设取得重大进展，战略能力有大的提升。"由此可见信息化的重要性。在增强执政本领方面，要求"善于运用互联网技术和信息化手段开展工作"，特别是统筹重大战略时要求，"更好发挥政府作用，推动新型工业化、信息化、城镇化、农业现代化同步发展"。[2]

毋庸置疑，当今世界城市发展的两大时代潮流是生态文明和信息化，将二者融入我国新型城镇化进程是大势所趋和国家战略要求，更是实现永续发展和建设美丽中国的本质需求。但需要指出的是，信息化是现代社会发展的基本支撑，而作为社会发展中的城镇化生态建设而言，要落实信息化保障各种管理机制的高效运行，就需要把信息化和具体生态文明建设实践结合起来，通过建设信息反馈机制来体现信息化，为新型城镇化进程中的生活文明建设提供信息保障。

---

[1]　参见环境保护部办公厅：《第一次全国环境信息化工作会议文件汇编》，中国环境科学出版社 2010 年版。

[2]　习近平：《决胜全面建成小康社会　夺取新时代中国特色社会主义伟大胜利——在中国共产党第十九次全国代表大会上的报告》，人民出版社 2017 年版，第 68 页。

二、城镇化进程中生态文明建设信息反馈机制的模型

城镇化进行中生态文明信息反馈机制涉及的主要要素为：政府、市场、社会（非政府组织和民众）等主体，也涉及信息反馈机构建设和其他机制直接的协同关系。需要强调的是，信息反馈机制的信息来源、信息媒介和信息接收对象都需要细化明确。政府既包括不同地域的城镇政府、上下级政府，也包括同一政府内部不同政府部门，政府承担不同的角色，既是信息反馈机制建设的主导者和具体管理者，也是信息的采集者、发布者和信息反馈的接受者等，根据不同的职责分工而具有不同的功能。市场由企业和消费者所组成，在信息反馈机制中的作用发挥也由企业和消费者来完成，例如企业主要是信息的来源端口和接收方，当然也可与政府合作而主动发布一些环境治理方面的信息。消费者是信息的来源和接收方，而非发布者，在信息中的地位也是由其作用来决定的。社会分为非政府组织、民众等，他们的角色也根据生态文明建设工作的展开而具有信息提供者、信息接受者和信息媒介作用。各要素之间的系统关系可以通过图 7-4 来体现。

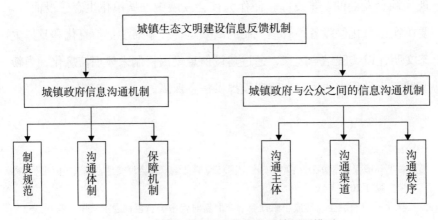

图 7-4　城镇生态文明建设信息反馈机制模型

三、城镇化进程中生态文明建设信息反馈机制的运行

城镇化进程中生态文明的建设工作是政府信息的一种，一部分属于公共信息，应该向社会公众公开（保密内容除外），为社会知晓。另一部分属于内部行政运行之间的信息沟通，属于内部信息，应该在涉及生态文明建设的城镇政府、同一生态区域的各级政府、政府内部各相关部门之间保持信息沟通。在城镇化进程中的生态文明建设信息反馈机制中，它包括三个方面和六个层次及十二对信息沟通关系。

1. 政府之间、政府内部的信息沟通关系

它包括两个层次，一是同一生态区域的不同政府之间要保持信息沟通，特别是城镇的河流、大气等生态治理项目，应增加协同性，保持信息畅通；二是上下级政府之间要进行系统内的信息沟通，及时上传下达，保持政令畅通、信息保真和结果反馈，以形成生态文明建设连续推进的工作局面。

2. 政府与市场各主体之间的信息沟通关系

一是政府对市场（企业、消费者等）发出强烈生态信息，将生态环境问题的严重性和整体性影响及时向企业反馈，增强它们的责任感和紧迫感，促使其履行维护生态平衡的责任；二是市场（企业、消费者等）向政府反馈企业对环境的影响、消费者对绿色产品的需求等信息，特别是反映经济增长方式方面的问题。这两方面的信息沟通确保了生态文明建设措施的落实反馈和推进协调。

3. 政府与社会（非政府组织、民众等）之间的信息沟通关系

一是政府向非政府组织和民众及时发布推进生态文明建设的文化理念、长远规划、具体措施和环境监测结果等方面的信息，让社会知晓政府态度、决心和工作进展。二是社会通过各种渠道向政府提供生态文明

建设信息，特别是环境治理中的问题、盲点和意见建议等，为城镇生态文明建设提供丰富的信息源。

当然，信息反馈机制中也包括社会、市场内部的不同组织、各种群体之间的信息沟通，但这是较弱的信息保障机制，属于外围层次的目标性不强的信息沟通，其媒介也十分复杂。因此，政府要重视并加以利用，为城镇化进程中的生态文明建设提供信息保障。

四、城镇化进程中生态文明建设信息反馈机制的构建策略

生态文明建设信息反馈机制的目的是通过加强政府间、政府与民众间以及各主体之间的信息沟通，增强工作的系统性和同步性，不断明确工作目标，提高工作效率。

（一）完善区域政府间的内部信息沟通

生态环境具有整体性特征，而区域政府间的管理是人为划分的，势必与自然环境的整体性相异，这就必须要求一定区域内各政府之间要保持信息沟通，以增进工作的协同性，适应自然环境的发展规律。

1. 健全信息沟通的制度规范体系

制度规范是信息反馈机制建立的基础，通过制度来引导行为，形成一致行动。经济学家诺思指出，通过为人们提供一个稳定的结构，制度能够降低人际交往过程中出现的不确定性，它也能够使信息沟通有可以遵循的原则和规律。毫无疑问，规范化、体系化的制度对于城镇化进程中生态文明建设信息的传递具有至关重要的保障作用。城镇生态文明各建设主体间的生态文明建设信息沟通反馈制度的完善可以从以下三个方

面展开：一是建立健全法律法规体系。拓展现有的生态文明建设方面的法律法规，如《大气污染防治法》《环境保护法》等；二是提高政府间协作文件的约束力。协作各方要将共识作为硬性要求，如不能履约，就要追究相应的责任，直至责任落实为止；三是城镇政府间要积极达成合作共识，并签订城镇化进程中生态文明建设信息沟通反馈的专项合作文件，推进生态文明建设信息沟通制度在城镇政府间的有机衔接及有效配合。

2.建立网络型信息沟通结构

政府内部的上下级纵向信息沟通系统与政府间、政府内部相关部门之间的横向信息沟通体系相互交织，构成网络，要保障顺畅，提高效率，形成机制。这种网状结果是横向信息沟通体制和纵向信息沟通体制二者的有机结合和协作联动。构建这一机制，要在完善政府内部的纵向信息沟通的基础上，重点做好政府间的横向沟通体制的搭建，有两项工作：一是要将政府间的横向沟通纳入行政工作流程的必要环节和日常工作范围。位于同一生态区域内的城镇政府之间对有关城镇化进程中生态文明建设的重大政策决定、应急措施、城镇化进程中生态文明建设的执法等，应完善沟通机制，促成合力。二是推动信息沟通体制的变革。信息技术的发展日新月异，十分迅猛，今日的新技术明天就升级版本或被取代。新技术的发展使信息沟通更加方便快捷，信息管理成本越来越低，信息沟通效率越来越高，作为信息沟通的渠道，作用也越来越大。因此，在构建信息沟通机制时，"要通过技术创新推动政府间电子政务信息系统的联通，扩大平台架构，加强信息等级管理"①。

3.完善信息管理责任机制和激励机制

信息管理是现代社会管理中的重要载体，是保证工作正常进行的

---

① 杨光：《政务信息迁网行动打破"信息孤岛"》，《计算机与网络》2015年第41期。

基本条件，更是推进新型城镇化进程中生态文明建设的重要平台。因此，必须将信息管理工作纳入责任体系和工作任务范围，加强建设和管理。一是要进一步完善责任机制。细化相关制度和文件，强化信息沟通责任，进一步明确上下级政府、城镇政府之间、政府与社会等在信息沟通中各方应履行的职责，建立健全责任追究制度，增大执行力度，确保措施的有效性。二是要进一步完善激励机制。激励就是引导，是正向力量，激励机制的良莠决定生态文明建设各主体各要素信息沟通效率的高低。目前，在城镇化进程中生态文明建设的具体工作中，同一生态区域的城镇政府间和政府内部相关部门间信息沟通主动性的作用发挥，从根本上讲，要靠法律规定、政府责任、共同目标和价值认同基础上的内在动力的激发，而非科层制度下的上级政府的强力推动。具体而言，进一步完善激励机制需要注重几个方面：一是要注重发挥物质激励的激发效用。通过给予生态文明建设专项资金、资源配置等物质奖励，强化直接利益的刺激，扩大在政府间的影响，提高下级政府的工作积极性。二是要着力发挥干部人事制度的杠杆作用。充分利用组织优势，将信息建设和信息沟通成效与职务晋升、职级评聘等挂钩，发挥引导效应。三是要提升精神激励的作用。对城镇化进程中生态文明建设信息沟通中表现突出的政府、领导干部、工作人员、企业和民众等都要予以一定的精神奖励，对其工作予以肯定，并适时选树典型，扩大影响。

（二）完善政府与公众之间的外部信息沟通

政府与外部社会的沟通的问题主要涉及政府的沟通能力建设、公众对信息的利用能力、信息传播渠道的拓展和监管体系等几个方面。

1.提高信息沟通主体的沟通能力

政府与公众之间的信息沟通有其内在的规律性，认识和运用信息沟通规律开展信息工作是制定沟通策略、做好信息沟通工作的前提。在推进生态文明建设中，城镇政府采取信息沟通策略时要遵从信息沟通规律和满足公众需求，因此，政府应该优先考虑公众的信息沟通倾向。公众在接受信息时是有选择性、倾向性和相关要求的：一是所提供信息要有一定的针对性，能够满足公众自身需求；二是信息要有一定的共价性，能够与公众所追求的价值观念符合；三是要具有一定的可操作性，公众要能够实现获取信息的最经济和最省力原则。

因此，政府就生态文明建设在与公众沟通时，要有策略性并突出工作重心。一是在信息传播的内容上要突出实用性和生活性。政府在传播生态信息时要"接地气"，主动地契合城镇化进程中生态文明建设的价值观念和目标追求。二是在信息传播的形式上要与新媒体时代信息传播的新特点、新方式和新途径相适应，满足公众对信息的需求。三是在信息沟通的方法上深化"互联网＋政务"管理改革，扩大信息网络架构，提高层级性，发挥移动互联网等信息技术低成本高效率的优势，降低信息沟通的时间成本和经济成本。通过 APP 等新媒体新手段，实现政府与公众多种渠道的便捷沟通，为公众提供生态文明建设中的相关法律政策、环境监测、绿色生活观念和方式等方面信息，扩大影响。

2. 提升公众的信息沟通能力需要政府的有效引导

在推进城镇化进程中的生态文明建设的过程里，政府应注重将生态文明建设的理念和人与自然和谐共生的价值观念深深植入公众内心，提高公众的信息沟通能力。一是对公众的信息消化能力与信息鉴别能力进行提升。二是要提高公众的信息反馈能力。公众的信息反馈对于信息沟通十分重要。因此，要使公众善于进行信息反馈就需要教育和引导。

3. 打造畅通的多种信息传播渠道

一是要拓展新的信息沟通渠道。逐渐发展公众与政府沟通的制度性、规范性渠道。二是要进一步发挥传统媒体的固定渠道作用。以权威性强和影响力大为主要特征的广播、电视和报刊等传统媒体,在公众心目中具有较强的可信度,它们对于整合宣传报道政府城镇化进程中生态文明建设的政策措施信息具有无可替代的优势,可以深度解读相关政策,阐释生态文化,提高公众对政策措施的社会认同感及生态文化的价值认同度。三是要继续完善政府网站管理制度。丰富政府信息平台建设,增强政府与公众的网上信息互动。四是要进一步发展"两微一端"等新媒体优势。发挥新媒体及时便捷、时空约束小、互动性强等优势,打造政府与公众沟通的便捷途径,拓展信息沟通渠道。通过以上信息沟通反馈渠道的建立和不断完善,扩大城镇化进程中生态文明建设的影响力,引导社会积极参与生态文明建设。

4.完善信息反馈规则体系和监管体系

合理的、结合实际的规则能够有效地引导生态文明建设中多元主体的行为,在信息传递中避免出现矛盾和冲突,并减少虚假信息。规则体系是建立健全信息沟通机制的关键因素,它必须不断改进和持续完善。首先,要不断加强信息传播主体的规则意识。媒体和公众都应该树立底线思维和规则意识,在进行信息传播的过程中不能突破法律与道德底线。其次,要不断完善媒体行业的发展规则。建立行业规则,加强对媒体的管理,努力推进行业发展的规则文化,消除不良媒体的生存土壤,营造积极向上的氛围。

完善城镇化进程中生态文明建设信息沟通的监管体系。传媒要切实承担起应负的社会责任,严格审核信息传播的内容,坚决抵制和拒绝传播虚假信息。相应地,政府要加强对市场经济和社会环境的监督管理,切实履行监管职责,加强正面引导,取缔非法传播媒介,及时辟谣并严厉惩罚造谣、传谣者,维持正常的信息传播秩序。对此,要注重社会各阶层的作用，强化监管体制，尽可能地减少在信息传递中出现的失范现象和失真问题，营造良好的社会环境，完善信息沟通机制，为城镇化进程中生态文明建设提供信息保障。

第三节　新型城镇化进程中生态文明建设生态补偿机制的构建

建设生态文明的重要制度保障是建立生态保护补偿机制。在全面评估城镇生态和发展机会成本以及综合评价生态系统服务价值的前提下，明确生态保护者的权利与义务，并给予其合理补偿，是建设生态文明的重要制度安排。在制度建设的基础上，构建城镇化进程中生态文明建设生态补偿机制是一项保落实的重要举措。

一、城镇化进程中生态文明建设生态补偿机制的主要概念

生态补偿更像一个经济概念，但不能仅仅如此理解，应该将这一概念放入近代以来的人类对自然夺取的历史进程中进行分析。从本质上来看，生态补偿是对以资本为核心的商品经济在生态治理领域的矫正，是通过经济手段解决因追求经济发展而带来的生态问题。

（一）生态补偿概念

可以从很多角度对生态补偿概念进行理解，为了更好地从系统论角度来认识生态补偿机制，这里主要基于系统论的思想和方法，通过解析

自然生态系统和社会系统的作用关系来界定生态补偿概念，有助于系统
认识生态补偿的内涵，这也是构建生态补偿机制的有效途径。有学者立
足全球视野，突出人类对地球生态系统补偿的整体性认识，认为生态
补偿即为："人类社会为了维持生态系统对社会经济系统的永续支持能
力，从经济社会系统向生态系统的反哺投入，这种反哺投入表现为通过
补偿制度设计而实现的某种形式的转移支付，从而起到维持、增进自然
资本（包括自然生态资源和自然环境容量）的存量或者抑制、延缓自然
资本的耗竭和破坏过程的作用，并最终实现社会经济系统本身的永续发
展。"① 这一观点突出了生态补偿提高了综合性，纠正了以往过于强调价
值和制度两个层面的倾向，具有很强的纠偏效果。因此，我们认为，生
态补偿是在人类对自身与自然直接关系以及自然本身运行规律的认识不
断深化的过程中，通过生态与社会系统的融合发展，实现生态系统中的
物质能量的反哺和调节机能的恢复。需要指出的是，生态补偿离不开法
律法规和政策措施等手段的运用以及相关体制机制的保障。

（二）生态补偿机制概念与作用机理

何为生态补偿机制？所谓生态补偿机制，就是以人与自然和谐共生
为理念，以人类社会可持续发展为目标，以协调人与自然之间的关系以
及社会主体之间的利益关系为核心，通过完善相关法律、政策与规范，
构建生态补偿制度及运行模式，实现生态补偿运作机制的功能和作用。

从运作角度看，生态补偿机制的作用机理通过与生态系统和社会系
统的相互作用和相互关系表现出来。"生态系统在人类活动的强干扰作

---

① 谢剑斌、何承耕等：《对生态补偿概念及两个研究层面问题的反思》，《亚热带资源与
环境学报》2008 年第 2 期。

用下将会出现自身结构失衡和功能紊乱，并作用于社会系统，造成人类社会与生态环境之间的不和谐、不适应。在这种情况下，借助人类的物质反馈与能动作用，恢复生态系统的自组织机能就显得尤为必要，这是人类为改善与自然关系而引入生态补偿机制的内在驱动力。"① 生态补偿机制与生态系统、社会系统之间的复杂关系如图 7-5 所示。

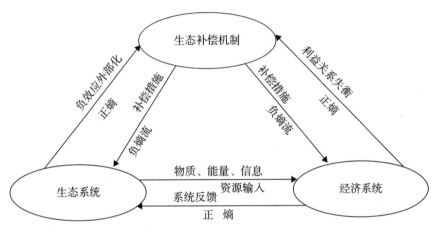

图 7-5 生态补偿机制运作图模型

二、城镇化进程中生态文明建设生态补偿机制要素分析

生态补偿涉及的要素看起来很清晰，即补偿主体、补偿对象和补偿手段，但深入内部就会发现，要处理的问题还是很多的。实际工作中，往往因为对生态补偿的理解不同，而对涉及要素认识不到位，也就难以科学地制定补偿标准，达到补偿生态的目的。

---

① 王振波、于杰、刘晓雯：《生态系统服务功能与生态补偿关系的研究》，《中国人口资源与环境》2009 年第 6 期。

（一）生态补偿主体

生态环境状况日益恶化，城镇生态环境更是面临重重危机，表现得更为集中，"垃圾围城"、乱排乱放、建设粉尘等问题尚未得到根本解决，环境承载力日益降低。形势紧迫，我们必须深入反思人类行为与环境的相生相容性，如何处理人与自然、环境保护与社会经济发展等问题。在我们的社会结构中，政府是主导者、企业是市场主体、社会组织是参与者、个人和群体是生态环境的利益相关者，这些主体从价值理念、利益诉求和生态观念等方面都会对生态环境的建设发生作用。当然，我们这里主要讨论这些主体在生态补偿机制中的利益博弈问题。生态各主体皆以廉价的环境成本来换取高额的经济利益而发生利益冲突关系，造成的结果就是生态补偿产生。在环保之间出现的利益冲突关系中，生态各主体都坚持利益最大化的原则，当然政府代表最广大人民，追求较优策略，最大限度地降低自身在生态补偿过程中应该承担的环境成本，并尽可能地兼顾各主体生态环境效益与社会效益。因此，城镇中的不同经济主体，如政府、企业、个人等，他们之间生态补偿主体关系的本质特征就是以发展权和环境权的双重主张发生利益博弈关系（如图7-6所示）。

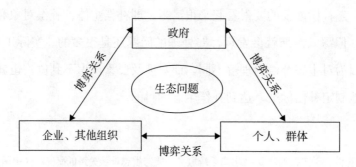

图7-6　生态补偿各主体之间的利益博弈关系

按照各生态补偿主体要素承担的责任、生态利益损益地位不同，可将生态补偿分为三种：国家补偿、社会补偿和个人补偿。其中，国家补偿指的是上级政府对生态建设投入的财政拨款和补贴以及制定相关的法律法规政策等。补偿的主体是国家，因为国家是生态环境保护及生态建设的投资主体，也是对生态环境建设的利益补偿的行为主体。社会补偿涉及面比较大：第一是国际国内组织、企业、个人等不同形式的对生态环境建设的捐助；第二是资源输入地区对资源输出地区的补偿；第三是山田林地、矿藏等自然资源的开发利用者对生态恢复的补偿；第四是山川河流的下游地区对上游地区的补偿。而自我补偿指的是一定的局部地区内生态受益区对生态建设区进行的补偿，是一种辅助性补偿。

（二）生态补偿对象

生态补偿对象可以大致分为三类：第一类是环境相关方，即因生态建设而导致利益受损的地方政府和个人；第二类是生态环境自身，即对生态环境自身的补偿，还包括考虑自然环境修复的代价；第三类是对区域性生态影响进行补偿，主要是指对具有重大生态环境价值的区域和对象进行补偿，如湿地、山林、湖泊等。

（三）生态补偿方式

综合来讲，当前国内外不同国家和地区，根据实际情况所推行的补偿方式大致可分为两大类：政府主导型及市场运作型，具体做法如表7-1所示。

表 7-1　不同类型生态补偿操作方式

补偿类型	运作方式	主要做法
政府主导	政府直接补偿	政府采取直接购买的方式进行生态补偿
	补偿基金制度	生态服务受益主体建立一定规模的补偿基金，按照一定金额的标准向提供生态服务的主体进行补偿
	征收生态补偿税	通过与环境有关的税收限制污染物排放，对生态环境进行补偿
	转移支付制度	政府建立纵向或者横向转移支付制度，通过改变地区间生态利益格局实现公共服务水平均衡
	流域（区域）合作	流域上下游不同护体之间达成生态服务的提供与补偿合作关系
市场运作	绿色偿付	下游生态受益区主体对上游控制土壤侵蚀、预防洪水及保护水资源的主体给予经济补偿
		瓶装水公司对水源区周围采取环保耕作方式的农民给予补偿
	配额交易	通过法律、法规、规划或者许可证为环境容量和自然资源用户规定了使用的限量标准和义务配额，超额或者无法完成配额，就要通过市场购买相应的信用额度
	生态标签体系	对产品的设计、生产和销售进行绿色认证，保证产品寿命周期各个环节能够节约资源、减少污染物排放
		在保护生态和自然的前提下生产的农副产品上贴上认定标签，通过消费者的选择为这些产品支付较高的价格，间接偿付保护自然的代价
	排放许可证交易	通过排放许可证交易，使生态服务商品化，并在市场交易中使生态服务提供者获得利益
	碳汇交易	统计林业碳汇总量，并将额外的碳汇作为碳汇储备，适时出售给企业，所得收入用于补偿林业建设的投入

（四）生态补偿标准

以空间为尺度标准，我国制定生态补偿标准的框架应涵盖以下几个方面：一是国家宏观尺度的生态补偿标准。基于国家或地区的生态系统服务价值和生态范围，来测算中国东部、中部、西部不同地区生态盈余或生态赤字的价值量，并据此确定大尺度地区间生态补偿的量化标准。二是国家主体功能区生态补偿标准。目前正在讨论阶段的《国家主体功能区规划》对全国国土空间在国家和省级两个层面上，以市县为基本单位，统一规划为优化开发区、重点开发区、限制开发区和禁止开发区。在主体功能区划分的基础上，制定分区生态补偿标准，有助于推动实践主体在功能区层面的生态补偿。三是中小尺度流域生态补偿标准。应主要包括跨省界中型流域生态补偿标准，城市饮用水源生态补偿标准，地方行政区内小流域生态补偿标准。四是单一要素生态补偿标准。一般根据单一资源类型或生态要素制定生态补偿标准，如森林、草原、矿产资源、水资源、土地资源等。

　　根据以上四个方面的生态补偿划分标准，构建生态补偿标准基本框架如图 7-7 所示。

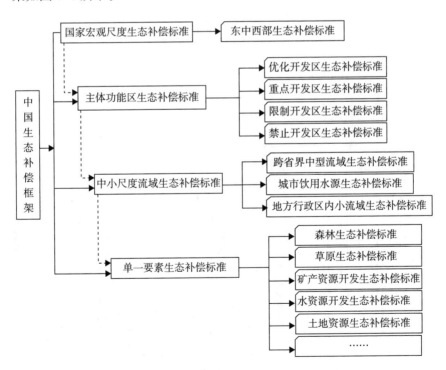

图 7-7　生态补偿标准基本框架

（五）生态补偿法律与政策

从根本上说，所谓生态补偿机制，就是一种当利益发生冲突或矛盾出现时能够直接进行协调的系统，国家的法律体系是其外在体现形式和协调手段。

法律的刚性规定需要有针对性强、突出地方特点的政策补充。我国幅员辽阔、地域差距很大、生态环境迥异、社会发展也不平衡，就造成生态补偿的标准、途径、资金来源和补偿手段等技术环节不可能整齐划一。因此，各地根据实际，因地制宜制定不同的生态补偿政策来保障不同地区的生态得到补偿就势在必行。政策体系主要包括两大类，即公共政策和生态补偿相关制度，涵盖公共财政政策、金融政策、产业扶持政

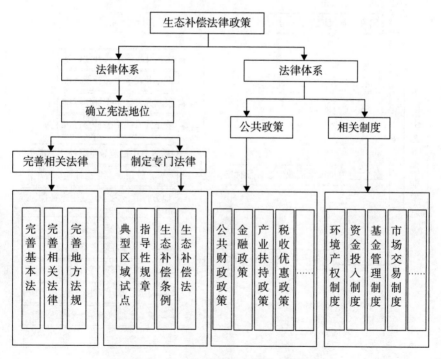

图 7-8　生态补偿法律政策系统结构

策、税收优惠政策等以及产权制度、资金投入制度、基金管理制度、市场交易制度等。具体内容参见图 7-8。

（六）生态补偿机制系统结构

"从系统结构看，生态补偿机制系统可以看作是由补偿主体子系统、补偿对象子系统、补偿操作子系统及补偿保障子系统四个子系统组成，子系统之间相互作用、相互影响，推动生态补偿机制系统的运行。"[1] 在生态补偿机制的四大子系统中，构成补偿主体子系统的要素是政府、企业、个人等，构成补偿对象子系统的要素是防沙治沙工程、水土保持工程、自然保护区等，补偿途径、标准和方式等要素组成操作子系统，构成保障子系统的要素是政策、法律、制度等。生态补偿机制的系统结构如图 7-9 所示。

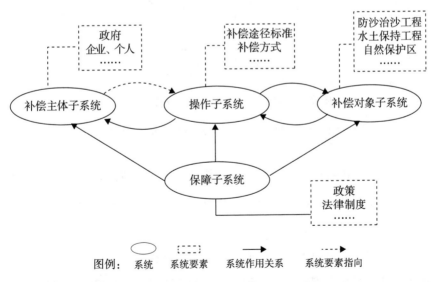

图 7-9　城镇化进程中生态补偿机制系统结构

---

① 毛显强等：《生态补偿的理论探讨》，《中国人口资源与环境》2002 年第 4 期。

深入分析生态补偿机制要素和系统结构，可以构建出生态补偿机制的概念模型，生动说明生态补偿机制的基本要素、结构及其相互关系。

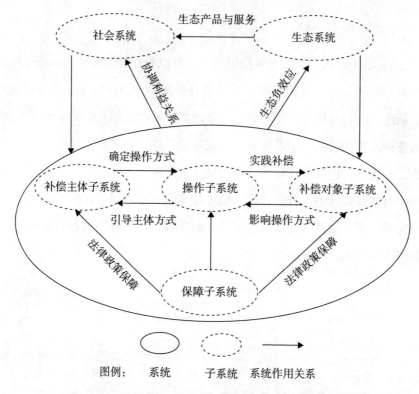

图 7-10　城镇化进程中生态补偿机制结构模型

从城镇化进程中生态补偿机制结构模型图可以看出，生态系统与社会系统是生态补偿机制的调整对象，它通过抵消生态系统的生态负效应和协调社会系统的歪曲的利益关系，来保障两大系统有序的演化发展，为促进生态系统自组织机能的恢复和持续稳定提供生态产品和服务，不断改进社会系统内不同主体之间的利益关系，最终实现经济社会协调可持续发展。因此，这是一种调解反馈机制，当然也是一种生态城镇建设的长效机制。

从系统科学来看，生态补偿机制的运行是一个整体的结构，但我们也可进行简要的单项分析其流程：生态补偿机制的起点，也就是第一个运行步骤是确定补偿主体子系统与补偿对象子系统，建立并启动操作子系统；第二步是以补偿方式和补偿标准等内容的确定为前提，通过操作子系统的运行实现补偿主体和客体之间的补偿行为；第三步是规范、引导和激励生态补偿实践活动，这一实践活动的保障来自保障子系统，即通过保障子系统为补偿主体和补偿客体的界定以及生态补偿实践过程提供法律与政策支撑；第四步是形成生态补偿运行模式，即通过提高生态补偿机制的可控性和操作性，形成"生态建设者进行生态建设—生态环境改善—提供生态产品（服务）—生态受益者购买生态产品（服务）—为生态建设者提供补偿—生态建设者得到回报—加强生态建设—生态环境改善—提供生态产品（服务）—生态受益者购买生态产品或服务"[1]的生态补偿运行模式。

三、城镇化进程中生态文明建设生态补偿机制构建策略

党的十八大以来，我国的生态补偿机制建设取得了极大成效，中央和地方相继出台了建设生态补偿机制的意见和具体举措，但生态补偿机制，特别是新型城镇化进程中的生态补偿机制仍需进一步完善。

1.加强立法力度，推进生态补偿法制化

在总结现有经验的基础上，深入调研，加快推进生态补偿法制建设，进一步明确生态补偿的目的、原则、范围、类型、权责、标准、实

---

[1]　毛峰等：《生态补偿的机理与准则》，《生态学报》2006 年第 11 期。

施、监管等内容，厘清权限和工作边界，确定基本框架。同时，突出差异性，制定城镇化等不同领域的单行法规，使分领域生态补偿法规的可操作性和针对性得到提高，明确划分责任主体及利益相关方，并详细制定生态补偿标准体系和监督评估规范等要件。

2. 细化评估工作，科学设定生态补偿标准

《国务院办公厅关于健全生态保护补偿机制的意见》（2016）指出："要加快建立生态保护补偿标准体系，根据各领域、不同类型地区的特点，以生态产品产出能力为基础，完善测算方法，分别制定补偿标准。"① 应该根据生态系统服务将生态保护补偿的类型进行明确划分，以空间为范围划分等级，找出影响生态保护补偿标准的必要因素，确定一个或几个特定的参数影响补偿标准，最后畅通渠道，扩大参与面，吸收利益相关者参与生态保护补偿标准的制定，监督项目管理者，提高公信度和公正性。

3. 不断开拓创新，推进多元生态保护补偿方式

归属不同政府或隶属关系不同、但生态关系密切的城镇区域的生态补偿是个难题，必须要通过公共政策或市场调节手段对不同主体间的利益关系进行协调。2016 年，国家四部门出台了《关于加快建立流域上下游横向生态保护补偿机制的指导意见》，详细规划了不同政府或隶属关系间地区生态补偿的总体要求、工作目标、主要内容和保障措施等内容。但未专门涉及城镇化进程中的生态补偿机制问题。为进一步完善城镇化生态补偿机制，要总结各方面经验，遵循"试点先行、稳步实施"的工作原则，将区域的自然地理与资源环境特征充分结合，并将生态区域内部城镇社会经济条件的特殊性和差异性进行深入的考虑，积极引导

---

① 《国务院办公厅关于健全生态保护补偿机制的意见》，国办发 [2016] 31 号。

利益相关者包括政府、企业、居民、社会团体、非政府组织等的参与，以保证制度设计能够考虑到利益相关方的诉求，努力完善横向城镇区域生态补偿机制。

4.不断拓展渠道，扩大生态补偿资金来源

生态补偿采取的是经济调节手段，因此资金来源就是基本条件。应按照"谁投资，谁受益"的原则，广泛吸收社会资本，施行延长贷款期限、发放免息或低息贷款、税收减免等财税政策倾斜鼓励和吸引社会资金进入生态补偿领域，吸引社会资本积极参与生态保护补偿。与此同时，也应拓展渠道，鼓励非政府组织（NGO）和个人参与生态补偿机制。实际上，非政府组织参与生态补偿机制是当前生态补偿资金来源的一大特征，全球环境基金会（GEF）、世界自然基金会（WWF）、保护国际基金会（CI）等国际组织对我国生态补偿进行实质性的资金投入。同时，吸引国际非政府环保组织以项目、捐款等形式补偿生态建设的资金投入，这就要求地方政府建立高效的财政管理体系与之配置，使所支持项目落地见效。在激励公众参与层面，要充分利用我国居民储蓄高的特征，通过发行生态补偿债券和生态彩票等形式吸引居民储蓄等民间闲散资金的投入，使生态保护补偿形成资金蓄水池。

5.以考核为引导，加强生态补偿资金监管

在推进城镇化进行中的生态补偿机制建设，要深入总结当前经验，特别要将主体功能区的绩效考核评价改革的推进问题进行深入分析总结，以围绕立体化的生态环境动态监控体系的构建为整体布局，加快建设独立的第三方评估机制。一是发挥生态补偿政策效益。充分结合资金分配使用实际，生态补偿效益以科学的评估为杠杆，充分发挥生态环境监测网络在生态补偿中的作用，最大限度地发挥生态补偿政策的效益；二是做好数据支持工作。生态补偿的核心问题是为生态补偿在源头上提

供充分的依据，也就是为生态补偿政策周期内生态环境质量变化提供数据支撑，这是推进生态补偿的绩效评估的最基础工作；三是用好资金的激励作用。完善系统的资金绩效考核与生态效益评估两大方式，进一步将政府的生态建设中的成效与资金利用效率进行挂钩，与地方政府的绩效考核结合起来，将结果与后续补偿资金投入进行关联，以资金投入为杠杆激励地方政府将生态保护补偿资金投入生态文明建设之中，发挥资金投入的效益。

参 考 文 献

一、马列文献与政策资料

[1]《马克思恩格斯选集》第1—4卷，人民出版社1995年版。

[2]《马克思恩格斯全集》第1卷，人民出版社1956年版。

[3]《马克思恩格斯全集》第3卷，人民出版社1960年版。

[4]《马克思恩格斯全集》第18卷，人民出版社1964年版。

[5]《马克思恩格斯全集》第19卷，人民出版社1963年版。

[6]《马克思恩格斯全集》第20卷，人民出版社1971年版。

[7]《马克思恩格斯全集》第21卷，人民出版社1965年版。

[8]《马克思恩格斯全集》第23卷，人民出版社1972年版。

[9]《马克思恩格斯全集》第25卷，人民出版社1974年版。

[10]《马克思恩格斯全集》第26卷，人民出版社1972年版。

[11]《列宁选集》第1—4卷，人民出版社1995年版。

[12]《毛泽东选集》第一——四卷，人民出版社1991年版。

[13]《邓小平文选》第一、二卷，人民出版社1994年版。

[14]《邓小平文选》第三卷，人民出版社1993年版。

[15]《江泽民文选》第一——三卷，人民出版社2006年版。

[16]《胡锦涛文选》第一——三卷，人民出版社2016年版。

[17]《习近平谈治国理政》第1卷，外文出版社2014年版。

[18]《习近平谈治国理政》第 2 卷，外文出版社 2017 年版。

[19]《习近平谈治国理政》第 3 卷，外文出版社 2020 年版。

二、学术著作

[1] 辜胜阻：《人口流动与农村城镇化战略管理》，华中理工大学出版社 2000 年版。

[2] 仇保兴：《中国城镇化——机遇与挑战》，中国建筑工业出版社 2004 年版。

[3] 朱铁臻：《城市现代化研究》，红旗出版社 2002 年版。

[4] 李树琼：《中国城市化与小城镇发展》，中国财政经济出版社 2002 年版。

[5] 崔功豪等：《区域分析与规划》，高等教育出版社 2000 年版。

[6] 费孝通：《小城镇、大问题：论小城镇及其他》，天津人民出版社 1986 年版。

[7] 盖文启：《创新网络——区域经济发展新思维》，人民出版社 2002 年版。

[8] 黄亚平：《城市空间理论与空间分析》，东南大学出版社 2002 年版。

[9] 宋永昌等：《城市生态学》，华东师范大学出版社 2000 年版。

[10] 王颖：《城市社会学》，上海三联书店 2005 年版。

[11] 魏后凯：《区域经济发展的新格局》，云南人民出版社 1995 年版。

[12] 杨立勋：《城市化与城市发展战略》，广东高等教育出版社 1999 年版。

[13] 杨小波等：《城市生态学》，科学出版社 2000 年版。

[14] 张坤民等：《生态城市评估与指标体系》，化学工业出版社 2003 年版。

[15] 赵荣等：《人文地理学》，高等教育出版社 1986 年版。

[16] 范恒山等:《中国城市化进程》,人民出版社 2009 年版。

[17] 费孝通:《中国城镇化道路》,内蒙古人民出版社 2010 年版。

[18] 李从军:《迁徙风暴——城镇化建设启示录》,新华出版社 2013 年版。

[19] 周一星:《城市地理学》,商务印书馆 1995 年版。

[20] 鞠美庭等:《生态城市建设的理论与实践》,化学工业出版社 2007 年版。

[21] 杨小波等:《城市生态学》,科学出版社 2007 年版。

[22] 秦大河等:《中国人口资源环境与可持续发展》,新华出版社 2002 年版。

[23] 高潮等:《城镇建设运筹与管理务实全书》,新华出版社 2002 年版。

[24] 李敏:《城市绿地系统与人居环境规划》,中国建筑工业出版社 1999 年版。

[25] 吴邦灿等:《现代环境监测技术》,中国环境科学出版社 1999 年版。

[26] 王宁:《城镇规划与管理》,中国物价出版社 2002 年版。

[27] 袁中金等:《城镇发展规划》,东南大学出版社 2002 年版。

[28] 毛晓园等:《生态环境品质与新农村建设》,中国环境科学出版社 2007 年版。

[29] 徐中民:《生态经济学理论方法与应用》,黄河水利出版社 2003 年版。

[30] 苗长虹:《中国城市群发育与中原城市群发展研究》,中国社会科学出版社 2007 年版。

[31] 刘天齐等:《城市环境规划规范及方法指南》,中国理论科学出版社 1991 年版。

[32] 钱金平等：《城镇环境规划培训教材》，河北省环境保护局 2001 年版。

[33] 王放：《中国城市化与可持续发展》，科学出版社 2000 年版。

[34] 李从军：《中国新城镇化战略》，新华出版社 2013 年版。

[35] 戈锋：《现代生态学》，科学出版社 2002 年版。

[36] 水延凯：《社会调查教程》，中国人民大学出版社 1998 年版。

[37] 谭跃进等：《定量分析方法》，中国人民大学出版社 2002 年版。

[38] 钟契夫等：《投入产出分析》，中国财政经济出版社 1987 年版。

[39] 仇保兴：《和谐与创新——快速城镇化进程中的问题、危机与对策》，中国建筑工业出版社 2006 年版。

[40] 马世骏等：《复合生态系统与可持续发展》，科学出版社 1993 年版。

[41] 吴人坚：《生态城市建设的原理和途径》，复旦大学出版社 2000 年版。

[42] 杨士弘：《城市生态环境学》，科学出版社 2002 年版。

[43] 陶在朴：《生态包袱与生态足迹》，经济科学出版社 2003 年版。

[44] 张坤民等：《生态城市评估与指标体系》，化学工业出版社 2003 年版。

[45] 刘伯龙等：《当代中国农村公共政策研究》，复旦大学出版社 2005 年版。

[46] 董宪军：《生态城市论》，中国社会科学出版社 2002 年版。

[47] 李洪远等：《生态学基础》，化学工业出版社 2006 年版。

[48] 何强等：《环境学导论》，清华大学出版社 2004 年版。

[49] 宋永昌等：《城市生态学》，华东师范大学出版社 2000 年版。

[50] 陈易：《城市建设中的可持续发展理论》，同济大学出版社 2003 年版。

[51] 韩宝平等：《循环经济理论的国内外实践》，经济科学出版社 2003 年版。

[52] 于志熙：《城市生态学》，中国林业出版社 1992 年版。

[53] 付保荣：《生态环境安全与管理》，化学工业出版社 2005 年版。

[54] 周文宗：《生态产业与产业生态学》，化学工业出版社 2005 年版。

[55] 薛凤旋：《中国城市及其文明的演变》，世界图书出版公司 2012 年版。

[56] 马力宏：《农村城镇化问题研究》，杭州大学出版社 1997 年版。

[57] 王沪宁：《当代中国村落家庭文化》，上海人民出版社 1991 年版。

[58] 尚娟：《中国特色城镇化道路》，科学出版社 2013 年版。

[59] 刘传江：《中国城市化的制度安排与创新》，武汉大学出版社 2000 年版。

[60] 李树琼：《中国城市化与小城镇发展》，中国财政经济出版社 2002 年版。

[61] 周牧之：《托起中国的大城市群》，世界知识出版社 2004 年版。

[62] 赵黎明等：《城市创新系统》，天津大学出版社 2002 年版。

[63] 曾明德等：《战略思维》，重庆出版社 2002 年版。

[64] 吴良墉：《人居环境科学导论》，中国建筑工业出版社 2001 年版。

[65] 陈颐：《中国城市化和城市现代化》，南京出版社 1998 年版。

[66] 辜胜阻：《非农化及城镇化理论与实践》，武汉大学出版社 1999 年版。

[67] 李树琼：《中国城市化与小城镇发展》，中国财政经济出版社 2002 年版。

[68] 叶堂林：《小城镇建设的规划与管理》，新华出版社 2004 年版。

[69] 辜胜阻：《非农化与城镇化研究》，浙江人民出版社 1991 年版。

[70] 王梦奎等：《中国特色城镇化道路》，中国发展出版社 2004 年版。

[71] 刘传江等：《城镇化与城乡可持续发展》，科学出版社 2003 年版。

[72] 樊纲：《城市化：一系列公共政策的集合》，中国经济出版社 2009 年版。

[73] 张永贵：《加快城镇化的战略选择》，中国计划出版社 2005 年版。

[74] 姚士谋：《中国城市群》，中国科学技术大学出版社 2008 年版。

[75] 陶良虎：《区域经济管理学》，武汉理工大学出版社 2003 年版。

[76] 姜爱林：《城镇化、工业化与信息化协调发展研究》，中国大地出版社 2004 年版。

[77] 严书翰等：《中国城市化进程》，中国水利水电出版社 2006 年版。

[78] 顾朝林：《城镇体系规划：理论、方法、实例》，中国建筑工业出版社 2005 年版。

[79] 成咸宁：《城镇化与经济发展——理论、模式与政策》，科学出版社 2004 年版。

[80] 李惠斌等：《生态文明与马克思主义》，中央编译局出版社 2008 年版。

[81] 国务院发展研究中心课题组：《中国城镇化：前景、战略与政策》，中国发展出版社 2010 年版。

[82] 国家环境保护总局：《小城镇环境问题及对策》，中国环境科学出版社 2004 年版。

[83] 赫茨勒：《世界人口的危机》，商务印书馆 1963 年版。

[84] 保罗·诺克斯等：《城市化》，科学出版社 2011 年版。

[85] 阿瑟·刘易斯：《经济增长理论》，商务印书馆 1983 年版。

[86] 艾伦·杜宁：《多少算够——消费社会与地球的未来》，吉林人民出版社 1997 年版。

[87] 贝尔：《比较城市化：20 世纪多元化道路》，商务印书馆 2010 年版。

[88] 丹尼斯·米都斯：《增长的极限》，吉林人民出版社 1997 年版。

[89] 海热提·涂尔逊：《城市可持续发展》，上海远东出版社 1998 年版。

[90] 伊利尔·沙里宁：《城市：它的发展衰败与未来》，中国建筑工业出版社 2006 年版。

[91] 埃德加·胡佛：《区域经济导论》，商务印书馆 1990 年版。

[92] 唐纳德·沃特斯：《管理科学务实教程》，华夏出版社 1999 年版。

[93] 理查德·雷吉斯特：《生态城市建设与自然平衡的人居环境》，社会科学文献出版社 2002 年版。

[94] 简·雅各布斯：《城市经济》，中信出版社 2007 年版。

[95] 贝塔朗菲：《一般系统论》，清华大学出版社 1987 年版。

三、期刊论文

[1] 王素斋：《新型城镇化科学发展的内涵、目标与路径》，《理论月刊》，2013 年第 4 期。

[2] 张占斌：《新型城镇化的战略意义和改革难题》，《国家行政学院学报》，2013 年第 1 期。

[3] 宣晓伟：《过往城镇化、新型城镇化触发的中央与地方关系调整》，《改革》，2013 年第 5 期。

[4] 胡雪萍：《中国新型城镇化应注重人的可持续发展》，《改革与战略》，2015 年第 1 期。

[5] 刘铮：《经济发展方式转变与破解——技术进步与结构性失业》，《福建论坛（人文社会科学版）》，2012 年第 3 期。

[6] 王格芳：《科学发展对中国新型城镇化的内在要求》，《理论学刊》，2013 年第 10 期。

[7] 欧阳志云：《中国城市的绿色发展评价》，《中国人力资源与环境》，2009 年第 5 期。

[8] 李国平等：《生态补偿的理论标准与测算方法探讨》，《经济学家》，2013 年第 2 期。

[9] 张海鹏：《我国城乡建设用地增减挂钩的实践探索与理论阐释》，《经济学家》，2011 年第 11 期。

[10] 仇保华：《新型城镇化：从概念到行动》，《行政管理改革》，2011 年第 11 期。

[11] 孙久文：《我国城镇化发展中的区域协调问题》，《新华文摘》，2009 年第 3 期。

[12] 邓大松：《中国生态城镇化的现状评估与战略选择》，《环境保护》，2013 年第 9 期。

[13] 马世骏、王如松：《社会—经济—自然复合生态系统》，《生态学报》，1984 年第 1 期。

[14] 刘志丹等：《促进城市的可持续发展：多维度、多尺度的城市形态研究——中美城市形态研究的综述及启示》，《国际城市规划》，2012 年第 2 期。

[15] 魏伟：《我国城市生态环境建设的规划与设计研究》，《知识经济》，2011 年第 2 期。

[16] 洪志猛等：《城市生态环境建设的模式比较》，《中国城市林业》，2003 年第 1 期。

[17] 王如松：《论城市生态管理》，《中国城市林业》，2006 年第 2 期。

[18] 林坚等：《探索建立面向新型城镇化国土空间分类体系》，《城市发展研究》，2016 年第 4 期。

[19] 李秉成：《中国城市生态环境问题及可持续发展》，《资源与环境》，2006 年第 3 期。

[20] 沈迟：《面向小康社会的新型城镇化》，《城乡规划》，2016 年第 10 期。

[21] 陈肖飞等：《新型城镇化背景下中国城乡统筹的理论与实践问题》，《地理科学》，2016 年第 2 期。

[22] 于立:《"生态文明"与新型城镇化的思考和理论探索》,《城市发展研究》,2016 年第 1 期。

[23] 林火灿:《以乡村振兴战略带动城乡融合发展》,《经济日报》,2017 年第 5 期。

[24] 张明斗等:《新型城镇化进程中的农村空心化治理》,《农村经济》,2017 年第 12 期。

[25] 蔡昉:《走出一条以人为核心的城镇化道路》,《决策探索》,2017 年第 2 期。

[26] 袁牧:《从四个维度思考新型城镇化下的城市建设》,《中国城市报》,2017 年第 2 期。

四、外文文献

[1] Richard Register. Ecocities, IN Context (a quarterly of humanesustainable culture), 1984 (4).

[2] Daly, H. and J.B.Cobb.*For the Common Good*. Boston:Beacon Press, 1989.

[3] Jinnai Hidenobu. Edo, the Original Ecocity[J], Japan Echo.Feb, 2004:56–60.

[4] Andrew Jordan.Timonthy O'Riordan, Institutions for global environment change, global environment.

[5] Yanitsky. Social Problems of Man's Environment[J] . The City and Ecology.1987 (1).

[6] Paul Burkett, Marx and Nature:A Red and Green Perspective. M acmillan Press Ltd.,1999.

[7] Richard Rorty. Philosophy and the Mirror of Nature.Princetton Universty Press. 1979.

［8］John Passmore. Man's Responsibility for Nature ［J］, Ecological Problems and Western Traditions. New York, 1974.

［9］Roy Morrison. Ecological Democracy.Boston: South End Press, 1995.

［10］Alan Montefloreod. Philosophy and France Today. Cambridge University Press. 1983.

后　记

　　进入新时代，开启新征程。习近平新时代中国特色社会主义思想为我们提供了思想指引，党的十九大为我国各项事业的发展提供了根本遵循。党的十八大以来，我国生态文明建设纳入"五位一体"总体布局，绿色发展成为新发展理念的重要内容。党的十九大报告更进一步指出："建设生态文明是中华民族永续发展的千年大计。"城镇化是现代化的必由之路，是保持经济持续健康发展的强大引擎，是推动区域协调发展的强劲支撑，是促进社会全面进步的必然要求，可以说，城镇化是人类社会发展的客观趋势，是国家现代化的重要标志。事实证明，必须将生态文明建设融入城镇化建设过程中，进而将生态文明建设融入建设中国特色社会主义"五位一体"总体布局中，积极稳妥扎实有序推进绿色城镇化建设，这对全面建成小康社会，加快社会主义现代化建设进程，实现中华民族伟大复兴的"中国梦"，具有重大现实意义和深远历史意义。

　　首先，通过梳理我国的城镇化进程，我们指出了存在的问题，分析了面临的形势，探讨了发展方向和发展模式，将解决问题的思路与生态文明建设深度结合。认真对生态文明建设的哲学底蕴、思想发展和相关生态伦理价值等问题进行较为详尽的分析，为新型城镇化建设开启了生态城镇建设前景。梳理当前国内外研究成果证明，将生态文明建设落实到城镇化进程是当前城市发展的一个趋势，而问题在于如何通过完善制度、建立一套机制来保障这一伟大工程。

其次，深入分析当前新型城镇化进程中生态建设的体制机制方面的问题，依据系统论、生态学等理论，对将生态文明建设融入新型城镇化进程的机制进行积极探索，初步构建了"一体两翼、三大系统、十大机制"。展开来讲，一是全面总结我国新型城镇化进程中的生态文明建设现状，充分论证二者之间的融合关系，证明加强生态文明建设在推进新型城镇化进程中的重大意义和现实要求，深入分析当前城镇化进程中生态文明建设滞后或生态问题产生的制度性、机制性问题；二是按照"一体两翼"架构驱动机制、导引机制和保障机制三大机制，建立政府治理机制、产业发展机制、科技创新机制、公众参与机制、文化机制、考核评价机制、长效机制、协同联动机制、生态补偿机制、信息反馈机制十大机制体系；三是根据各个机制发挥的作用范围和要素构成，按照系统科学构建设计每一机制的要素关系和运行模型，并制定相应配套措施，保障机制的运行和作用发挥。

最后，结合生态文明建设实践，为保障新型城镇化的生态建设，力求做到：对我国新型城镇化战略和生态文明建设的内涵进行系统分析，进一步明确"以人为本"的生态文明建设融入新型城镇化进程的内在逻辑和现实要求，为推进新型城镇化进程中的生态文明建设提供理论依据和实践路径；将我国推进新型城镇化和生态文明建设进行融合分析，厘清二者之间的内在契合点和结合面，利用系统论观点，构建"一体两翼"三大系统的融合机制体系；构建一体两翼的新型城镇化进程中生态文明建设综合机制，深入分析生态文明建设的动力机制、导引机制和保障机制的建设思路和具体方法路径；利用政治学、生态经济学等多学科方法共同研究新型城镇化的生态文明建设机制问题，制定了生态文明建设的动力机制、导引机制和保障机制下的十大机制，着重设计了机制模型图，提出了具体的十大机制建构现实途径，讨论了相关影响因素，提出了相应的对策建议。

在研究工作中，认真查阅了国内外相关资料，吸取了不同研究者的研究成果，利用了不同层级政府机构的数据材料，研究分析了国家和部分地方政府生态文明和城镇化方面的政策和特色做法。研究发现，由于生态文明和城镇化建设涉及的要素十分复杂，各自系统的层次非常繁琐，各主体、要素，各系统、层次，各方面、环节等关系复杂、边界难以厘定，困难重重。研究中存在的问题，大部分已经得到解决，一些问题将留待进一步深入探索。

本书是国家社科基金项目的最终成果，项目得到了国家社科规划办的经费资助，得到了项目组所属单位华北水利水电大学的全程关心指导和帮助，有关研究和诸多问题征求和咨询了许多专家同仁，吸收了大家的研究成果和智慧。可以说，没有各位领导同志的大力支持、专家们的关心指导、同事们的鼎力相助，此项研究不会这么顺利。没有人民出版社编辑老师的耐心指导和辛苦付出，本书也不会这么顺利出版。在此，一并表示衷心的感谢。

王艳成　杨建坡

2021 年 10 月